과학수다 3

대통령을 위한 뇌과학

신경 정치학에서
통계 물리학까지
인간에 대한 과학

이명현 · 김상욱 · 강양구

사이언스
SCIENCE
BOOKS 북스

한국의 대통령에게 과학이 필요한 이유

김상욱 경희 대학교 물리학과 교수

대통령은 정치가다. 정치가란 정치를 하는 사람이다. 정치란 "가치의 권위적 배분"이다. 위키피디아에서 소개하는 첫 번째 정의다. 나는 "이익이 상충할 때 이를 조정하는 것"을 정치라고 생각한다. 권위를 통해 가치나 이익을 배분하거나 조정하는 것이 정치라는 관점은 정치가가 다루는 일이 본질적으로 인간의 문제라는 것을 보여 준다.

인간의 가치는 주관적이다. 누군가에게 수억 원짜리 그림이 다른 누군가에게는 10만 원의 가치도 갖지 못할 수 있다. 무엇이 옳은지 그른지도 종종 가치의 문제다. 서로 자신의 생각이 옳다고 주장할 때 이를 조율하는 것이 정치다. 모든 사람은 자신의 이익을 추구한다. 재화는 유한하고 욕망은 무한하므로 서로의 이익이 부딪힐 수 있다. 가치와 마찬가지로 욕망이 부딪히는 문제에서 객관적으로 옳은 답은 없다. 법이라는 최소한의 규정, 관습, 사회적 통념에 기초해 대략의 타협안을 만들 수 있을 뿐이다. 충돌하는 욕망들 사이의 합의를 끌어내거나 때로 힘으로 강제하는 것이 정치다. 따라서 정치는 인간을 잘 알아야 한다.

국가에서 이루어지는 모든 정치의 정점에 있는 사람이 대통령이다. 대통령은 인간을 잘 알 수밖에 없다. 대통령이 되기 위해서는 수많은 사람들의 지지를 받아야 하고, 거대한 인간 조직을 조화롭게 이끌어야 한다. 때로 거짓말을 하거나 마음에 들지 않는 일도 추진해야 하며 끊임없이 사람들을 만나고 대화를 나누어야 한다. 대통령이 내리는 결정은 인간에 대한 이해에서 나오기 때문이다. 결국 대통령은 인간의 일에 능숙한 사람일 수밖에 없다.

과학은 인간적이지 않다. 지구는 편평하지 않고, 우주의 중심도 아니다. 지구는 비행기보다 빨리 자전하고, 소리보다 빨리 공전한다. 태양의 부피는 지구보다 100만 배, 질량은 33만 배 크다. 밤하늘의 작은 점으로 보이는 별들은 사실 태양과 같은 것이며 관측된 것만 100,000,000,000,000,000,000,000개에 달한다. 세상 만물은 원자라는 작은 입자들의 모임으로 되어 있다. 원자들은 완벽하게 똑같아서 서로 구분 불가능할 뿐 아니라, 한순간 두 장소에 동시에 존재할 수 있다. 지구의 모든 생물은 최초의 생명체로부터 진화해 만들어졌다. 지구상의 모든 동식물은 똑같은 생화학적 방식으로 유전 정보를 처리한다. 이런 과학적 사실들 가운데 어느 하나도 인간의 상식으로 쉽게 이해되는 것은 없다.

근대 과학은 인간을 배제하면서 시작되었다. 지구가 아니라 태양이 돈다는 당시의 상식을 깨려 했을 때 갈릴레오 갈릴레이(Galileo Galilei)는 엄청난 저항에 직면했다. 지금도 많은 사람이 찰스 다윈(Charles Darwin)의 진화론을 거부한다. 물리학은 언어가 아니라 수학을 이용할 때 더 효율적으로 기술된다. 인간의 언어는 우주를 기술하기에 적절하지 않기 때문이다. 따라서 우주를 이해하려면 우선 인간을 버려야 한다. 인간의 가치나 권력의 권위가 아니라 객관적이고 재현 가능한 물질적 증거에만 의존해 결론을 내려야 한다. 이것이 과학적 태도의 핵심이다.

과학의 문제를 인간의 시각으로만 다루면 위험할 수 있다. 우리가 정치적으로 합의한다고 해서 미세 먼지의 원인이 결정되는 것은 아니다. 경제적인 이유로 지구 온난화가 존재하지 않는다고 합의하는 것은 과학이 아니다. 우리가 합의한다고 지구가 아니라 태양이 돌 수는 없다. 과학의 문제는 인간이 부여한 의미나 정치적 합의가 아니라 오직 물질적 증거에 의존해서 해결해야 한다.

인간의 문제에 정통한 대통령이라도 과학에는 미숙할 수 있다. 과학이 문제를 다루는 방법이 인간의 문제를 해결하는 방법과 같지 않기 때문이다. 과학의 문제에 있어 대통령은 무엇보다 물질적 증거를 챙겨야 한다. 증거에 의존해 결론을 내려야 한다고 했지만, 정확한 증거를 얻는 것이 얼마나 어려운 일인지 아는 것이야말로 과학의 시작이다. 과학은 법칙에 근거해 정확한 답을 주는 것이 아니라 부정확한 증거를 가지고 최선의 추론을 하는 것이다. 대통령은 확신하는 과학자보다 한계를 명확히 제시하는 과학자를 신뢰해야 한다.

지난 몇 년 동안 과학계에 정말 많은 이슈들이 있었다. 『과학 수다』 1·2권이 나오고 4년 만에 『과학 수다』 3·4권이 세상에 나온 이유다. 우선 알파고로 촉발된 인공 지능 쇼크가 있었고, 중력파가 관측되었으며, CRISPR가 야기한 생명 과학 혁명이 진행 중이다. 젠더 문제와 페미니즘은 과학만이 아니라 시대의 키워드가 되었으며, 수없이 많은 지구형 외계 행성이 발견되었다. 또 극저온 전자 현미경, 위상 물리학에 노벨상이 수여되었다. 이 밖에도 인간 사회를 설명하려는 통계 물리학, 신경 정치학, 사회성 생명체, 진화 경제학 같은 흥미로운 주제들이 이번 시즌에서 고루 다루어진다.

현재 그 분야에서 일하고 있는 현장 과학자들의 입을 통해 최신 뉴스를 날것 그대로 전달하고자 했다. 과학 지식을 전달하는 딱딱한 강의가 아니라 편안한 수다 속에서 자연스럽게 과학이 전해지기를 기원한다. 대통령만이 아니라 이 시대를 사는 교양인이라면 반드시 알아야 할 과학 내용이다. 끝으로 대통령에게 전하고 싶은 말이 있다. 과학은 지식이 아니라 태도다.

차례

신경 정치학

대통령을 위한 뇌과학

정재승

카이스트 바이오및
뇌공학과 교수

강양구

지식 큐레이터

김상욱

경희 대학교
물리학과 교수

이명현

천문학자·과학 저술가

때가 되면 찾아오는 민주주의의 축제, 바로 선거입니다. 시민들이 숙고 끝에 표를 던지면, 그 결과에 따라 희비가 교차하곤 하지요. 하지만 2016년 미국에서 치러진 대선은 무엇보다 당혹감을 안겨 줬습니다. 예상치 못하게 도널드 트럼프가 미국 대통령으로 당선되자, 부동층과 숨어 있던 지지층이 선거의 판세를 결정했다는 분석이 뒤따랐습니다.

이런 결과가 남의 일만은 아니지요. 한국에서도 그다음 해 대통령 선거를 치렀습니다. 역시나 숨어 있는 지지층이 판세에 영향을 줄지가 초미의 관심사였는데요. 그런 까닭에 「과학 수다 시즌 2」는 2017년 과학의 눈으로 부동층의 속마음을 읽는 흥미진진한 실험에 주목했습니다. 그런데 부동층의 속마음이라니, 부동층이란 지지 후보를 결정하지 못한 이들을 가리키는 말 아니었나요? 그렇다면 부동층의 속마음이란 과연 무엇인지, 또 어떻게 읽을 수 있는지 궁금해지지요?

우리의 이야기는 여기서 그치지 않습니다. fMRI로 들여다본 유권자의 뇌에서 무엇을 알 수 있을까요? 선거 공학적 접근이 실패하는 이유는 무엇일까요? 보수와 진보 같은 정치적 성향은 뇌와 무슨 관계일까요? 더구나 대의 민주주의에 대한 의구심과 회의론이 대두되는 요즘 신경 정치학이 한국 정치에 주는 함의가 있을 것도 같습니다. 신경 정치학의 흥미로운 연구와 신선한 결과를 카이스트 바이오및뇌공학과 정재승 교수와 함께 이야기해 봅니다. 왜 정치인이나 정치학자가 아니라 뇌과학자냐고요? 궁금하시면 과학자들의 수다를 따라가 보시지요.

대답하는 뇌과학자 정재승입니다

강양구 사이언스북스와 함께하는 「과학 수다 시즌 2」를 시작하겠습니다. 저는 질문하는 기자 강양구이고요. 지금 이 자리에는 2017년 tvN에서 인기리에 방영된 텔레비전 예능 프로그램 「알아두면 쓸데없는 신비한 잡학사전」, 줄여서 「알쓸신잡 시즌 1」의 '히어로' 정재승 카이스트 교수가 나와 있습니다. 안녕하세요, 정재승 선생님.

정재승 앗, 저를 과학자가 아니라 「알쓸신잡」의 출연자로 소개하나요? 저도 "대답하는 뇌과학자 정재승입니다."라고 소개하고 싶어요.

강양구 대세를 따라야지요. (웃음) 그러면 「알쓸신잡」의 히어로, 대한민국이 가장 좋아하는 과학자, 뇌를 연구하는 인문학과 과학을 넘나드는 과학자. 이 정도면 됩니까?

정재승 좋네요. 그런데 왜 '영혼 없는 멘트'를 하시는 것처럼 동공이 흔들려요? (웃음)

이명현　앞에 붙는 수식어가 너무 길어졌네요.

강양구　정재승 카이스트 바이오및뇌공학과 교수를 모시고 재미있는 이야기를 나눠 보겠습니다. 정재승 선생님은 무척 오랜만에 뵙는데, 오랜만에 뵌 것 같지 않네요.

정재승　안녕하세요. 정재승입니다. 저는 여기에 계신 모든 분과 가끔씩 회동하는 사이여서 아주 익숙하고 편합니다. 녹음한다고 생각하지 않고 간만에 수다를 떨러 왔습니다.

강양구　반갑습니다.

땅에서는 투표, 하늘에서는 일식

강양구　이명현 선생님께서도 최근에 재미있는 이벤트를 보고 오셨다면서요?

이명현　2017년 8월 21일 개기 일식을 미국에서 보고 왔습니다.

김상욱　개기 일식을 보시다니 부럽네요.

이명현　사실 개기 일식은 3년에 두 번 정도 일어납니다. 그런데 지구상에서 개기 일식을 관측할 수 있는 장소가 바다일 수도 있고 남극일 수도 있는데, 이번에는 미국이었지요.

정재승　보통 그런 자연 현상을 '벌어진다.'라고 표현하던데, 축제인가요? 하늘이라는 무대에서 열리는 천문 행사인가요?

이명현   그렇지요. 저는 개기 일식이 지상에서 볼 수 있는 최고의 쇼라고 생각해요.

강양구   그러니까 미국 본토에서 보인 것이 99년 만이지, 사실은 상당히 빈번하게 일어나는 이벤트이군요?

이명현   위도에 따라 다르지만, 같은 장소에서는 평균 370년 만에 한 번 있는 일입니다.

김상욱   우리나라에서는 언제 볼 수 있나요?

이명현   2035년에 평양을 지나가요. 평양과 금강산, 통일 전망대를 거쳐서 일본으로 갑니다. 고성 같은 강원도 북부 일부에서도 볼 수 있다고 하더라고요.
   저도 개기 일식은 이제까지 세 번 봤어요. 그런데 개기 일식을 보기 전과 후는 정말 달라요. 개기 일식을 본 사람들은 개기 일식 때 무슨 일이 일어나는지를 압니다. 그런데 개기 일식을 본 적 없는 사람들은 아무리 설명해도 개기 일식을 상상하기가 어려워요.

강양구   저는 개기 일식이 그렇게 대단한가 싶기는 한데요.

이명현   정재승 선생님께서는 2009년에 개기 일식을 보셨지요?

정재승   예. 저는 2009년 7월에 중국 상하이에서 봤어요. 딸아이까지 모두 데려가서 봤는데, 날씨가 흐리고 구름이 많이 낀 탓에 코로나는 잘 못 봤습니다. 대신에 그렇게 날씨가 흐리니까, 개기 일식이 벌어지면서 낮이 밤으로 갑자기 바뀌던데요. 완전히 깜깜한 밤이 되니까 무섭더라고요. 새들은 날아가고 개는 막 짖어 대고요. 기온도 떨어집니다. 나름 신비한 경험을 했어요.

당시에 아이들은 별생각 없이 왔다가 이게 무슨 일인가 하면서 개기 일식을 봤어요. 제가 그때 호텔 방에서 열심히 개기 일식의 원리를 설명해 주기도 했지요. 그런데 석 달 후에 당시 MBC에서 방영하던 드라마 「선덕여왕」에서 일식 이야기가 나오는 겁니다. 그때 제 딸아이가 드라마를 보다가 마치 이런 현상을 처음 본다는 듯 "아빠, 일식이 뭐야?" 하고 묻는데, 그때 깨달았어요. '우리 아이에게 그날 개기 일식 탐험은 그냥 중국 여행이었구나.' 개기 일식을 보러 상하이까지 갔는데 말이지요. 이 일화가 생각나네요.

강양구   김상욱 선생님께서는 개기 일식을 보신 적이 없지요?

김상욱   저는 본 적이 없어요. 그래서 상상만 할 수 있을 뿐이에요.

이명현   상상과 실제는 많이 달라요. 개기 일식 동영상과도 많이 다릅니다. 개기 일식을 피부로도 느끼게 되니까요. 하루를 단 몇 분 안에 압축해 놓았다고 생각하시면 됩니다.

김상욱   영화에 개기 일식이 종종 나오잖아요. 고대를 배경으로 하는 「아포칼립토(Apocalypto)」(멜 깁슨 감독, 2006년) 같은 영화를 보면 영험한 사람들이 일식을 예측하고요. 역시 아직은 개기 일식을 본 적이 없어서 그런지, 실제로 보면 대단할 것 같습니다. 지금 제게는 개기 일식이 이렇게 손으로 태양을 가리는 것과 같지요.

이명현   손은 태양을 그냥 가릴 뿐이지요. 주변 환경까지 바뀌는 체험은 개기 일식 때만 하실 수 있어요. 다음 개기 일식은 2019년 7월 2일에 칠레에서 일어나니까 그때 꼭 가 보세요.

정재승　김상욱 선생님께서 전형적인 이론 물리학자다운 말씀을 하시네요. 김상욱 선생님의 말씀대로 우리는 태양을 언제든지 손으로 가릴 수가 있지요. 그런데 저는 그런 일이 태양계 규모로 벌어진다는 데서 압도감을 느꼈어요. 지구에 살고 있는 나와 지구, 태양, 우주를 비롯한 모든 상황과 존재가 순식간에 이해되는 경험 같습니다.

이명현　그렇지요. 전 지구적인, 지구에서 보이는 가장 큰 규모의 현상이라고 할 수 있습니다.

강양구　수다를 나누다 보니, 개기 일식을 경험한 사람과 경험하지 않은 사람으로 나뉘네요.

정재승　보고 나면 이제 그다음 이야기를 해야 하지요. 어디서 봤는지가 중요하니까요. "칠레 안 가 봤지?" 하고 놀리면서요.

팬클럽이 생긴 과학자

강양구　정재승 선생님께서는 「알쓸신잡」 이전과 이후가 많이 달라지셨어요?

정재승　그럼요. 저에게는 뜨거운 방학이었습니다.

강양구　정재승 선생님께서 광고 출연 제안을 40편 고사하셨다는 이야기를 얼핏 들었어요.

정재승　마음이 아렸지요. "이것만 풀면 정재승을 이긴다." 같은 학습지 광고도 있었고, 해 보고 싶던 광고도 있었지만, 그래도 광고는 영 내키지 않더라고요.

강양구　「알쓸신잡」에 함께 출연한 김영하 작가의 맥주 광고, 멋있더라고요. 그런 멋있는 광고를 다른 분들과 같이 찍어도 나쁘지 않았겠는데요.

김상묵　왜 광고 출연을 안 하세요?

정재승　'과학자가 광고 하나쯤은 찍어도 되지.'라는 마음이 들어야 저도 즐겁게 할 텐데, 아직은 그런 마음이 들지 않더라고요. 오히려 스스로 '상업주의의 첨병'에 서는 것 아닌지, 저항하는 마음이 들었습니다. 스스로를 납득시킨다면 언젠가는 광고에 출연할지도 모르지요.

강양구　주변의 시기는 없나요?

정재승　당연히 있겠지만, 험담은 뒤에서 하기 때문에 저에게까지는 잘 들리지 않네요. 제가 「알쓸신잡」에 출연한 후에 주변의 교수들이나 다른 누구든 제게 하는 이야기가 정해져 있습니다. "저희 어머니께서 정말 좋아하세요."를 제일 많이 듣고 "저희 아들이 매회 챙겨 봅니다."도 듣는데, 정작 자신이 팬이라는 분을 잘 못 봐요. 친인척이 좋아하는 과학자입니다.

강양구　자신이 팬이라고 말하지 않는 분들은 다 시기와 질투를 하는 것이네요. (웃음)

정재승　"나는 잘 모르겠지만 어머니께서 좋아하신대."겠지요. 그다음에는 "유시민 씨가 정말 그렇게 똑똑한가요?"라고 질문하거나 "그런데 저는 김영하 씨가 좋아요."라고 많이들 말씀하십니다. (웃음)

강양구　개인적으로 나영석 PD의 '신의 한 수'가 정재승 선생님이었다고 생각합니다. 정재승 선생님께서 이 자리에 계셔서 하는 이야기는 아니고요.

정재승 제가 다른 분들과는 결이 다른 이야기를 하지요.

이명현 나머지 분들의 이야기는 지금까지 우리가 많이 들어 왔잖아요. 그 이야기 안에 과학이 들어간 것이 중요했다고 생각해요.

김상욱 우리끼리 만날 떠들고 허구한 날 했던, 그다지 특별할 것도 없던 이야기들이 이렇게 소개되고 사람들이 좋아하는 것을 봐서 정말 좋았어요. 출연하기를 참 잘 하셨다는 생각이 듭니다.

강양구 한편으로 다른 출연자들은 '386 세대'로 묶일 수 있잖아요. (김영하 작가는 함께 묶이는 것이 억울할 수도 있겠네요.) 그래서 그분들의 의견을 듣다 보면 386세대가 사상의 기반으로 삼은 내용들이 많이 등장하는데, 그 가운데에서 정재승 선생님께서 균형을 맞추는 역할을 하셨다고 봤습니다.

정재승 예능 프로그램이다 보니 처음에는 여러 번 고사했어요. 그런데 출연했잖아요. 예전에는 쭈뼛거리고 쑥스러워하면서 방송 출연을 하거나 아예 방송을 피했습니다. '카메라 울렁증'이 있어서요. 그런데 지금은 많은 사람이 이 프로그램을 즐기고 좋아하고, 좋다고 이야기해 주셔서 마음이 좀 편해졌습니다. 길을 지나가다 사람들과 함께 사진을 찍히는 일도 자연스럽게 해 드리게 되더라고요.

그런데 한편으로는 조금 섭섭하기도 합니다. 그전에도 유명했다고 생각했는데, 전혀 아니었나 봐요. 다들 정재승이 누구냐고 물으니까요. 그동안 제가 해 온 일들이 아니라 「알쓸신잡」으로 기억되는 것이 걱정되기도 합니다.

강양구   『정재승의 과학 콘서트』(어크로스, 2011년)의 저자이시기도 한데요. 팬클럽도 새로 생겼다면서요? 전에는 없었나요?

정재승   없었지요. 아휴, 민망합니다. 팬클럽 카페 이름은 '스맛푸'입니다.

강양구   '똑똑한 곰돌이(Smart+Pooh)'라는 뜻이라면서요. (웃음) 신문 기사도 났습니다.

  사실 오늘은 정재승 선생님을 모시고 「알쓸신잡」 뒷이야기를 하려는 것은 아닙니다. 「알쓸신잡」보다 훨씬 더 재미있는, 정재승 선생님께서 하고 계시는 연구 프로젝트 중 몇 가지를 들어 보려고 하거든요.

정재승   「알쓸신잡」보다 더 중요한 이야기들이 있지요.

강양구   그러면 이제부터 본격적으로 이야기해 볼까요?

부동층의 표심을 읽는 법

강양구   2017년 대통령 선거 당시에 「알쓸신잡」만큼 널리 알려지지는 않았지만 「알쓸신잡」보다 훨씬 더 중요한 연구를 하셨다고 들었습니다.

정재승   최근에 치러진 세 번의 대선 모두 그로부터 6개월 전에 제 연구실 학생들과 모여서 회의를 해 왔습니다. 회의 때는 대선 때 무엇을 연구하면 좋을지 브레인스토밍을 하는데요. 학생들이 좋은 아이디어를 내기도 했습니다.

강양구   그렇다면 2017년뿐만 아니라 2012년, 2007년에도 연구를 하셨다는 말씀이시네요?

정재승　맞습니다. 그런데 이번 2017년 대선은 예상치 못하게 앞당겨 치러졌지요.

이명현　준비하기가 촉박했겠는데요. 2016~2017년 박근혜 대통령의 퇴진을 요구하던 촛불 집회 당시에 조마조마한 마음으로 브레인스토밍을 하셨을 듯합니다.

정재승　준비까지는 하지 못했고, "우리 뭐 하면 좋을까?" 하고 이야기를 나눴습니다. 그런데 '이번에는 이것을 하면 좋겠다.'라고 쉽게 결정되어서 조마조마할 것까지는 없었습니다. 이번에는 부동층의 표심을 읽는 법을 연구했거든요.

강양구　선거를 치를 때마다 부동층의 표심이 어디로 향할지가 가장 중요한 뉴스거리 중 하나잖아요.

정재승　예전에 비해서 좀 더 중요해졌어요. 예를 들어 여론 조사의 신뢰도가 굉장히 위협받고 있습니다. 집 전화로 여론 조사를 할 것인가, 휴대 전화로 여론 조사를 할 것인가, 응답자가 어디에 있는가, 어느 지역 사람인가, 성별이 무엇인가 등의 정확한 데이터를 알고 표본 추출을 할 때와 그렇지 않을 때의 차이가 너무 커졌습니다.

　또한 자신의 정치적 의사를 여론 조사와 언론에 적극적으로 표현하지 않는 '샤이 유권자'가 점점 많아졌지요. 후보 간의 대립이 너무 심하고 누구를 지지하는지가 일상에 영향을 미치다 보니, 사람들이 자신의 정치

자신의 정치적 의사를
여론 조사와 언론에
적극적으로 표현하지 않는
'샤이 유권자'가
점점 많아졌지요.

적 의사를 쉽게 표현하지 못하게 되어서 여론 조사의 부정확성을 높이는 계기가 되었습니다.

강양구　실제로 사람들과 대화해 보면 대놓고 누구를 지지한다고 이야기하는 부류와, 두고 봐야겠다 하거나 아직 못 정했다는 부류가 있어요.

정재승　그것이 결정적으로 2016년 제20대 국회 의원 선거를 잘못 예측하면서 폭발했습니다. 그해 미국의 제45대 대통령 선거는, 여론 조사가 아주 섬세하게 이뤄진다는 미국에서조차 49개 언론사 모두 결과를 예측하는 데 실패했지요. 심지어 선거 결과를 정확히 예측하기로 유명한 미국의 통계학자 네이트 실버(Nate Silver)도 틀렸고, 인도에 있는 인공 지능 회사만 결과를 제대로 예측했습니다.

　이런 일들이 기사로 나오면서 샤이 지지층의 영향력이 커졌고, "나는 아직 의사 결정을 못 했습니다."라고 말하는 이들의 표심을 읽는 것이 선거 결과를 예측하는 데 매우 중요해졌습니다. 그래서 자연스럽게 부동층의 표심을 어떻게 읽을 것인가를 이번 연구 주제로 삼게 되었습니다. 사실은 2012년 대통령 선거 때에도 비슷한 실험을 했는데, 당시의 실험을 좀 더 보완해서 이번에 다시 한 것이지요.

나는 네가 누구를 찍을지 알고 있다

강양구　부동층의 표심을 어떻게 읽을지 당장 독자 여러분께서 궁금해하시겠는데요.

정재승　독심술이지요. "내 눈을 바라봐." (웃음) 심리학에서는 오래전부터 적극적으로 표현되지 않는 속마음을 읽으려 노력해 왔습니다. 대표적인 예로 인

종 차별이라는 선입견과 편견을 읽어 내는 연구가 있어요. 사람들에게 "당신은 흑인과 백인을 어떻게 생각하십니까?"라고 물어보면, 다들 똑같이 자신은 편견이 없다고 주장합니다. 그런데 그들이 흑인과 백인을 대하는 태도는 암묵적으로 다르거든요.

강양구   심지어는 자신도 인지하지 못하지요.

정재승   이처럼 명시적으로 표현되지 않고, 암묵적이고 내재적인 선입견이나 편견, 선호에 대한 편향을 읽어 내려는 방법이 있습니다. 그것이 암묵적 연상 검사(implicit association test)인데요. 이 검사는 우리가 의식하는 연상 작용과, 의식하지 못하는 연상 작용 사이에 얼마나 속도 차가 있는지를 측정합니다. 이를 통해서 부동층의 속마음을 읽어 보려 한 것이지요. 정치적인 상황에서 후보에 대한 차별화된 선호를 읽는 방법으로 전환해 써 본 겁니다.

강양구   어떻게요?

정재승   말로 설명하기가 쉽지 않은데, 상상해 보세요. 여러분 앞에 모니터가 있습니다. 왼쪽에는 "좋다."가, 오른쪽에는 "싫다."가 떠 있습니다. 이제 제가 몇 가지 단어를 제시할 텐데, 이 단어들이 모니터 가운데에 제시된다고 상상해 봅시다. 그 단어가 좋다면 왼쪽 버튼을, 싫다면 오른쪽 버튼을 누르면 됩니다.
　그러면 시작합니다. 희망.

강양구   좋지요.

정재승   선물.

강양구   좋지요.

정재승   쓰레기.

강양구   싫지요.

정재승   처음에는 아주 명확한 단어들, 예를 들어 행복이나 선물, 쓰레기처럼 크게 고민하지 않고도 누구에게나 좋고 싫음이 명확할 단어들을 보여 주면서 연습을 합니다.

강양구   습관을 들이는 것이지요?

정재승   그렇지요. 한 20번 하고 나면 다음 세션으로 넘어갑니다. 이번엔 더 간단합니다. 왼쪽에는 "문재인", 오른쪽에는 "안철수"라고 떠 있습니다. 이제 두 후보 중 한 명의 사진이 가운데에 나타나는데, 사진 속 인물이 문재인 후보라 면 왼쪽 버튼을, 안철수 후보라면 오른쪽 버튼을 누르면 됩니다. 이것도 20번 합니다. 아주 쉽지요. 여기까지는 이견도 없고, 사람들이 버튼을 누르는 속도가 0.1~0.3초로 매우 빠릅니다.
　　　문제는 세 번째 세션입니다. 이때는 왼쪽과 오른쪽에 각각 "좋거나 문재인", "싫거나 안철수"라고 떠 있습니다. 이제 가운데에 사진 혹은 글자가 제시됩니다. 예를 들어 가운데에 "행복"이라는 단어가 제시되면 좋다는 의미에서 왼쪽 버튼을 눌러야 하는데, 왼쪽에 "문재인"이라고도 쓰여 있잖아요. 이때 안철수 지지자라면 주저하게 됩니다. 어쨌든 행복은 좋은 것이니 왼쪽 버튼을 누르지만, 그버튼을 누르는 속도가 약 0.2초 느려집니다. 약간 주저하는 것이지요. 안 그럴것 같지요? 그런데 정말 그렇습니다. 실험을 해 보면, 정말 놀랍게도 쓰레기라는 단어를 싫다 하려고 지지 후보가 있는 쪽의 버튼을 차마 누를 수가 없어요.

이명현   마음에 부담이 생기는 것이지요.

강양구   이때 '지지'란 심지어 자신조차도 인지하지 못할 수 있는 것이지요?

정재승   그전까지는 인지하지 못했을 수도 있고, 선호가 강하지 않을 수도 있어요. 혹은 아직은 스스로 부정하기 때문에 명시적인 표현을 안 한 것일 수도 있고요. 하지만 암묵적 선호가 있는 것으로 보입니다. 그래서 실험에 참여하면서 이런 상황에 처하면 주저하는 것이지요.

김상욱   대단히 논리적인 사람은 다르지 않을까요?

정재승   이것은 '선호의 영역'이라 논리의 문제는 아닙니다. 다만 방향에 대한 선호나 습관적인 버튼 누르기가 영향을 미칠까 싶어, 네 번째 세션에서는 좋으면 오른쪽 버튼을, 싫으면 왼쪽 버튼을 누르게끔 자리를 바꿉니다. 문제인과 안철수 또한 계속 번갈아 가면서 좌우 위치를 바꿉니다. 이 현상이 지속적으로 벌어지면, 데이터를 모았을 때 이 사람의 속마음을 알 수 있습니다.

강양구   왼쪽과 오른쪽에 다르게 반응하는 사람일 수도 있으니까요.

정재승   예. 오른쪽이나 왼쪽 같은 특정 방향에 빠른 반응을 보이는 편향이 있을 수 있고, 문제인이나 안철수의 사진이 어느 방향에 위치할 때 더 어울리는가 같은 요소가 영향을 미칠 수도 있어서, 이렇게 방향을 바꿔서 실험을 합니다. 그래서 그런 변수를 임의로 섞은 후에도 쓰레기 같은 단어를 지속적으로 "싫거나 문제인"으로 보내기 주저한다면 그 사람은 문제인 후보를 암묵적으로 좋아하는 셈이지요.

이명현　일종의 거짓말 탐지기인가요?

정재승　'속마음 탐지기'가 더 적절하겠지요. 실제로 이 방법은 거짓말 탐지기에 쓰이기도 하지만 생각보다 정확도가 높지는 않습니다. 그렇지만 거짓말 탐지기로 쓰일 때와는 달리 이 실험에 참가하는 사람들에게는 '문재인을 좋아하지만 싫다고 해야지.'라는 악의가 없지요. 그냥 자연스러운 마음을 보이는 겁니다. 다만 악의가 있는 사람이 실험에 참여한다면, 지속적으로 어떤 효과를 만들지 못하게끔 버튼을 마구 누를 수도 있습니다.

200명을 모으기 위한 7만 번의 통화

강양구　표본은 어떻게 확보하셨나요?

정재승　2017년의 연구가 2012년의 연구와 제일 크게 달라진 점이 바로 표본을 확보하는 방식이었습니다. 2012년에는 저희 연구실 대학원생 윤경식 학생이 이 아이디어를 처음 냈어요. "이 실험을 해 보면 정말 재미있을 것 같아요." "정말 좋은 아이디어인데, 한번 해 보자. 잘 될까?" 그런데 예산도 별로 없고 기존 연구비를 이 연구에 투자할 수 없다 보니, 트위터에서 지지자와 부동층을 합쳐서 총 800명을 모았습니다. 그런데 트위터에는 지지자들의 목소리가 훨씬 강하고 사용자들이 젊은 편이라 정치적으로 편향된 피험자군이라고 볼 수도 있습니다.

강양구　2012년에는 인터넷으로 연결해서 실험을 수행하셨나요?

정재승　그때는 그랬습니다. 그런데 2017년에는 다르게 진행했습니다. 피험자를 전부 실험 장소에 모셔서 실험했고요. 연령대와 정치적 성향이 굉장히 다양한 서울·경기 지역 분들을 대상으로 했습니다. 실험을 두 번 했는데, 첫 실험에는 4만 6000명에게 전화를 했어요.

이명현   피험자의 자원을 받지 않고 무작위로 뽑아서 전화를 하셨나요?

정재승   예. 모든 여론 조사 기관과 똑같은 과정을 거쳤습니다.

강양구   그래서 리얼미터라는 여론 조사 기관과 공동 연구를 하셨군요?

정재승   맞습니다. 첫 실험은 리얼미터가 아니라 다른 기관과 하고, 두 번째 실험을 리얼미터와 했습니다. 어느 한 기관과만 연구하면 편향이 생길 수 있어서 두 여론 조사 기관과 함께 진행했고요. 처음에는 4만 6000명에게, 두 번째에는 2만 7000명에게 전화를 걸어서 총 7만여 명에게 연락을 했습니다.

그런데 전화를 받아도 모두 정치적 의사 표현을 하지는 않습니다. 끝까지 전화 통화를 이어 가시는 분들이 1만 명 정도인데, 그중에 "나는 지지자가 없다."나 "아직 결정하지 못했다."라고 대답하는 사람이 1,500~2,000명입니다. 그중에서도 실험에 참가할 의향이 있다고 동의한 사람은 1,000명이고요.

처음에는 4만 6000명에게, 두 번째에는 2만 7000명에게 전화를 걸어서 총 7만여 명에게 연락을 했습니다.

강양구   꽤 비중이 높네요.

정재승   그중에 실제로 온 사람은 200명입니다. 이 200명을 모시고 실험을 진행한 것이지요.

김상욱   그래도 200명이면 적지 않은데요.

이명현   그렇기는 한데 7만 명에서 200명으로 줄다니 놀랍네요.

강양구   정재승 선생님의 실험을 소개하는 기사에서 200명이라고 나와서, 표본으로서 200명은 적지 않나 생각했거든요. 그런데 뒷이야기를 들어 보니 만만치 않았네요.

정재승   그래서 이 실험이 어려웠습니다. 부동층이 워낙 적고 그중에 시간을 내서 실험에 참가하려는 분들은 더 적으니까요. 지지자들을 모시고 실험했으면 훨씬 더 용이했을 겁니다. 부동층 200명을 모으려고 너무 많이 연락을 돌려야 했어요. 게다가 이분들이 왜 부동층이겠어요? 의사 결정에 어려움을 겪었으니, 실험에 참가할지 말지를 결정하는 데도 우유부단하지요. 하겠다고 하고는 안 온 사람도 여럿 있고요.

강양구   의외의 효과네요. 부동층은 우유부단한 분들이 많다는 것이요.

정재승   신중하달까, 혹은 자기 확신이 부족한 것일 수 있고요.

김상욱   시간을 내서 실험 장소에 온 분들의 동기는 무엇일까요? 호기심일까요?

강양구   약간의 보상이 있었나요?

정재승   물론입니다. 실험 참가에 대한 보상은 의무적으로 해야 합니다.

김상욱 보상을 떠나서 이들이 어떤 사람인지를 파악하는 일이 실험 결과를 분석할 때 중요할 것 같거든요.

정재승 그럴 수 있지요. 그런데 이들이 온 이유는 다양할 겁니다. 처음에 설문에 응답한 분들에게 "실험에 참여하실 수 있나요?"라고 여쭤 봤지, "우리는 부동층인 당신의 속마음을 읽는 실험을 할 겁니다."라고는 말하지 않았어요. 지지자들에게도, 부동층에게도 똑같이 실험에 참가할지를 묻고, 대신 실제로는 부동층에게만 연락을 한 것이지요. 따라서 이들은 이 실험이 무엇을 알아보려 했는지를 모릅니다. 다만 '정치적으로 어떤 재미있는 실험을 하나 보다.' 정도로 생각했겠지요.

강양구 기존에 설계된 유명한 심리학 실험의 여러 장점을 잘 모아서 이렇게 실험한 것이네요?

정재승 예, 맞습니다. 그래서 서울 모처에서 그분들을 모시고 직접 실험 과정을 설명했습니다.

이명현 200명을 한 자리에 다 모으셨나요?

정재승 그렇게는 못 했고, 2주에 걸쳐 나눠 모시고 설명한 다음에 실험을 진행했습니다.

강양구 굉장히 똑똑해서 무슨 연구인지 간파한 참여자는 없었나요?

정재승 쉽지 않았을 겁니다. 연령대도 다양해서 이런 실험에 익숙한 학생들만 피험자로 모으지도 않았어요. 실험 질문지만 놓고 보면 대체 무엇을 재려는 것인지 알기 어려웠을 겁니다. 어찌 보면, 너무 쉬운 문제잖아요. 반응 속도를 잰다고는 상상하지 못해요. 너무나 쉬운 문제를 풀고 있다고만 생각하고, 이것으로 무엇을 할 수 있는지 궁금해하면서 돌아가지요.

김상욱 그걸 모르게 하는 것이 이 실험의 가장 중요한 지점이잖아요.

정재승 그럼요. 그리고 아주 이상하게 대답하는 분들은 늘 나오기 마련이거든요. 무엇이 나오든 간에 지속적으로 좌우를 번갈아 누르거나 왼쪽만, 오른쪽만 누르시는 분들은 실험에서 제외했습니다.

우리의 예측은 옳았다

강양구 독자 여러분께서도 어떻게 실험을 했는지 머릿속에 그림을 그리셨을 것 같습니다. 결과가 굉장히 궁금한데, 정말로 부동층의 속마음을 읽으셨습니까?

정재승 그렇다고 봅니다. 저희가 왜 그렇다고 생각했는지 결과를 말씀드릴게요. 2017년 1월에 진행한 실험에서 문재인 후보와 안철수 후보는 부동층의 표를 각각 48.9퍼센트와 14.8퍼센트로 나눠 가졌습니다.

이명현 부동층 중에서 그렇다는 것이지요?

정재승 예. 지지자들의 여론 조사 결과는 이미 세상에 알려졌잖아요. 그런데 그중 부동층이 약 20퍼센트이니까, 이들이 전세를 뒤집을 가능성이 있는지가 '부동층의 표심 읽기' 연구의 핵심이었거든요.

강양구　여론 조사에 반영되지 않은 채 숨어 있는 샤이 지지자들이 부동층에 포함되어 있는지가 중요한 것이지요.

정재승　더욱 중요한 것은 샤이 지지자들이 던진 표가 대세에 영향을 줄 만큼 상당한 비율을 차지하는가 하는 점입니다. 예를 들어 2012년에 저희가 한 실험에서는 부동층 중에서 문재인 후보에 암묵적 선호를 보인 유권자가 56퍼센트, 박근혜 후보에게 암묵적 선호를 보인 유권자가 44퍼센트 정도였습니다. 문재인 후보가 좀 더 많은 표를 가져가기는 했지만, 젊은 층이 많이 쓰는 트위터의 사용자들을 대상으로 한 실험인데도 차이가 이 정도밖에 나지 않은 겁니다.

이 결과를 전국 단위로 환산하고 전 연령대로 환산한 팩터(factor)를 곱해서 넣어 보니, 당시 문재인 후보가 박근혜 후보와의 지지율 격차를 뒤집지는 못한다는 결론이 나왔습니다. 그래서 2012년 대통령 선거 두 달 전에 실험했음에도 불구하고 '결과가 뒤집어지기는 어렵겠다.'라고 예측했던 겁니다. 그 예측이 맞으니 재미있었지요.

그래서 2017년에도 실험한 겁니다. 좀 더 정교하게 실험한다면, 현장에서 출구 조사를 하지 않고 그냥 전화로 여론 조사해서 모은 데이터에 암묵적 선호에 대한 변수를 넣기만 해도 선거 결과를 예측할 수 있겠다고 생각했습니다. 실제로 실험과 분석을 해 보니, 이번에도 전세를 뒤집을 정도는 아니라는 결과가 나온 것이고요.

그런데 2017년에는 우여곡절이 있었어요. 2017년 1~2월에 저희가 첫 번째 실험을 한창 하고 있을 때에는 주요 후보가 문재인, 안철수 후보가 아니었습니다. 문재인, 반기문 후보였습니다. 다 잊으셨지요? (웃음)

이명현　잊고 있었어요.

정재승　반기문 전 유엔 사무총장이 2017년 대선의 유력 주자로 거론되면서,

초기에는 그를 보수 진영의 강력한 후보로 여기고 실험을 했거든요. 그런데 그가 2017년 1월 불출마 선언을 했잖아요. 그러면서 문재인 후보의 대항마를 누구로 잡을지 명확하지 않은 상황이었는데, 돌아가는 판세를 보아 하니 안철수 후보는 어떨까 생각한 겁니다. 사실 대선을 치를 즈음에는 날마다 대격변이 벌어지잖아요. 그래서 많이 걱정했는데, 다행히 후보 진영에서 큰 변화는 없었지요. 그래서 1월 말에 한 차례 실험했고요. 실험을 두 차례 한 것은, 4월쯤 되면서 홍준표 후보가 강력한 3위로 나왔기 때문입니다. 그래서 홍준표 후보가 판세에 어떤 영향을 미칠지를 보려고 문재인, 안철수, 홍준표 세 후보를 중심으로 두 번째 실험을 했습니다.

강양구 실제로 부동층의 표심이 선거 결과에 영향을 미칠 정도는 아니었다는 것이지요?

정재승 예. 두 번째 실험 결과에서도 문재인 후보가 다수표를, 안철수 후보는 지지율보다는 조금 적은 표를 가져갔습니다. 홍준표 후보는 지지율보다는 좀 더 많은 표를 가져갔어요. 홍준표 후보의 샤이 지지층이 상대적으로 두터웠던 겁니다. 그럼에도 불구하고 샤이 지지층이 대세에 영향을 미치지는 않았습니다.

저희는 이 두 번째 실험 결과를 전국 단위로 환산한 팩터로 곱해서, 리얼미터에서 대통령 선거 직전에 낸 여론 조사 결과에 곱하고 더하고 고정했습니다. 그래서 선거일 저녁 7시에 리얼미터만 전화 여론 조사 결과를 발표했습니다. 다른 곳에서는 출구 조사 결과를 발표했고요.

그런데 리얼미터가 예측한 결과가 출구 조사 결과와 유사하거나 어떤 부분에서는 더 정확했습니다. 저희 덕분이었지요. '출구 조사보다 낫네.' 하는 결과를 만들었는데, 더 놀라운 점은 설령 두 결과가 비슷하다 하더라도 리얼미터의 것이 출구 조사보다 예산이 훨씬 덜 들었다는 겁니다. 출구 조사는 돈이 많이 든다고 하더라고요.

강양구　오죽하면 한 방송사에서 예산을 감당하지 못해서 지상파 3사가 같이 출구 조사를 하잖아요.

정재승　예. 그래서 비슷하게만 나와도 좋겠다고 생각했는데, 훨씬 더 싸면서도 비슷한 정확도를 내서 아주 좋았습니다.

부동층이었으나 사실은 부동층이 아닌

강양구　이번 연구를 특히 전국 규모의 선거에 도입하면, 출구 조사를 대체하거나 보완하는 아주 중요한 수단일 수 있겠네요.

정재승　예. 그래서 이것으로 스타트업 기업을 만들어 보고 싶은데, 비즈니스 모형이 5년에 한 번씩 온다는 단점이 있습니다. 지방 선거나 총선 때는 이런 실험을 의뢰하면서까지 표심을 예측하려 하지는 않으니까요.

이명현　굉장히 개별적으로 나뉘어서 선거가 치러지는데, 선거마다 대중의 관심도가 달라지기 때문에 매번 하기는 어렵겠지요.

정재승　예. 비즈니스 모형을 만들기가 어려워요. (웃음) 농담이에요. 아주 재미있는 경험이었습니다. 정치적으로 서로 다른 의사를 가진 사람들이 모여서 누구를 지지하는지, 왜 그 사람을 지지하는지 편하게 대화를 나누는 문화가 우리 사회에서 많이 사라지지 않았나 생각이 들었습니다. 좀 더 격렬해지고, 지지하는 후보가 누구인지에 따라서 사람을 쉽게 재단하다 보니, 자신의 정치적 의사 표현을 주저하는 사람이 많아졌어요. 하지만 그들도 여전히 정치에 관심이 있어서, 선거일에 여행을 가지 않고 한 표를 행사해서 정확하게 의사 표현을 하겠다고 생각하거든요.

또 흥미로웠던 점은, 선거 후 실험에 참가한 분들 모두에게 다시 연락을 해서 실제로 누구를 뽑았는지 물어봤다는 겁니다. 부동층의 표심을 읽은 이 실험이 실제 투표 결과와 얼마나 상관 관계가 있는지를 봤습니다.

강양구　결과가 굉장히 궁금한데요.

정재승　궁금하지요? 통계적으로 의미 있는 암묵적 선호를 뚜렷하게 보인 사람들만 모아 분석을 해 보니 일치율이 83퍼센트였습니다.

김상욱　부동층이라고는 했는데, 바뀌지 않았다는 뜻이네요?

정재승　맞습니다. 부동층이라고 했지만 사실은 부동층이 아니었던 겁니다. 선거철이 되면 몇 달 동안 텔레비전 토론이 여러 차례 진행되고 공약과 정책이 나오며, 지지 선언이 끊임없이 이어지고 날마다 후보의 말실수나 과거 행적이 드러나잖아요. 그것들이 화제가 되면서 선거 결과에 크게 영향을 미치리라 생각하는데, 저희 실험 결과를 바탕으로 해석해 보면 사실은 이런 정보들이 생각보다 큰 영향을 미치지 않는다는 점을 알 수 있었습니다.

물론 이런 정보나 사건 들이 지지자들에게는 별로 영향을 미치지 않겠지요. 하지만 부동층에게는 영향을 미치리라고 보는 견해가 많았는데요. 그런데 스스로를 부동층이라 생각하는 분들도 상당수가 후보의 첫인상에 꾸준히 영향을 받아서 투표를 하더라는 겁니다. 물론 예외는 항상 있습니다만.

부동층이라고는 했는데, 바뀌지 않았다는 뜻이네요?

다시 말해, 사건은 유권자나 부동층의 등을 돌리게 하는 경우가 종종 있습니다만, 선호는 통상 쉽게 바뀌지는 않는다는 겁니다.

김상욱 좋은 메시지네요. 그렇다면 앞으로 선거가 혼탁해지지 않겠는데요. 그렇게 해 봐야 소용없으니까요.

정재승 그럴 수 있지요. 다만 중요한 것은 명시적 선호 혹은 암묵적 선호가 어떻게 형성되었느냐 하는 것이겠지요. 개별 사건들보다도 평소에 그 후보가 어떤 모습을 보였는지가 더 중요해진다면, 긍정적인 결과로 볼 수 있겠지요.

강양구 선거철에 접어들 때 이미 뽑고자 하는 사람이 결정되어 있다는 것이 잖아요?

정재승 생각보다 크게 바뀌지 않는다는 것이지요. 그런데 이보다 더 흥미로운 결과가 있습니다. 통계적인 방법을 써서 암묵적 선호를 찾는 대신에 인공 지능에게 반응 시간 결과만 주고 기계 학습(machine learning)을 통해서, 즉 알고리즘 등으로써 인공 지능이 스스로 학습하게끔 하는 과정을 통해서 이 사람이 어느 후보에게 투표했을지 맞혀 보라고 하면 정확도가 91퍼센트로 올라간다는 겁니다. 즉 통계적으로 의미 있는 데이터만 쓰는 전통적인 과학의 방법을 따르지 않고, 실험 데이터를 통째로 넘겨서 인공 지능에게 골라 보라고 하면 예측을 더 잘하는 것이지요.

이것을 우리가 어떻게 해석해야 하는지가 현재 관건입니다. 결과는 얻었는데, 인공 지능이 무슨 기준으로 예측했는지를 보는 것이 이번 연구의 마지막 단계예요.

강양구 「알쓸신잡」처럼 많이 주목받지는 않았지만, 굉장히 흥미로운 연구를

2017년 대선 때 하셨네요.

정재승   알아두면 쓸데 '있는' 연구이지요. 원래 쓸데 있는 연구는 잘 뜨지 않아요. (웃음)

강양구   결과도 굉장히 신비하고요. (웃음)

그들이 살아온 삶에 우리는 표를 던진다

강양구   궁금한 것이 하나 있습니다. 그때 이미 연구 결과가 나왔는데, 특정 후보의 캠프에서 연구 결과의 공표를 반대해서 발표가 무산된 일이 있었지요?

정재승   예. 실험 결과를 아는 사람은 실험 데이터를 분석한 학생 둘, 이 연구를 함께한 연구원, 그리고 저 빼고는 아무도 없었어요. 심지어 리얼미터 같은 여론 조사 기관도 몰랐습니다. 저희는 누구에게도 결과를 말하지 않았고, 마지막에 어떻게 보정하면 되는지만 알려 드린다면서 결과를 철저히 비밀에 부쳤거든요. 그런데 국민의당에서 연구 결과를 발표하면 안 된다고 중앙 선거 관리 위원회에 요청을 했습니다.

강양구   선거 전, 여론 조사를 공표할 수 있는 마지막 시점에 발표하려던 것이었지요?

정재승   예. 그때 발표했더라면 저희 연구가 훨씬 더 주목받고, 기사도 많이 나갈 수 있었겠지요.

이명현   결과가 어떻게 나올지 모르는 상태에서 발표하니까요.

정재승   예. 연구 결과가 특별히 어떤 후보에게 유리하거나 불리하지 않았기 때문에 '이런 방법도 가능하구나.'라고 연구 자체가 화제가 되기를 바랐거든요. 좀 더 정확하게 예측하고자 저희의 연구로 보정된 여론 조사 결과를 발표할 기회를 얻고 싶었는데, 발표를 못 했지요.

저 같은 기자는 제목을 이렇게 달 테니까요. "선거는 끝났다."라든가 "막판 이변 없었다.", "샤이 안철수는 없다."라고요.

강양구   여론 조사의 결과 중 하나로 볼 수도 있으니까요. 그런데 국민의당은 알았겠지요. 저 같은 기자는 제목을 이렇게 달 테니까요. "선거는 끝났다."라든가 "막판 이변 없었다.", "샤이 안철수는 없다."라고요.

김상욱   "과학적으로 검증되었다."

정재승   "부동층, 이번 선거에 큰 영향 못 줘." 이렇게 달았을 수도 있겠네요.

이명현   심지어 그런 기사를 보고도 안 바뀐다는 것이지요? 그렇다면 당시에 결과가 발표되었다 하더라도 크게 문제가 없었겠는데요.

김상욱   최후의 결과는 나와야 알 수 있으니까, 당시에는 몰랐겠네요.

강양구   하지만 국민의당 관계자들은 기사나 후폭풍을 우려했군요?

정재승   그런데 선거를 치르기 넉 달 전에 저희가 측정한 실험 결과, 즉 자신을 부동층이라고 말한 유권자의 속마음이 실제로 투표 결과와 상당히 유사한 것을 보면서 이런 생각을 했습니다. 흔히 '선거 공학'이라고 하잖아요. 각 정당은 유권자들을 어떻게 설득해야 상대 후보의 표를 자신들에게 끌어올지, 대세론을 믿지 동정표를 유발할지와 같은 다양한 전략으로 사람의 마음을 움직이거나 심지어 마음을 약간 조작해서 선거 결과를 바꿀 수 있다고 믿습니다. 이를 위해 돈도 많이 쓰고요.

그런데 유권자들은 각 후보가 그동안 어떤 삶을 살아왔는지, 그 삶이 내 뇌에서는 어떻게 인지되고 해석되는지, 그래서 그 사람이 내게 어떤 가치나 비전을 표상하는지를 바탕으로 후보에 대한 선호를 결정합니다. 그것이 표심으로 이어지고요.

그래서 요즘처럼 투명한 세상에서 후보들은 그저 바르게 잘 살아왔는가, 정치적으로 어떤 노력을 해 왔고 어떤 업적을 남겼는가 그 자체가 가장 좋은 선거 운동이 아닌가 생각이 듭니다.

강양구　정치를 하려는 분들에게는 잘 살아오는 것이, 정당에는 맞춤한 사람을 잘 공천해서 후보로 내놓는 것이 훨씬 더 중요하다는 말씀이시지요?

정재승　앞에서 "잘 살아오기"라고 표현했는데, 예를 들어 이명박 전 대통령이나 박근혜 전 대통령조차도 그들이 살아온 삶이 유권자들에게 어떤 가치를 보여 준 겁니다. 그 가치에 동의한 사람들이 그들에게 표를 던졌고요. 이명박 전 대통령의 경우 서울특별시장으로, 한 기업의 사장으로 살아오면서 보여 준 비전과 가치를 우리가 표로 산 것이지요. 박근혜 전 대통령도 마찬가지였고요. 그것이 결국 옳은 선택이었든 그렇지 않았든 말입니다.

2012년의 문재인 후보와 2017년의 문재인 후보 또한 다르다는 생각이 듭니다. 2017년의 문재인 후보는 2012년의 대선에서 낙선한 이후 4년여를 다르게 보냈기 때문에, 우리는 2012년의 문재인 후보가 아닌 2017년의 문재인 후보에게 표를 던졌습니다. 그것이 중요하지요. 상황을 극적으로 바꿔 보자고 선거판에서 한 말실수나 과거의 비리를 캐내서 터뜨리는 데 너무 열을 올리지 않았으면 하는 마음입니다.

김상욱　지금 2012년과 2017년의 실험에 근거해서 나온 결론을 말씀하셨는데, 외국에서도 부동층의 표심을 읽는 유사한 실험이 있었겠지요. 실험 방법은 다르겠지만요. 결과는 다 똑같습니까?

정재승　전 세계적으로도, 부동층의 표심을 읽는 실험이 최근 3~4년간 등장하기 시작했습니다. 그전에는 별로 없었어요. 부동층의 표심을 읽기가 어렵다고 생각했고, 부동층보다는 지지자의 표를 얻는 것이 훨씬 더 중요한 문제였지요. 그러다 보니 과거에는 주로 신경 정치학(neuropolitics)의 관점에서 왜 이 사람은 보수적인 정치 성향을 갖고 왜 저 사람은 진보적인 정치 성향을 갖는지에 초점을 두었습니다. 그런데 최근에는 정치적 의사를 명시적으로 표현하지 않는 사람들의 마음을 읽는 쪽으로 관심이 크게 옮겨 갔지요.

김상욱　최첨단 연구를 하신 것이군요.

정재승　2012년에는 정말로 참고할 만한 논문이 없었는데, 2017년에 찾아보니 그새 3~4편이 나왔더라고요.

김상욱　미국 때문인가요?

정재승　그렇지요. 아무도 트럼프가 당선될 줄 몰랐고, 여론 조사를 통한 예측이 여지없이 빗나가는 데 샤이 트럼프의 영향력이 막강하게 작용했으니까요. 그 까닭에 학문적 관심이 부동층의 속마음에 크게 쏠렸습니다.

신경 정치학, 기준들이 싸워 단 하나의 결정을 내리기까지

강양구　수다를 떨다 보니 앞에서 신경 정치학이라는 생소한 단어가 나왔습니다. 이 학문은 뇌과학자 정재승 선생님께서 선거에 관심을 갖고 지난 대통령선거 당시에 한 연구와 맞닿아 있는 대목이지요?

정재승　맞습니다. 심지어 저희 연구실에서 처음 이 연구를 할 당시에는 신경정치학이라는 학문적 용어 자체가 없었어요.

저희 연구실은 인간과 동물의 의사 결정을 연구합니다. 사람들이 자신의 이익을 위한 선택과 타인의 이익을 위한 선택 사이에 갈등이 생겼을 때 어떻게 의사 결정을 하는지, 이때 뇌에서는 무슨 일이 벌어지는지를 하나로 잘 설명하는 모형을 만드는 데 관심을 가졌습니다. 또한 마음에 병이 생기면 우리는 왜 적절한 의사 결정을 잘 못 하는지를 잘 모릅니다. 예를 들어 우울증 환자들은 왜 생명체 대다수가 안 하는 자살을 선택하는가 등이 저희의 주된 연구 주제였습니다.

이 연구는 사람들이 왜 이 제품은 먹는데 저 제품은 먹지 않는지, 기업이 제품명을 어떻게 지어야 사람들이 더 많이 살지를 판단하는 데 응용될 수 있습니다.

이명현　맞아요. 기아자동차의 제품명을 짓는 연구도 하셨지요?

정재승　예. K7이라는 차종의 이름을 저희가 지었습니다.

강양구　그런 것을 '뉴로마케팅(neuromarketing)'이라고 부르지요?

정재승　예. 또한 개기 일식처럼 5년마다 한 번씩 오는 축제인 대통령 선거에서 유권자들의 정치적 의사 결정은 어떻게 이뤄지는지 궁금해서 2000년대 초에 처음 연구를 시작한 것이고요.

강양구　하기는 가장 중요한 선택의 문제잖아요.

이명현　그렇지요. 우리 삶에 정말 크게 영향을 미치는 선택이니까요.

정재승　예. 그런데 이 선택은 여러 기준이 혼재된 의사 결정이라는 점에서 흥미로워요. 예를 들어 나에게 직접적으로 이득이 되는지, 되지 않는지를 판단하는 프레임도 있지만, 저 사람이 좋은지, 싫은지를 따지는 프레임도 있어요. 또한 '누가 대통령이 되는 것이 나의 이익을 넘어 우리나라 전체에 유익할까?'라는 기준도 있고요. 이런 복잡한 맥락에서 사람들은 어떻게 의사 결정을 하는지가 제 학문적 관심사였습니다.

강양구　이야기를 조금 더 쉽게 풀어 보겠습니다. 어떤 사람은 '사실 나는 형편이 넉넉해서 문재인 후보가 대통령이 되면 개인적으로는 손해를 볼 수도 있지만, 그가 당선되면 우리나라가 달라질 것이기 때문에 그를 선택하겠다.'라고 할 수도 있습니다. 어떤 사람은 크게 고민하지 않고도 그냥 문재인이라는 사람이 너무 좋아서 '달님을 뽑아야겠다.'라고 할 수도 있고요. 어떤 사람은 '여러 면에서 문재인 후보의 비전에는 동의하지만, 왠지 그가 싫기 때문에 다른 후보를 찍겠다.'라고 할 수도 있고요. 정말 여러 가지가 혼재되어 있네요.

정재승　오랫동안 경제학자들은 호모 이코노미쿠스(*Homo economicus*), 즉 사람들은 자신의 경제적 이익에 따라서 의사 결정을 한다고 생각해 왔습니다. 반면 심리학자나 행동 경제학자 들은 선호가 이익에 앞서는 경우도 있다는 주장을 했지요. 또 우리는 도덕적 의사 결정을 합니다. 예를 들어 이른바 강남 좌파가 있습니다. 내 사회적 계급은 부르주아이지만, 그것과 상관없이 사회적 약자를 위한 가치를 존중하는 의사 결정을 할 수도 있지요. 내 계급의 이익을 대변하는 의사 결정만 하지 않고 우리 사회 전체, 특히나 약자를 위한 의사 결정을 하려는 사람들이 틀림없이 있습니다. 그렇게 되려는 사람들도 무척 많고요.

그렇다면 이들의 의사 결정과 행동을 어떻게 설명할 수 있을까요? 여러 기준이 뇌의 다양한 영역에서 싸우는데 결국 최종 결정은 단 하나이지요. 저는 이 과정이 궁금한데, 그것을 실험할 기회가 5년에 한 번뿐입니다. 제 정년 퇴임까지 20년 정도 남았기 때문에, 기회가 네댓 번 남아 있습니다.

투표에 숨어 있는 사랑의 뇌

강양구　이 연구를 2007년에 처음 시작하셨는데, 당시에는 오늘 이 자리에서 화두가 된 신경 정치학 같은 용어도 없는 상황이었잖아요.

정재승　네, 그런 용어가 아직 나오지 않았고, 학계에서도 관련 연구가 많지 않았지요. 정치적 의사 결정을 연구하는 실험들은 있었지만 대부분 지지자를 대상으로 했고요. 저희도 대통령 선거와 관련해서 한 첫 실험은 지지자들을 대상으로 했어요.

강양구　2007년에는 어떤 실험을 하셨습니까?

정재승　아주 흥미로웠지만 지금 생각해 보면 매우 미숙한 실험이었습니다. 당시에는 이명박 후보와 정동영 후보가 경합을 벌이고 있었지요. 2007년 대통령 선거가 치러지기 석 달 전에 두 후보의 지지자들을 실험실에 모셨습니다. 이들에게 이명박 후보와 정동영 후보의 사진을 보여 주고, 뇌에서 무슨 일이 벌어지는지를 살펴봤습니다. 이때 이용한 것이 fMRI(functional Magnetic Resonance Imaging, 기능적 자기 공명 영상)인데, 뇌의 각 영역에 혈류량이 얼마나 변화하는지, 즉 어느 영역이 활성화되는지를 촬영하는 기술이지요. 사진을 보여 준 후에는 정책과 공약을 보여 주면서 뇌에서 또 무슨 일이 벌어지는지를 봤고요. 그다음에는 이명박 후보의 공약이라면서 정동영 후보의 공약을 보여 주고 무슨 일이 벌어지는지를 봤습니다.

김상욱　전형적인 뇌과학 연구네요.

정재승　그 후 대통령 선거 당일에, 이 실험 참가자 모두를 다시 모셔서 호텔 방에 감금했습니다. (웃음) 투표를 마친 직후에 호텔로 오시게 해서, 참가자 그 누구도 투표 결과를 알 수 없게끔 했습니다. 호텔 방의 텔레비전도 다 껐고요. 참가자들은 책을 읽거나 화투를 치거나 포커를 하면서 시간을 때웠습니다. 그러다 밤 12시가 되었을 때 한 명씩 실험실의 fMRI 안으로 모신 다음, 그곳에서 선거 결과를 보여 줬습니다.

이명현　진짜 결과를 보여 주셨나요?

정재승　예. 당일에 따끈따끈하게 나온 결과였지요. 이때 뇌에서 무슨 일이 벌어지는지를 봤습니다. 얼마나 흥미진진했겠습니까? (웃음)

강양구　정말 흥미진진한데요.

정재승　호텔에서 fMRI가 있는 병원으로 이동하는 동안에 실험 참가자들이 선거 결과를 짐작 못 하게 하기가 굉장히 어려웠습니다. 상상도 못 하실 겁니다. 사람들이 지나가면서 "누가 됐어?"라고 얼핏 이야기를 해요. 그 대화를 들으면 안 되니까 참가자의 눈을 가리고 귀를 막고요. 참가자들이 휴대 전화나 텔레비전을 못 보게끔 학생들이 참가자들 곁에 앉아서 막았어요. 결과 나올 때도 갑자기 "우와!" 같은 소리가 나오면 안 됩니다. 보안을 유지하느라 정말 힘들었어요.
　그렇게 결과를 숨기다가 fMRI 안에서 보여 줬습니다. 결과가 궁금하시지요?

강양구 　사실 저는 정재승 선생님의 연구에 관심이 있어서 2007년, 2012년, 2017년 대통령 선거 때 어떤 연구를 하셨는지 계속 따라가 봤거든요. 그러다 보니 정재승 선생님이 스케일이 작아진다는 생각을 했어요. 2007년에는 fMRI 사진을 팍팍 찍으셨잖아요. (웃음)

김상욱 　그런데 과학적으로는 더 정교해진 것 같아요. 2007년의 연구는 도대체 무엇을 알아내려 했는지 잘 와 닿지 않아서요.

정재승 　맞아요. 2007년의 실험은 굉장히 흥미롭지만 결과가 예측되잖아요. 지지자들이야 당연히 지지하겠지요. 저희가 본 결과는 이것이었어요. 자신이 좋아하는 후보를 지지자들이 볼 때 뇌에서는 마치 사랑에 빠진 사람이 애인을 볼 때와 유사한 일이 벌어지더라는 겁니다. 공약을 볼 때도 마찬가지이고요. 심지어 상대 후보의 공약을 내 지지 후보의 것으로 보더라도 뇌의 긍정적인 영역들이 매우 적극적으로 활성화됩니다. 공약 내용은 별로 중요하지 않았습니다.

강양구 　공약이 다 부질없다니까요.

프레임, 이미지, 팬덤

정재승 　또 다른 결과도 있습니다. 당시에 정동영 후보는 지지자들에게서조차 열렬한 반응을 얻지 못했어요. 정동영 후보의 지지자들은 대부분 이명박 후보를 굉장히 싫어했을 뿐이지, 정동영 후보를 열렬히 지지하지는 않았습니다. 이명박 후보의 지지자들도 정동영 후보에게 부정적인 마음을 품지

자신이 좋아하는 후보를 지지자들이 볼 때 뇌에서는 마치 사랑에 빠진 사람이 애인을 볼 때와 유사한 일이 벌어지더라는 겁니다.

않았고요.

선거에서 흔히들 프레임을 이야기하는데요. 누군가가 강력히 의제를 던지면 그에 대해 사람들의 호불호가 나뉘고, 그에 대해 좋은지 싫은지를 논쟁하는 과정에서 특정 후보가 주도권을 잡게 되지요. 그러면 그 선거는 그 사람에 대한 선거가 됩니다. 강력한 반대자가 있더라도 자신의 프레임으로 선거를 치러야 결국 당선된다는 것을 이 연구를 통해 알게 되었습니다. 누군가가 싫다고, 그를 반대한다고 해서 상대 후보가 어부지리로 대통령이 되기는 쉽지 않다는 점을 저희 연구가 보여 준 겁니다.

이는 2012년의 대통령 선거에도 적용됩니다. 당시 문재인 후보 또한 박근혜 후보를 반대하는 것만으로는 대통령이 될 수 없었지요. 문재인 후보가 지지하는 미래는 무엇인지, 문재인 후보에게 표를 던지면 어떤 일이 벌어질지를 명확히 보여 줬어야 했습니다. 그런데 문재인 후보는 2012년에 이를 보여 주지 못했습니다. 그래서 그때는 실패했지요. 2017년에는 훨씬 나은 비전을 제시해서 사람들에게 마음을 얻었고요.

강양구　회고해 보면 2007년이나 2012년 대통령 선거는 인기 투표, 찬반 투표 비슷했잖아요.

정재승　'이명박 후보에게는 문제가 많으니 절대 그를 뽑아서는 안 된다.'라는 사람이 많았지만, 같은 이유로 지지하는 사람들 또한 많았습니다. 결국 이명박 후보가 설정한 프레임에 갇혀, 이명박 후보가 주도하는 선거판에서 선거가 치러졌습니다. 반면 정동영 후보는 존재감이 부족했습니다. 마찬가지로 2012년에는 박근혜 후보가 주도했고요.

강양구　그런데 앞에서 2007년의 연구는 결과가 뻔했다고 말씀하셨지만, 독자 여러분께서는 '정말?'이라고 생각하실 것 같아요.

김상욱 2007년의 실험은 진행하기가 너무 어려워서 표본의 수가 많지 않았겠는데요.

정재승 60명이었어요.

김상욱 60명이나 호텔 방에 가둬 놓으셨다는 것이군요.

이명현 그것도 굉장한데요.

강양구 그래서 정재승 선생님의 스케일이 작아졌다고 생각했다니까요.

정재승 힘든 실험이었습니다. (웃음)

대통령 선거 당일에 실험 참가자들의 뇌를 보면 거의 신을 영접하는 상태와 유사합니다. 실제로 실험 현장을 직접 보셨어야 하는데요. 나중에는 그분들 스스로도 종교적 체험을 했다고 설명하더라고요. 지난 몇 개월이 주마등처럼 흘러가는 경험을 하면서 다들 울었어요. 이명박 후보의 지지자는 기뻐서 울고, 정동영 후보의 지지자는 억울하고 슬퍼서 울고, "이명박 후보는 절대 안 된다."라면서 또 울고요.

강양구 그러면 지지 후보가 당선된 사람과, 낙선한 사람의 뇌 사진에는 차이가 큰가요?

정재승 굉장히 차이가 큽니다. 이때는 합리적인 판단을 관장하는 전전두엽 같은 영역은 별로 관여하지 않고, 굉장히 원초적인 마음을 관장하는 영역들이 관여하거든요. 앞에서 말씀드린 대로 정치적 의사 결정은 '나에게 이득이 되는가?'나 '도덕적으로 어떤 분이 되는 것이 우리 사회에 좋은가?'와 같은 판단을 넘어섭니다. 지지자들은 사랑과 종교에 가까운 반응, 아이돌에 열광하는 팬의 마음, 즉 선호의 영역이 큰 반응을 보입니다. 이것이 후보의 정책과 공약보다 훨씬 더 중요할 수도 있지요.

강양구 이는 역사적인 정치 경험과도 통하지요. 역사적으로 큰 열광을 받은 리더들은 요즘 쓰이는 말로 다 엄청난 '팬덤'을 거느렸잖아요.

정재승 심지어 히틀러조차도 그랬지요.

강양구 우리나라에도 김영삼 전 대통령이나 김대중 전 대통령, 노무현 전 대통령이 있고요.

김상욱 이미지 정치라는 말도 있잖아요. 그래서 여론을 조작하는 정치인도 있는데, 그 효과를 입증하는 연구 결과라고도 할 수 있겠네요. 안타깝습니다.

정재승 예. 경험적으로 알던 것을 과학적으로 더 살펴본 결과일 수도 있고요. 인간에게 연민을 느끼게 하는 대목일 수도 있습니다.

우리는 아이처럼 투표한다

강양구 그렇다면 리더의 덕목이란 냉정하고 이성적으로 뭔가를 하는 것이 아니라 사람의 마음을 끄는 것이겠네요. 종교 지도자와 크게 다르지 않겠는데요.

정재승 맞습니다. 그래서 2007년에는 지지자 연구는 너무 결과가 뻔해서 재미없었어요. 그래서 2012년에는 학생들이 부동층의 표심을 연구하자는 이야기를 꺼냈을 때 흥미가 생겨서 이 연구로 옮겨 왔지요.

미국의 신경 정치학 연구자들은 지지자들의 성향을 깊이 파고드는 방식으로 연구를 했습니다. '누가 보수가 되고, 누가 진보가 되는가?'가 신경 정치학의 시자이었어요. 그런데 미국은 양당 구도가 아주 확연하잖아요. 그래서 누가 공화당 지지자가 되는지, 누가 민주당 지지자가 되는지를 아주 깊이 따지는 일련의 연구가 진행된 다음, 그 지지자들이 어떤 정보를 갖고 투표하는지를 연구했습니다.

강양구 　정재승 선생님의 글을 읽다 보면 종종 인용되는 일화가 있습니다. 미국 프린스턴 대학교 학생들에게 상·하원 의원들의 사진을 보여 줄 때 이들이 받은 첫인상이 그대로 투표 결과로 이어졌다는 연구였지요? 이런 연구도 앞에서 말씀하신 미국 신경 정치학 연구의 연장선상에 있는 것인가요?

정재승 　그런 셈입니다. 프린스턴 대학교 심리학과의 알렉산더 토도로프(Alexander Todorov) 교수와 그의 동료들이 프린스턴 대학교 학생들에게 프린스턴 대학교가 있는 뉴저지 주를 제외한 다른 주의 민주당 후보와 공화당 후보의 사진을 각각 1초간 보여 준 다음 둘 중에 누가 더 유능해 보였는지를 물었으며 그 결과를 2005년 《사이언스》에 실었습니다.

강양구 　정말 첫인상을 묻는 것이네요.

정재승 　예. 딱 보고 1초 만에 의사 결정을 하는 겁니다. 그런데 이들이 이렇게 단편적인 지식만으로 선택한 결과가 실제 선거 결과와 73퍼센트 정도 일치했습니다. 후보가 누구인지도 모르고 1초 동안 본 사람들과, 1~2개월 동안 후보들의 공약과 선거 유세를 접한 사람들의 선거 결과가 일치할 확률이 73퍼센트나 되니까, 단편적으로 선거에 임하지 않았나 생각하게 되는 것이지요.
　그런데 더 놀라운 점은, 이 후보들에게 선장 모자를 씌우고 유치원생들에게 어느 선장이 이끄는 배를 타겠는지 물어봐도 실제 선거 결과와 70퍼센트 넘게 일치한다는 겁니다. 아이가 뽑으나, 어른이 뽑으나 별반 다를 것이 없는 셈입니다. 우리가 아이처럼 투표하고 있는 것이지요.

> 후보들에게 선장 모자를 씌우고 유치원생들에게 어느 선장이 이끄는 배를 타겠는지 물어봐도 실제 선거 결과와 70퍼센트 넘게 일치한다는 겁니다.

이명현 선거 연령을 낮춰야 하겠는데요.

김상욱 민감한 문제네요.

정재승 선거 연령을 말씀하셨는데, 흔히 아이들은 아직 철이 없고 정치적 의사 결정을 할 능력이 안 된다고 이야기하지요. 그런데 어른들도 크게 다르지 않습니다. 저는 전반적으로 더 나은 정치적 의사 결정을 하는 법을 청소년들에게 가르치고 이에 대해 사회적으로 논의할 필요가 있다고 생각합니다. 좋은 리더를 뽑는 방법은 정말 중요한 문제인데, 학교에서는 가르치지 않잖아요. 그게 진짜 필요하고 유용한 교육인데 말이지요.

1960년 4·19 혁명 때 3·15 부정 선거에 반대하며 시위를 했던 사람 중에는 초등학생과 중학생, 고등학생이 상당수 있었다는 것을 우리는 기억해야 합니다. 그때는 학생들이 정치적인 판단을 잘 할 수 있었습니다. 오늘날 학생들을 수능에만 집중하게 만드는 교육 제도는 우리 사회를 오히려 어리석게 만들 수 있어요.

강양구 민주주의의 숙의 모형과도 연결될 텐데, 신경 정치학의 여러 결과를 학교에서 가르쳐야 할 것 같습니다. 물론 가르친다고 될지는 모르겠지만, 성찰이라도 할 수 있어야 하잖아요.

정재승 군이 신경 정치학이라는 명칭을 알릴 필요는 없지만, 신경 정치학 분야에서 나온 흥미로운 결과 중 하나인 '누가 진보가 되고, 누가 보수가 되는가?' 연구는 주목할 만합니다. 진보와 보수는 세상을 바라보는 관점, 자극에 대한 반응이 다르다고 해요. 공포 자극에 민감하게 반응하는 사람들은 안전 지향적이어서 보수적인 의사 결정을 할 가능성이 높습니다. 반면 새로운 것에 재미를 느끼고 들여다보자고 하는 사람들이나, 공정함이나 공평함에 민감한 사람들이 더욱 진보적인 성향을 보입니다.

강양구 미국 공화당 지지자와 민주당 지지자는 뇌 구조도 다르다는 신문 기사도 본 적이 있고, 과학적 관점에서 정치를 분석하는 미국의 저널리스트 크리스 무니(Chris Mooney)의 책『똑똑한 바보들(*The Republican Brain*)』(이지연 옮김, 동녘사이언스, 2012년)도 읽은 적이 있습니다. 그런데 개인적으로는 이렇게도 해석되지 않을까 생각했거든요. 뇌과학자이신 정재승 선생님께서 저보다 훨씬 잘 아시겠지만, 뇌는 굉장히 가소성이 큰 조직이잖아요. 그래서 민주당 지지자들 사이에서 자라는 것과 공화당 지지자들 사이에서 자라는 것 사이에는 큰 차이가 있을 것 같습니다. 예를 들어 가정 환경이나 경제적 수준 차이, 지역 차 등이 있고요. 또 어떤 교양을 접하는지, 여행을 많이 다니는지 등이 뇌에 영향을 주고, 그것이 정재승 선생님께서 말씀하신 대로 뇌에 차이를 만들어서 지지하는 정당을 다르게 하는 것이 아닐까 생각했습니다.

본성과 양육이 함께 키우는 뇌

김상욱 본성 대 양육의 문제인가요?

정재승 그런데 여기에서 오해하시지 않았으면 하는 점이 있습니다. 보수와 진보의 뇌 구조가 다르다는 것이 정치 성향을 타고났다는 뜻은 아닙니다. 뇌를 들여다보는 연구가 생물학적이어서 '타고난 본성이 정치 성향을 결정한다는 뜻인가?' 하고 많이들 오해하십니다. 물론 타고난 유전자의 영향을 받기도 하지만, 뇌야말로 경험과 환경에 따라서 가장 많이 변하는 신체 기관 중 하나입니다. 그래서 뇌는 가소성이 가장 크다고 말하지요. 본성과 양육 두 가지가 한꺼번에 뇌를 길러 냅니다. 다만 우리가 사고하고 인지하며 판단하고 행동하는 모든 일이 뇌라는 관문을 거쳐서 일어나기 때문에 뇌를 들여다보는 것이지요.

결코 뇌가 생물학적으로 모든 것을 결정한다거나, 뇌가 바뀌지 않는다거나 하지는 않습니다. 다시 말해서 진보와 보수의 뇌 구조가 다른 것은 그렇게 태어났기 때문만이 아니라 그렇게 자라 왔고, 그런 반응에 민감하기 때문입니다. 원인과 결과가 함께 내포되어 있어요. 뇌가 사고와 판단, 행동의 중추라서 그것을 들여다보는 것이지, 뇌가 생물학적으로 결정되어 있어서 이를 들여다보는 것이 아닙니다.

그럼에도 불구하고 이 연구가 우리에게 주는 시사점이 있습니다. 그동안 보수 진영에서는 자신들의 세력을 결집하려고, 북한이 총과 대포를 쏘면서 공포 자극을 주면 "이러면 안 된다. 뭉치자."라면서 민감하게 반응해 왔습니다. 한편 진보 진영에서는 사회적 약자, 공평함, 특권층의 비리를 처벌함으로써 세상을 개혁해야 한다면서 프레임을 짰습니다.

이런 진보와 보수의 전략이 사람의 뇌에 이렇게 영향을 미쳐 왔다는 것인데, 이제는 한 발 더 나아가 이런 전략에 너무 현혹되지는 말자는 겁니다. 공포 자극에 너무 민감한 반응을 유도하는 전략, 그렇다고 약자들을 지지하지 않으면 도덕적으로 문제 있는 것처럼 몰아가는 전략 모두 적절하지 않을 수 있습니다. 우리는 시스템과 사회 전체를 총체적으로 바라보는 시각을 키워야 합니다.

강양구 　우리나라에서는 세대별 차이도 있을 것 같아요. 노년층은 공포 자극에 훨씬 더 민감할 것 같습니다.

이명현 전쟁을 경험하셨으니까요.

강양구 젊은 세대는 상대적으로 개방이나 관용, 공평함에 훨씬 더 민감하겠다는 생각이 듭니다.

정재승 맞습니다. 세대 간 차이도 있어요.

강양구 2017년 대통령 선거 때 정재승 선생님께서 하신 연구 이야기부터, 최근 뇌과학에 많은 관심을 보이는 신경 정치학의 이모저모까지 살펴봤습니다. 그런데 앞에서 정재승 선생님께서 앞으로 대통령 선거를 연구할 기회가 네댓 번밖에 남지 않았다는 말씀을 농담처럼 하셨는데, 실제로 최근 신경 정치학의 흐름을 염두에 두고서 해 보고 싶은 연구가 있으시다면 소개해 주시지요.

정재승 저는 처음 이 실험을 하면서 이런 질문을 던졌어요. '나의 경제적 이득, 선호, 우리 사회에 대한 도덕적 판단 등이 상충하는 상황에서 사람들은 어떤 결정을 할까?' 그래서 뇌 사진을 찍고 살펴보는 일이 제일 관심 있었습니다.

또 다른 하나는 "코끼리는 생각하지 마."입니다. 미국의 인지 언어학자 조지 레이코프(George Lakoff)의 책 제목이기도 한 이 연구 이론은 신경 정치학에서 굉장히 많이 인용됩니다. "코끼리를 생각하지 마."라는 말을 듣는 순간, 코끼리를 계속 생각하게 되어서 결국 코끼리라는 프레임에 갇힌다는 이론이지요.

2017년 대통령 선거에서 안철수 후보가 둔 패착이 여기에 해당하기도 합니다. 안철수 후보가 "제가 갑철수입니까?"라고 질문을 던진 순간, 상대가 "아휴, 아니지요."라고 대답했어도 시간이 지나고 나면 대중은 "갑철수"만 기억하잖아요. 저는 정말 뭔가를 하지 말라고 하는 순간 그것에 사로잡히는지 궁금합니다. 또한 정말로 그것을 생각하지 않으려면 어떻게 해야 하는지도 궁금하고요. 그래서 앞으로 그런 연구를 해 보고 싶습니다.

학문 사이의 경계가 사라지고 있다

강양구　앞에서 정재승 선생님께서 직접 하신 부동층의 표심을 읽는 법 연구의 개요를 설명하셨고, 또 최근에 떠오르는 신경 정치학의 이모저모를 살펴봤습니다. 그런데 김상욱 선생님께서는 계속 고개를 갸우뚱하셨어요.

김상욱　딴지를 거는 질문일지도 모르지만, 굳이 신경 정치학에 "신경"이라는 단어를 쓴 이유가 궁금했습니다. 이야기를 듣다 보니 정재승 선생님께서 하신 실험이 심리학으로 분류될 수 있을 것 같기도 해서요. 심리학자들이 이런 실험을 하면, 정재승 선생님께서 뇌 사진을 찍어서 분석한 결과를 바탕으로 연구를 하시는 것이 좋겠다는 생각도 했습니다.

강양구　저도 정재승 선생님께서 2017년 대통령 선거 때 하신 실험이 사실은 심리학 실험의 방법론을 따른다고 생각했거든요. 심리학 책이나 논문을 읽어 보면 많이 나오는 방법론이라, 우리나라 심리학자 중에도 비슷한 아이디어나 관심이 있는 연구자들이 있지 않을까 합니다.

정재승　일반적으로는 뇌 사진을 찍거나 뇌의 구조와 기능을 구체적으로 살핀 연구에만 '신경'이라는 단어를 붙입니다. 그런 관점에서 보면 앞서 말씀드린 연구는 심리 정치학으로 이야기하는 것이 좀 더 맞겠지요.

　신경 정치학과 심리 정치학 모두 마음을 읽으려는 학문이지만 신경 정치학은 뇌 구조와 기능을 통해, 심리 정치학은 인간의 표현과 말, 행동 등을 통해 마음을 설명한다는 점에서 차이가 있습니다. 그렇다면 사람이 왜 그런 행동을 하는지 뇌의 구조와 기능으로 설명하려는 시도는 신경 정치학에 조금 더 가깝겠지요. 반응 속도의 차이가 어디에서 비롯되었는지를 본다면 신경 정치학으로 봐도 무방하다고 봅니다.

또한 우리나라의 심리학 교수 중에서 본격적으로 정치적 의사 결정을 연구하는 분은 거의 없습니다. 돈이 안 되는 연구이니까요. 정교한 연구를 통해서 정치를 하겠다는 생각이 우리 사회에는 아직 잘 자리 잡지 못했어요.

강양구 그런데 정재승 선생님께서는 하셨잖아요. 정재승 선생님께서 지도하시는 학생들 중에도 이 주제로 논문을 쓰는 분이 있지 않나요?

정재승 앞에서 말씀드린 대로, 저희 연구는 5년에 한 번 마치 지적인 파티처럼 '이번에는 무슨 연구를 해 볼까?'라고 브레인스토밍을 해서 하는 연구잖아요. 이 연구로 학위 논문을 쓰지는 않지만, 5년에 한 번 오는 기회이니 재미있는 연구를 함께해 보자는 것이거든요. 저의 경우는 편안한 마음으로 취미처럼 대통령 선거 실험을 연구해 온 것인데, 본격적으로 연구하는 분이 따로 있어야겠지요. 정치학 연구자 중에도 신경 과학이나 심리학의 방법론을 차용해서 연구를 하거나, 게임 이론을 연구하는 분들이 여럿 있잖아요. 그처럼 이제는 인간의 뇌, 마음을 들여다보는 일들을 하셨으면 좋겠습니다. 심리학도 그렇게 되어야지요.

요즘은 심리학과 신경 과학의 경계가 점점 사라지고 있습니다. 미국의 심리학과는 절반 이상이 뇌를 들여다보는 신경 과학자들입니다. 그런데 우리나라만 예외적으로 심리학이 문과, 인문학·사회 과학 계열에 속해 있습니다. 그래서 뇌를 들여다보는 분들이 너무 적고, 심리학과 신경 과학을 과도하게 구분하려 합니다. 한편으로는 뇌 사진을 찍지 않는다고 심리학자를 뇌과학자로 인정해 주지도 않는 미묘한 분위기가 있습니다. 제가 보기에는 둘 다 인간의 마음을 이해하려는 분야이니, 경계 자체는 점점 사라지고 있습니다.

김상욱 이번 연구가 그 경계를 허무는 물꼬를 트지 않았을까요?

정재승 그럴 수 있다면 좋겠네요.

이명현　정재승 선생님의 연구는 전형적인 심리학 연구로 봐도 무방하니까요.

정재승　맞습니다. 2007년 연구가 뇌과학이었다면, 2012년이나 2017년 연구는 심리학적 방법과 기계 학습 방법을 같이 썼지요.

강양구　이 연구의 논문은 심리학 학술지에 투고해도 손색없겠는데요?

정재승　물론이지요. 저희 연구실에서 뇌 사진을 찍지 않고 행동만 살핀 연구들은 종종 심리학 학술지에 냅니다.

카리스마 있는 리더는 좋은 리더일까?

이명현　지금까지 해 오신 연구를 해석하다 보면 결국 진화 심리학을 맞닥뜨리게 되지 않나요?

정재승　진화 심리학의 도움을 얻지요. 저는 정치적 의사 결정이 궁극적으로는 집단의 리더를 뽑는 일이라고 생각합니다. 그런데 우리는 왜 리더를 뽑을까요? 생존이라는 관점에서 보겠습니다. 나보다 똑똑한 사람을 리더로 모시면서 리더의 의사 결정을 따르는 팔로워, 그중에서도 앞에 있는 팔로워가 생존 확률이 제일 높잖아요. 그렇다 보니 우리는 좋은 리더를 찾으려 합니다. 좋은 리더를 잘 찾으려 한 사람들의 생존 확률이 더 높았을 테고요.

김상욱　그런데 역사적으로는 대부분 아들이 아버지에게서 리더의 자리를 물려받았잖아요. 진화론으로 이야기하기에는 리더를 뽑은 역사 자체가 너무 짧지 않나요?

정재승　그런 면도 있습니다. 그런데 우리가 어느 집단에 속하든, 리더로 뽑히지도 않은 사람의 말을 듣고 영향을 받으면서 자연히 그 사람을 리더로 인식하게 되는 경험은 흔하잖아요.

김상욱　고등학교에서는 힘센 사람이 하는 것 아니에요? (웃음)

정재승　말이 많다거나, 나이가 많다거나, 경험이 많은 것을 지표로 삼아서 리더를 뽑게 되지요. 대표적인 예로, 학부모회에서 의견을 내면 "그러면 아버님께서 회장 하시면 되겠네요."라거나 "나이 많으시니까 선생님께서 하시면 되겠네요."라고 자연스럽게 말이 나옵니다.

　그런데 그런 사람들이 좋은 리더인지를 따진 연구도 있습니다. 말이 많아서 리더로 뽑힌 사람이 정말 리더십을 잘 발휘할까요? 대표적인 예가 카리스마 연구입니다. 능력은 잘 모르겠지만 왠지 그 사람을 리더로 모시고 싶게 하는 매력이나 아우라를 '카리스마'라고 하지요.

강양구　저도 그 질문을 드리고 싶었습니다. 앞에서 정재승 선생님과 함께 이야기한 여러 연구 결과에 따르면 우리는 은연중에 카리스마 있는 리더를 선호하고 뽑는다는 것이잖아요. 즉 카리스마가 있는 후보와, 카리스마는 없지만 냉정하고 아는 것이 많으며 자분자분 일하는 내실 있는 후보 중에서 지도자를 고를 때 후자보다는 전자가 오랜 진화의 과정에서 계속 선호되었다는 말이지요. 그런 선택이 우리의 생존에는 어떤 기여를 했습니까?

정재승　카리스마 연구는 주로 기업에서 이뤄졌습니다. 최고 경영자가 카리스마 있는 기업의 실적은 어떤지를 살펴본 것인데요. 이 연구는 단적으로 집단이 잘 돌아가는지, 그렇지 않은지를 보여 주는 지표가 뚜렷한 데다 카리스마도 평가할 수 있지요. 결과를 보면 카리스마 있는 리더가 기업 경영을 더 잘 한다는 근거는 없었습니다. 즉 카리스마와 기업 실적은 무관했어요.

카리스마 있는 리더가 기업 경영을 더 잘 한다는 근거는 없었습니다.

이를 조금 더 확대해서 해석해 보자면, 집단 내에서 카리스마 있는 리더가 반드시 좋은 리더십으로 조직을 더 낫게 바꾸지는 않는다는 것이지요. "저 사람은 대통령감이 아니야."라는 말을 많이 하지요. 예를 들어 자신의 권위를 내려놓으려 애썼던 노무현 전 대통령을 대통령감이 아니라고 비판한 사람들이 있었습니다. 반면 김영삼 전 대통령과 김대중 전 대통령, 박근혜 전 대통령은 대통령의 아우라가 있었고요. "저 정도는 되어야 대통령감이지, 정동영 후보는 아니야."라는 말도 있었는데, 감에 의존한 판단이 실제 대통령의 수행 능력과는 큰 상관 관계가 없을 수 있습니다. 우리가 그저 '감'에 너무 휘둘리면 안 되지요.

강양구 인류가 아프리카 사바나를 누비던 때에는 카리스마 있는 지도자가 도움이 되었을까요?

김상욱 더군다나 진화론은 생존에 직접적인 영향을 줘야 하는데, 관계가 명확해 보이지는 않아요. 박근혜 전 대통령이 뽑혔다 해서 그것이 우리의 사망률을 높였거나, 많은 사람이 죽어서 번식하지 못했다거나 하지는 않잖아요.

정재승 그렇지요, 명확하지 않습니다. 현재 한 세대에서 벌어지는 일은 자연 선택이나 성 선택만으로 설명할 수 없겠지요. 그렇지만 우리가 투표에 임하는 자세의 여러 측면에서 본질적으로는 과거 자연 선택이나 성 선택을 통해서 남아 있는 경향들이 나도 모르게, 개인 수준이 아니라 사회 수준에서 나타날 수 있습니다.

김상욱　밈(meme, 모방을 통해 전달되는 문화적 요소)을 말씀하시는 것으로 이해해도 될까요?

이명현　밈까지는 아니더라도 진화 과정에서 자연 선택된 사람들이 모인 집단에 축적되어 있는 일종의 본성 중 하나가 구성원들을 통해 나타난다는 말씀이시지요?

정재승　그렇게 볼 수도 있겠지요.

강양구　권위에 승복하는 경향 같은 것이겠네요.

김상욱　더 먼 과거로 가서, 앞에서 말씀하신 공포 같은 원초적인 성향이 오늘날 우리의 선택에 영향을 주고 결정을 내린다는 이야기는 오히려 진화 심리학에 가깝지 않나요? 현재 우리의 선택이 생존 자체에 영향을 준다는 이야기는 조금 납득하기가 어려운데요.

정재승　지난 3만~4만 년 동안 천천히 진화해 온 뇌를 우리가 이 복잡한 현대 사회에서도 사용하다 보니 어느 정도 불일치가 있을 수 있습니다. 선택에는 매우 다양한 요소가 영향을 미치는 것으로 보입니다. 예를 들어 예술에 대한 인간 본성이나 창의성을 성 선택으로 설명할 수 있지요. 창의적인 사람들이 매력적으로 여겨져 짝짓기에 유리했을 수 있습니다. 하지만 "나는 그런 목적으로 음악을 하지 않아."라는 개인은 사회에 얼마든지 있거든요.
　다만 음악을 잘 하는 사람들이 매력적으로 느껴져서 이들의 유전자가 다음 세대로 전달될 확률이 높았다면 그런 유전자에 따른 행동은 우리 사회에 있을 수 있지요. 즉 큰 틀에서의 현상에 대한 이론과, 개인의 개별 행동에 대한 설명은 다른 층위에 있습니다.

이명현 그렇지요. 현상의 보편적인 밑바탕을 보는 것이지요. 과거에 축적된 본성이 남아 있다는 것이고요.

정재승 앞에서 강양구 선생님께서 사바나를 말씀하셨는데, 당시의 리더십이 이른바 '빅맨 리더십'이었습니다. 진화 심리학의 이론을 빌려 보자면, 당시는 부족의 규모가 크지 않았지요. 리더는 부족 내에서 제일 지혜롭고 경험이 많은 사람이었습니다. 권위로 사람들을 움직이는 대신, 찾아와서 문제를 털어놓는 부족 구성원들에게 영향력을 주고 삶을 바꾸는 빅맨이 훌륭한 리더였습니다.

지금은 집단의 규모가 커서 빅맨 리더십을 경험할 확률이 줄어들었지요. 하지만 이를 경험한 사람들은 그 리더를 따르고 오랫동안 사랑하고 애정합니다.

강양구 그런 맥락에서, 여전히 능력이 검증되지 않았음에도 불구하고 카리스마 있는 지도자, 지도자다운 지도자에게 사람들이 호감을 더 많이 느끼고 끌리는 이유를 찾을 수 있겠네요.

김상욱 우리는 아직도 사바나에서 살던 과거처럼 선택하는 것이네요.

정재승 미국 역사상 가장 무능했다고 평가받는 미국의 제29대 대통령 워런 하딩(Warren Harding)은 최고의 미남이자 대통령다운 풍모로 유명했지요. 누구나 그의 외모를 보고 대통령감이라고 투표를 했지만 막상 실제로는 무능했다고 합니다.

저는 리더를 뽑는 의사 결정이 우리 사회에서 너무나 중요하다고 생각합니다. 그런데 우리 사회는 충분히 숙고해서 최고의 리더를 뽑으려고 온 국민이 노력하기보다는, 단편적인 사실들에 주목하고 심지어 리더가 지녀야 할 능력과는 상관없는 지표들로 뽑잖아요. 이에 대한 반성이 신경 정치학이 우리 사회에 던지는 가장 큰 메시지라는 점이 제게는 흥미로웠습니다.

김상욱　그 점에는 동의합니다.

정재승　인간 본성을 들여다보니, 우리가 매우 중요한 의사 결정을 단편적이고 충분하지 않은 정보만으로 한다는 겁니다. 심지어는 정보를 충분히 얻으려 애쓰지 않고 설령 정보가 주어져도 우리의 의사 결정에 크게 영향을 미치지 않는다는 것이고요.

김상욱　이 연구 결과를 알아도 크게 바뀌지 않을 것 같아서 걱정되네요.

이명현　현실을 자각하는 것이 굉장히 중요합니다. 말씀하신 대로 현실을 자각하고 성찰한 후에 바꾸는 데까지 가야 하고요. 그런데 원래 인간 본성이 그러하니, 대충 그러려니 하고 마는 문제가 있겠네요.

강양구　자각하려면 정보를 제공받는 것부터 시작해야 하고요.

우리 스스로를 돌이켜 보게 하는 연구

강양구　그래서 저는 신경 정치학의 연구를 중·고등학교 교육 과정에서 다루면 좋겠다는 생각을 했습니다. 중·고등학교 사회 수업에서 정치, 의사 선택에는 여러 가지가 중요하다고 가르치잖아요. 이때 꼭 신경 정치학이라는 말을 쓰지 않더라도 우리의 의사 결정이 사실은 엉터리일 가능성이 있으며, 그렇게 선거를 치르면 안 된다는 내용을 가르치는 겁니다. 그래서 우리가 '혹시 내 선택은

아프리카 사바나를 돌아다니던 때의 선택과
별반 다르지 않은 것 아닌가?'라고 한번쯤
다시 생각하고 선택한다면 크게 의미가 있
겠는데요.

우리의 의사 결정이
사실은 엉터리일 가능성이
있으며, 그렇게 선거를
치르면 안 된다는 내용을
가르치는 겁니다.

이명현　우리 교육은 전반적으로 인간을
이성적인 존재로 전제하는 기조가 있잖아
요. 경제학도 자유주의, 신자유주의 등에 기
반을 두고 있고요. 이런 기조를 변화시키는
흐름에 신경 정치학이 함께해야 할 것 같습
니다. 변화의 기폭제가 될 수도 있고요.

김상욱　신경 정치학의 연구 결과가 교과서에 들어가려면 정치학이나 사회학,
경제학 연구자들이 이 결과를 얼마나 심각하게 보는지가 중요하겠네요. 이분들
은 어떻게 생각하시나요?

이명현　실제 정치인들과 접촉하시기도 했지요?

정재승　그렇습니다만, 많은 경우 무지하기 때문에 무시하는 측면도 있습니다.
한편으로는 이 분야 자체에 대해 우려스러운 측면이 있음을 지적하고 싶습니
다. 학문의 역사가 짧다 보니 다양한 상황에서 충분히 검증되지 않았고, 그러다
보니 아직은 과학적인 토대가 빈약한 형편입니다. 그런데 정치인들은 이 연구
결과를 빨리 써먹고 싶어 해요. 그래서 '대통령이 넥타이를 어떤 색으로 매야
국민에게 좀 더 신뢰를 주거나 어필할 수 있을까요?' 같은 데 써먹고 있어요. 어
떤 외모가, 어떤 옷이, 어떤 말투와 단어 선택이 유권자의 표심을 자극하는 뇌
영역을 활성화하는지를 신경 씁니다. 신경 정치학을 전략적으로 활용하는 것이

지요.

이명현　이미지 정치가 되어 버렸네요.

강양구　호감을 느낄 때 반응하는 뇌 영역이 특정한 색을 볼 때 활성화되는 것을 fMRI로 보면서 '사람들이 이 색을 좋아하는구나.'라고 정치인들이 생각하는 식이군요.

정재승　맞습니다. 선거 포스터는 어떻게 만들어야 할지, 어떤 단어가 들어간 모토가 좋을지, 어떤 색이 대표색으로 적절할지, 뉴로마케팅 전략 짜듯이 신경 정치학을 씁니다. 그래서 연구도 많지 않은데 선거판에서 이용되고, 또 이 흐름에 부화뇌동하는 각 선거 캠프의 연구자들도 있다는 비판을 신경 정치학에 얼마든지 할 수 있습니다. 문제가 많다고 볼 수도 있어요.

　　그래서 저는 아직은 조심스럽게 학문적 토대를 다지는 연구를 하고자 합니다. 신경 정치학이 정치적으로 악용되거나, 사람들에게 부정적으로 받아들여지지 않게 하는 역할이 중요해요.

강양구　갤럽 같은 다국적 여론 조사 기관에 신경 정치학 분과나 신경 분과가 생겨서 여론 조사에 쓸 수도 있겠네요.

김상욱　저 같은 물리학자는 샴페인을 터트리기 전에 언제나 한 번 더 검증해야 하지요. 그런데 아직 검증이 확실히 이뤄지지 않았는데도 정재승 선생님처럼 유명한, 잘 알려진 과학자가 이야기하면 '저것이 사실이구나, 우리가 정말 아무 생각도 없이 투표하는구나.'라고 그냥 믿어 버릴 수 있겠는데요. 과학자로서, 대중이 이 결과를 어느 정도 신뢰할 수 있을지를 말씀해 주시는 것이 좋겠습니다.

정재승　어느 정도라고 말하기는 조심스럽습니다. 그런데 과학은 늘 그렇잖아요. 커피에 관한 연구 중에는 몸에 나쁘다는 것부터 보약이라는 것, 1잔은 괜찮다거나 2~3잔, 혹은 5~6잔도 괜찮다는 것까지 온갖 연구가 있지요. 충분한 시간이 지나야 커피가 우리 몸에 미치는 영향을 이해할 수 있습니다. 늘 반증 가능하다 보니, 반증을 기다리는 시간이 반드시 필요합니다.

강양구　요즘에는 점점 보약이라는 쪽에 가까워지는 것 같던데요.

정재승　술과 담배도 마찬가지이지요. 그래서 과학자의 연구를 진리인 양 받아들이거나, 하나하나에 너무 일희일비하면 절대 안 됩니다. 특히 이런 연구는 자주 할 수 있는 것도 아니고, 연구자의 풀도 제한적이어서 실제로 피험자들을 모집하는 일도 어렵고 실험을 잘 디자인하기도 쉽지 않습니다. 그래서 충분히 지켜보고, 결과를 신중하게 받아들이는 태도가 적절합니다.

　다만 이번에 저희가 한 연구는 우리의 선호가 선입견이나 이미지 같은 정보에 휩쓸려 쉽게 결정되니, 이를 조심하는 것이 좋겠다는 메시지를 우리에게 들려준다고 할 수 있지요. 또한 앞에서 이야기했듯이 후보의 과거 삶이 중요하다면, 선거에 출마하려는 사람들은 선거판 전략보다는 삶으로써 사람들에게 자신의 메시지를 보여 줘야 하겠다는 메시지도 있고요. 내가 공포 자극이나 공정함에 너무 민감하게 반응하는 유권자는 아닌지 살펴보는 일도 필요하겠습니다. 우리 사회를 너무 불안하게 보고, 개혁을 말하는 새로운 생각에 너무 민감하게 반응하고 있지는 않은지, 자신을 성찰하는 기회로 삼으면 좋지 않을까요?

대의 민주주의의 위기, 해법은 뇌과학에 있다

강양구　중요한 이야기이네요. 현재 우리나라뿐만 아니라 전 세계적으로 민주주의의 위기를 말하다 보니, 극단에서는 투표에 기반을 둔 서구식의 대의 민주

주의를 근본적으로 회의하는 목소리도 나오고 있습니다. 오히려 일찌감치 많은 엘리트를 충원하고, 이들을 여러 차례 검증하면서 경쟁시키는 중국식 모형이 공공 복지나 인민, 시민의 안녕을 위해서는 훨씬 더 우월하지 않나 하는 이야기를 조심스럽지만 과감하게 하는 분들이 있을 정도인데요. 그만큼 민주주의가 위기에 처했다는 뜻이겠지요. 왜 민주주의가 위기에 처했는지를 설명하는 여러 이론이 있지만, 신경 정치학과 정재승 선생님의 연구 또한 이를 직관적으로 보여 준다는 생각도 합니다.

정재승 선생님의 연구 또한 왜 민주주의가 위기에 처했는지를 직관적으로 보여 준다는 생각도 했습니다.

정재승　우리 대부분은 팔로워이고 리더는 소수이지요. 그렇다면 우리에게는 '적절한 팔로워십이란 무엇인가?'를 묻는 팔로워십 교육이 필요할 텐데, 대부분은 리더십 교육을 받습니다. 팔로워십은 교육할 필요가 없거든요. 이미 모두의 뇌에 내장되어 있어서요. 밴드웨건 효과(bandwagon effect, 악대차 효과) 들어 보셨지요? 어떤 유행이 생기면 사람들이 이 유행에 편승하는 현상을 일컫는 말이지요. 누군가 빌딩 옥상을 쳐다보면 다들 영문 없이 쳐다보는 것처럼요. 누군가 안전하다고 하면 연기가 나도 신경 안 쓰고 참아 내는 경우가 벌어집니다.

다시 말하면 좋은 리더를 만들기란 그만큼 어렵다는 뜻이고 좋은 팔로워십도 우리에게 매우 필요하다는 뜻이겠지요. 팔로워십이 내장된 우리는 리더십 교육을 많이 받지만, 제대로 이뤄지지는 않습니다. 리더십 교육 시장은 점점 성장하지만 역설적이게도 매번 이야기해도 큰 변화는 없거든요.

한편으로는, 휴대 전화로 확실하게 본인 인증을 할 수 있는 사회로 나아간다면, 어떤 사회적 의제가 있을 때 개인이 매순간 상황을 판단하고 모두 자신의 의사를 제시하는 '직접 민주주의'가 가능해질 수 있습니다. 이는 대의 민주주의를 보완할 수도 있겠지요. 사회 구성원의 뜻이 잘 반영된 시스템이 만들어진다면 리더가 세상을 이끄는 데 도움을 받을 수도 있을 겁니다. 우리 모두가 정치에 깊은 관심을 가져야겠지요. 리더가 알아서 잘 하니까 나는 그저 팔로워로 살아야겠다고 하지 않고, 작은 리더들이 모여서 우리 사회를 이끌 수도 있습니다. 다양한 가능성을 탐색했으면 해요.

강양구 정말 리더가 잘 하면 팔로워가 된다는 말이 맞아요. 제가 「과학 수다 시즌 2」에서 메인 진행자 역할을 맡고 있는데, 오늘은 계속 팔로워 역할을 하고 있어요. 정재승 선생님께서 워낙 고수이시다 보니, 진행이 물 흐르듯이 자연스럽네요.

김상욱 편하고 좋습니다. 정세도 정리해 주시고요.

정재승 「알쓸신잡」을 촬영할 때는 그런 역할을 대부분 유시민 선생님께서 해 주셨지요. 유시민 선생님은 정보의 주크박스, 지식의 화수분이세요. 어느 분야가 나오든, 심지어 과학도 제게 가르쳐 주십니다. (웃음) 인문·사회 과학 등 전반적인 이야기를 유시민 선생님께서 풀어 주시면, 저는 듣고 떠오른 생각만 전하면 되었어요. 그런데 이 자리에는 과학자들만 모여 있어서 제게는 아주 편한 「알쓸신잡」이 되었습니다.

이명현 어느 분야이든 굉장히 정리를 잘 하시고요.

정재승 해석의 수준도 높습니다. 단순히 지식을 나열하시지 않아요. 유홍준 선생님의 표현에 따르면, 그분은 "무를 넣으면 무가 아니라 깍두기나 동치미로 세상에 내놓는 분"입니다. 그래서 유시민 선생님께는 신뢰가 가지요. 하지만 제게는 여기가 더 편해요.

강양구   결국은 험담을 하시는데요. (웃음)

정재승   그렇다기보다, 과학과 기술에 대한 이해가 깊은 분들과 함께하다 보니 편하고 솔직한 속마음이 대화 속에 자연스레 드러나네요.

강양구   장난입니다. (웃음) 유시민 선생님은 한때 자진해서 지식 소매상이라는 정체성을 부여했잖아요. 거기에 최적화된 능력이 있는 것 같아요. 많은 지식을 소화하고 정제해서 머릿속 한곳에 차곡차곡 쌓아 두었다가 대중에게 잘 전달되게끔 꺼내는 능력이 탁월하다고 생각합니다.

질문하는 청취자입니다

강양구   지금까지 신경 정치학을 중심으로 여러 이야기를 해 봤습니다. 그런데 정재승 선생님의 연구실에서 선택과 관련해 다양한 연구가 진행되고 있다고요. 그 이야기를 듣고 싶은데, 안타깝게도 시간이 얼마 남지 않았거든요. 마침 정재승 선생님께서 나오신다고 하니 「과학 수다 시즌 2」의 청취자 여러분께서 질문을 몇 가지 주셨습니다.

첫번째 질문입니다. "저는 헤비메탈 록 음악을 좋아합니다. 헤비메탈 록 음악을 들으면 상당한 쾌감을 느끼고, 스트레스도 풀리고 기분이 좋은데요. 반면에 누군가는 제가 좋아하는 음악을 듣고서 불쾌감을 느끼고 신경질을 냅니다. 이 사람과 저는 헤비메탈 록 음악을 들을 때 각자 서로 다른 뇌 부위가 활성화되는 것 같은데, 관련 연구나 논문을 소개하고 설명해 주시면 좋겠습니다." 음악과 관련된 연구를 질문하셨네요.

정재승 예. 그런 연구들이 있습니다. 제일 큰 질문은 '우리는 왜 음악을 듣는 가?'나 '음악이 생물학적으로 선호를 내재한 장르인가, 혹은 우연히 문화적으로 발견되어 즐기게 된 장르인가?'를 묻는 것인데요. 다른 분들께서는 어떻게 생각 하세요? 인간은 음악적인 동물입니까? 아니면 언어와 문화를 만들다 보니 나오 게 된 음악을 즐기게 된 족속입니까?

강양구 저는 내재된 뭔가가 있다고 생각해요. 그것이 부산물이든, 아니면 어 떤 기능이 있든지 간에요.

이명현 저도 그렇게 생각하는 편이에요. 문학도 그렇고요.

김상욱 왜 저만 부산물이라고 생각하지요?

정재승 음악은 굉장히 오랫동안 부산물로 생각되어 왔습니다. 즉 음악은 우 리가 언어를 쓰면서 자연스럽게 부산물로 나온 "귀로 듣는 치즈케이크(auditory cheesecake)", 청각을 달콤하게 하는 치즈케이크라는 겁니다. 사실 저도 그렇게 생각하는 편이고요. 음악이 생존에 꼭 필요하지는 않지요. 음악을 먹을 수는 없으니까요.

　최근 들어서는 전통적 심리학에서 제시하는 '부산물 이론'을 깨고 음악이 생 물학적으로 인간에게 불가결하다는 것을 증명하려는 연구가 등장하고 있습니 다. 새가 노래를 할 때 뇌의 신경 과정과, 우리가 음악을 만들고 들을 때 뇌의 신 경 과정 사이에 유사성을 보여 주면서, 마치 새가 노래로 구애를 하듯이 인간에 게도 음악이 성 선택에 굉장한 영향을 줬다는 가설들이 등장하고 있습니다. 좋 은 음악을 들었을 때 쾌감을 느끼고, 그 쾌감을 제공한 사람이 매력적으로 보 이지요.

　그런데 그 쾌감의 폭이 굉장히 넓어서, 굉장히 아름답고 조용한 발라드만이 아니라 어떤 사람에게는 굉장히 시끄러울 수도 있는 자극적인 음악까지도 그 안에 포함된다는 겁니다. 마치 고통을 주는 데서 쾌감을 느낄 수 있듯이 시끄러운 소음처럼 들리는 음악도 누군가에게는 쾌감을 줄 수 있습니다. 그것을 제공하는 사람은 매력적으로 느껴질 테고요. 헤비메탈 록 음악이나 클래식 음악이나 뇌의 같은 영역을 자극하더라는 연구가 있습니다. 아직 진실이 무엇인지는 모릅니다.

강양구　그런데 여러 음악 장르 중에서도 보편적으로, 어느 문화권의 어느 누구에게 들려줘도 호감을 느끼는 뇌 부위를 활성화하는 특별한 음계 패턴이 있나요?

정재승　관련 연구들이 여럿 있는데요, 음악 연구는 크게 보편성과 특수성 두 가지로 나뉩니다. 하나는 강양구 선생님께서 말씀하신 대로 보편적으로 매력적인 음악, 인간 본성에 매력적으로 작용하는 음의 패턴은 무엇인지를 연구하고요. 다른 하나는 각 문화권의 음악이 어떻게 다른지, 예를 들어 성조 있는 언어를 쓰는 중국이나 베트남의 음악은 성조 없는 언어를 쓰는 문화권의 음악과 어떻게 다른지를 연구합니다. 이 연구들은 모든 인간에게 매력을 어필하는 보편성과, 각 문화가 만드는 특수성이 함께 만들어 낸 결과물이 우리가 즐기는 음악이라는 사실을 들려줍니다.

뇌과학이 자본과 권력의 시녀가 된다면

강양구　이제 마지막 질문을 드리겠습니다. "나도 모르는 내 마음을 과학적으로 밝힐 수 있다니 놀랍기도 하고 신기하기도 합니다. 한편으로는 무섭기도 한데요. 사생활 침해는 아닌지, 정치적으로 악용될 소지는 없는지, 뇌과학을 연구하시는 입장에서 어떻게 생각하시는지 궁금합니다."

정재승　매우 중요한 질문이네요. 뇌과학은 얼마든지 사회적으로 악용될 수 있습니다. 그래서 각별히 경각심을 가져야 합니다. 뇌과학은 인간 본성과 정체성 같은 아주 본질적인 부분을 다루는 학문입니다. 우리가 뇌와 신경에 대한 이해가 깊어질수록, 이것들을 마음대로 조작, 조종하는 기술 또한 가능해집니다.

강양구　실제로 조작이 가능하다고 생각하세요?

정재승　충분히 가능합니다. 예전에 제가 어느 정당의 국회 의원들을 대상으로 강연을 한 적이 있습니다. 그때 우연히 옥시토신(oxytocin)이라는 애착 형성 호르몬을 소개해 줬어요. 애착 관계를 형성하는 옥시토신을 코에 뿌려 주면, 처음 만난 사람에게도 경계심이 풀어지고 그 사람의 말을 믿으며, 심지어 게임 상황에서 그 사람에게 더 많이 투자합니다. 실제로 영업하는 분들이 옥시토신을 뿌리면, 고객이 그들의 말을 믿고서 책 전집을 사 줄 확률이 2~3배 이상 늘어납니다.

이명현　파트리크 쥐스킨트(Patrick Süskind)가 쓴 『향수(*Das Parfum*)』(강명순 옮김, 열린책들, 1991년)라는 소설에서도 그렇지 않나요? 향수를 뿌려서 사람들의 경계심을 풀잖아요.

정재승　맞습니다. 이렇듯 옥시토신으로 애착 관계를 조종할 수 있다는 연구 결과를 소개해 줬더니, 한 국회 의원이 "그러면 우리 지역구 주민들이 제 말을 믿게 하는 데에도 옥시토신을 쓸 수 있습니까?" 하고 농담을 하더군요. 그 후에도 농담이 쏟아졌습니다. "서울시 수돗물에 옥시토신을 풀면 서울시민들이 말을 잘 듣겠네."
　물론 농담이기는 했지만, 곰곰이 생각해 보면 엄청 무서운 말이잖아요. 과학과 기술에는 본질적으로 연구비가 필요하기 때문에 자본과 권력이 시키는 대로 할 가능성이 높습니다. 인간의 인지와 의사 결정, 행동에 영향을 미치는 뇌과학은 자본과 권력의 시녀가 되지 않도록 각별히 노력해야 합니다.

강양구 이전보다 훨씬 더 잘 알게 된 우리 마음의 정보를 소수가 독점한다면 정말 무섭겠네요.

이명현 소수가 정보를 독점하는 사회에는 여러 부작용이 나타나지요. 한때는 10원짜리 동전에 모종의 문양을 넣었다는 괴담이 돌기도 했잖아요. 저는 이것이 당시 한국 사회의 폐쇄성을 보여 준다고 봤습니다. 정보의 비대칭성이 괴담을 만들고, 이 괴담이 대중을 호도하는 효과를 낳았다고 생각해요.

정재승 정치인은 유권자의 표심을 얻으려는 사람들이잖아요. 이들에게 과학 기술이나 장치를 자신에게 유리한 방식으로 쓰고 싶은 욕망이 왜 안 생기겠어요? 이를 막으려면 시민들이 뇌과학을 깊이 이해하고, 끊임없는 토론과 논의를 통해 어떤 과학 기술은 사회적으로 허용하고, 어떤 기술은 금지해야 할지 사회적 합의를 도출해야 합니다.

이명현 그럼 『향수』의 마지막 장면에서 주인공 장바티스트 그르누이(Jean-Baptiste Grenouille)가 무죄 선고를 받았듯이 누군가 옥시토신을 써서 대통령 선거에서 당선되었다고 가정할게요. 그렇다면 이를 막으려고 약물 검사를 해야 할까요?

장바티스트 그르누이가 무죄 선고를 받았듯이, 누군가 옥시토신을 써서 대통령 선거에서 당선되는 것을 막으려고 약물 검사를 해야 할까요?

정재승 실제로 최근에는 뇌에 특정한 전기 자극을 가하면 운동의 효율이 수십 퍼센트 증가하는 '브레인 도핑(brain dopping)' 기술이 등장했습니다. 이 기술은 약물 검사로도 발각되지 않아요. 옥시토신처럼 호르몬을 주입하는 것만이 전부가 아닙니다. 우리가 쓰는 모든 휴대 전화에 특정한 침을 넣어서, 우리가 휴대 전화를 귀에 댈 때마다 이 침이 우리 뇌를 자극하는 영화 「킹스맨(Kingsman)」 (매슈 본 감독, 2015년) 같은 일이 벌어질 수도 있습니다.

이명현　하다못해 명함에 옥시토신을 묻혀서 나눠 줄 수도 있겠네요. 향기로 사람을 컨트롤할 수도 있고, 호감을 갖게 하는 것이지요.

이제는 신경 윤리학을 연구할 때

강양구　그래서 인문·사회 과학을 비롯한 다양한 분야의 연구자들과 정재승 선생님 같은 뇌과학자들이 모여서 신경 윤리학을 연구한다는 소식을 들었습니다. 국가적으로 지원도 받는다고요.

정재승　예, 맞습니다. 저는 인문·사회 과학자들의 역할이 매우 중요하다고 생각합니다. 과학이 적절하게 발전하려면 중요한 지점을 비판하는 브레이크 역할을 인문·사회 과학자들이 해 줘야 합니다. 이분들은 오랫동안 우리 사회 전체를 바라본 역사적 관점이 있고, 또 그런 연구를 해 왔기 때문에 과학의 문제점을 잘 압니다. 그래서 둘 사이의 대화를 통해서 과학이 만들어 낼 수도 있는 문제들을 잘 해결해 줘야 합니다. 그래야 우리 사회가 괴물이 되지 않지요.

강양구　이 방송을 들으신 독자 여러분이라면 고개를 끄덕끄덕하면서 들으셨으리라 생각합니다.

정재승　재미있게 들어 주셨으면 좋겠습니다. 대통령 선거 같은 큰일이 있을 때마다 과학자들이 이번에는 무슨 실험을 해 볼까 설렘을 느끼듯이, '진짜 좋은 리더를 뽑기 위해 내가 어떤 노력을 해야 할까?' 고민하고 설렘을 느끼면서 선거에 임하는 유권자들이 많았으면 좋겠습니다.

이명현　2018년 지방 선거에서 서울특별시장 정도의 규모라면 한 번 더 실험해 볼 필요가 있지 않을까요?

정재승　피곤합니다. 5년마다 한 번씩 하던 실험을 이번에 4년 만에 하느라 힘들었습니다.

김상욱　돈도 안 되고요. (웃음)

강양구　오랫동안 긴 시간 얘기 나눠 주셔서 너무나 감사합니다.

정재승　재미있었습니다. 수다 떠는 자리라면 언제든지 좋지요. 고맙습니다.

더 읽을거리

● **『열두 발자국』**(정재승, 어크로스, 2018년)
　'뇌과학자' 정재승 교수의 정체성이 또렷하게 드러나는 책.

● **『기억을 찾아서(In Search of Memory)』**(에릭 캔델, 전대호 옮김, 알에이치코리아, 2014년)
　뇌과학이 물리학이라면, 에릭 캔델(Eric Kandel)은 갈릴레오다.

● **『뇌, 인간의 지도(Tales from Both Sides of the Brain)』** (마이클 가자니가, 박인균 옮김, 추수밭, 2015년)
　'뇌과학' 구루의 삶을 통해서 살펴보는 20세기 뇌과학의 역사.

2

통계 물리학

통계 물리학이
인간 세상을
본다면

김범준

성균관 대학교
물리학과 교수

강양구

지식 큐레이터

김상욱

경희 대학교
물리학과 교수

이명현

천문학자·과학 저술가

물리학을 생각하면 우리의 머릿속에는 보편성이나 환원주의 같은 말들이 떠오를 겁니다. 이를 선입견이라고만 넘겨짚기는 어렵겠지요. 실제로 예를 들어 입자 물리학은 물체를 더는 쪼개지지 않는 입자로까지 쪼갠 다음, 이 입자들의 성질을 이해함으로써 물체를 이해하는 학문입니다. 그런 물리학의 이미지를 염두에 둔다면 오늘의 주제인 '통계 물리학'이라는 말은 모순으로 들릴지도 모르겠네요. 통계는 쪼개는 것이 아니라 모으는 것이니까요. 더구나 물리학으로 인간 세상을 본다니 이것은 또 무슨 말일까요. 인간은 원자와는 달라서 각 개인이 너무나도 다른 자신만의 기준에 따라 살아가기 때문에 단일한 법칙으로 개개인의 행동을 예측하는 것이 불가능할 텐데요.

그래서 이번 장에서는 성균관 대학교 물리학과의 김범준 교수를 모셔서 함께 통계 물리학의 이야기를 들어 봅니다. 혈액형과 성격은 정말 상관 관계가 있을까요? 프로 야구 대진표는 어떻게 만들어야 합리적일까요? 공공 기관인 학교는 어떻게 배치하는 것이 바람직한지, 촛불 집회 인원은 어떻게 추산할지까지도 통계 물리학으로 살펴볼 수 있다고 하니, 이제 물리학이 설명하지 못할 것은 없어 보입니다. 그렇다면 통계 물리학으로 본 세상의 작동 원리를 한번 확인해 볼까요.

저 혹시, 김범준 선생님이시지요?

강양구　오늘은 성균관 대학교 물리학과 김범준 교수를 모시고 수다를 떨어 보려고 합니다. 김범준 선생님, 안녕하세요? 『세상물정의 물리학』(동아시아, 2015년)이라는 책을 펴낸 후에 방송 출연도 하시고, 2016년 한 해를 아주 바쁘게 보내셨지요?

김범준　예. 2015년 9월에 책이 나오고 나서 2016년 한 해는 상당히 바쁘게 지냈습니다. 방송 출연도 몇 군데 했는데요. 이 자리에 계시는 김상욱 선생님과 저는 차이가 있어요. 저는 한 프로그램에 한 번 출연하면 다시는 안 불립니다. (웃음)

강양구　그랬던가요? 저는 아닌 것으로 알고 있습니다.

김범준　기억해 보세요. 저는 딱 한 번밖에 나가지 않습니다. 확신하건대 오늘 「과학 수다 시즌 2」 출연도 처음이자 마지막일 겁니다.

김상욱　저희는 두 번은 안 불러요. (웃음)

강양구　단물만 빼 먹고 버리는 것이 방송의 속성이라고 방송계에 있는 분들에게 듣기는 했습니다. 김범준 선생님의 잘못이 아니라 애초에 방송의 속성이 그러니까요. 팬도 꽤 생기신 것 같던데, 혹시 김범준 선생님을 알아보는 분이 있나요?

김범준   동네 미장원 아주머니가 아는 척을 한 적이 한 번 있습니다. 상당하지요. 그 외에는 별로 없습니다. 사실 저도 처음에 방송 나갈 때는, 그다음 날 거리에 나가면 사람들이 막 몰려올 줄 알았습니다. 아니더라고요. 팬이 있는지도 모르겠고요. 있다는 이야기는 듣는데 다들 아마 숨어 있나 봐요. 모르는 분이 갑자기 제게 와서 아는 척을 하는 일은 거의 없습니다.

강양구   사실 저는 김범준 선생님을 직접 뵙고 인사드리는 것이 오늘 처음이거든요. 오늘 우연히 건물 앞에서 뵈면 반갑게 먼저 아는 척을 하려 했는데, 우연히 뵙지를 못했네요. 명성도 많이 듣고, 또 함께 아는 지인도 많아서 친근하게 느껴집니다.

　시간 차이가 있지만 김범준 선생님의 뒤를 이어서 방송에 출연하신 김상욱 선생님께서는 요즘 유명세를 실감하시나요?

김상욱   저도 미장원은 아니고 동네 식당 같은 데서 알아보는 분이 몇 분 있었어요. 저도 그게 다입니다.

강양구   보통은 어떻게들 알아보시나요?

김상욱   "저 혹시."라고 운을 떼더라고요. 그러고는 "어느 프로그램에 나오시지 않았나요?"라고 해요.

김범준   김상욱 선생님께서는 한 번이 아니라 그 뒤로도 계속 나가십니다. 저와 다른 점입니다.

강양구　김범준 선생님께서 질투가 느껴지는 발언을 하셨습니다. (웃음) 바쁘실 텐데 이렇게 나와 주셔서 정말 감사합니다. 오늘도 어떤 재미있는 과학 이야기를 들려주실지 궁금하네요.

과학책인가 싶을 정도로 재미있는 과학책

강양구　많은 학생이 고등학교 수학을 공부하면서 좌절을 겪는 단원 가운데 하나가 「확률과 통계」입니다. 사실 고등학교 수학 선생님들께서 불편해하실 말씀을 드리자면, 확률과 통계를 제대로 배우지 않고 졸업을 하는 학생들도 굉장히 많습니다. 확률과 통계 단원이 수학책에서 가장 뒷부분에 나오니까요.

막상 문과로 진학하든, 이과로 진학하든 확률과 통계는 굉장히 많이 쓰이잖아요. 대학교에서 확률과 통계 때문에 크게 고생하는 선후배, 친구 들을 저는 많이 봤습니다. 또 많은 분이 학교에서 물리 과목을 접하고는 '과포자', 즉 '과학을 포기한 사람'이 됩니다.

이번 장에 모신 김범준 선생님의 전공이 '통계 물리학'입니다. 통계와 물리의 조합이라니, 일반 대중으로서는 정말 상상하기 어렵습니다. 그런 통계 물리학을 내세워서 『세상물정의 물리학』이라는 베스트셀러도 쓰셨습니다. 우선 통계 물리학이라는 학문이 도대체 무엇을 할 수 있는지부터 먼저 확인해 보면 좋겠습니다.

『세상물정의 물리학』에는 '이게 과학책인가?' 싶을 정도로 굉장히 재미있는 일화가 많아요. 저는 윷놀이에서 이기는 방법이나 주식에 투자하는 방법이 바로 떠오르는데, 김상욱 선생님과 이명현 선생님께서는 어떤

사실 확률과 통계를 제대로 배우지 않고 졸업을 하는 학생들도 굉장히 많습니다.

것을 떠올리셨나요?

이명현   윷놀이 이야기도 있지만 배치 문제도 있지요. 한 마을에 커피 전문점을 어떻게 배치할지도 이야기하셨는데, 이건 보통 마케터가 따지는 문제이잖아요. 과학자는 이 문제를 다른 시각에서 볼 수 있다는 점을 보여 준 것 같습니다. 성씨 이야기도 있었고요. 통계 물리학이 단지 사회 현상만을 설명할 뿐만 아니라 해법이나 방향을 제시할 수 있다고 느꼈습니다. 그것이 이 책에서 가장 중요하지 않나 생각해요.

강양구   실제로 김범준 선생님께서 논문으로 쓰신 연구들을 대중의 시각에 맞게 엮어서 내신 책이라고 알고 있습니다.

김범준   예, 맞습니다. 정확히 세어 보지는 않았지만 책의 내용 중 4분의 3 정도는 제가 연구하고 논문으로 출간한 결과들을 일반 대중에게 쉽게 소개하려 했습니다.

강양구   그중에서도 굉장히 흥미롭게 진행하시고, 결과도 다시 한번 강조하고 싶은 연구가 있으시다면 몇 개만 소개해 주시지요.

김범준   우리말에 '열 손가락 깨물어 안 아픈 손가락 없다.'라는 속담도 있잖아요.

이명현   그 속담은 거짓말 아닌가요? (웃음)

김범준   예, 맞습니다. 아픈 것은 같지만 더 아픈 손가락이 있고, 덜 아픈 손가락이 있지요. 책에 소개된 연구들도 같습니다. 모든 주제를 하나하나 세상에서 제일 재미있다고 느끼면서 진행했는데, 돌이켜 보면 그중에서도 좀 더 의미 있게 다가온 연구가 있었습니다.

강양구　더 말씀하시기 전에 질문을 하나 더 드리겠습니다. 이 연구가 더 아픈 손가락인지, 덜 아픈 손가락인지를 따질 때 어떤 기준이 있나요? 연구 과정의 재미일까요, 아니면 결론의 의외성일까요?

김범준　둘 다 있습니다. 저는 일단 연구를 설계하는 과정이 재미있어야 본격적으로 연구를 시작해요. 그런데 막상 연구를 매일매일 할 때는 잘 몰랐던 것들을, 돌이켜 보다가 '이 연구를 이런 의미로 생각할 수도 있겠구나.'라고 뒤늦게 깨닫는 때도 있습니다.

　사실 저는 책에 담긴 내용 중에서 커피 전문점과 학교의 배치 연구를 제일 자랑스럽게 생각합니다. 이미 이명현 선생님께서 말씀해 주셨는데요. 처음에는 아주 간단한 관심에서 시작한 연구였어요. 그런데 지나고 보니 사회 현상을 놓고서 물리학자가 할 말이 의외로 있을 수 있다는 깨달음을 얻었습니다.

　그 연구를 짤막하게 결과만 말씀드릴게요. 커피 전문점은 당연히 이윤을 추구하는 기관입니다. 그러니 인구가 많은 곳에, 인구에 비례해서 커피 전문점을 설치하는 것이 좋다고는 누구나 생각할 수 있습니다. 반면 학교는 커피 전문점과 달리 이윤을 추구하는 기관이 아니지요. 따라서 인구의 3분의 2제곱에 비례해서 학교를 설치하는 것이 학생들에게 유리하다는 결과를 얻을 수 있었습니다.

　이렇게 이론으로 얻은 결과를 실제 우리나라 초등학교의 분포 데이터와 비교했습니다. 흥미롭게도 이론으로 예측한 결과가 현실에서도 나타났습니다. 상당히 재미있다고 생각했어요.

강양구　그 결과의 함의도 생각해 보셨나요?

김범준　연구를 마친 후에 든 생각인데요. 산간벽지에 있는 초등학교의 학생

수가 너무 적으면 그 학교를 인접 학교와 통폐합해야 한다는 주장이 요즘 특히 많이 나옵니다. 실제로도 학교가 통폐합되고 있고요. 그런데 이 주장의 논거를 들어 보니 마치 커피 전문점을 열지, 말지를 결정하는 논리와 같다고 생각했습니다. 학생이 없는 것과 커피 전문점 손님이 없는 것을 똑같다고 판단해서, 손님이 없어서 커피 전문점 문 닫는 것과 같은 논리로 학교의 통폐합 여부를 결정한다는 겁니다.

학교는 커피를 파는 곳이 아닙니다. 학생들을 오게 해서 수익을 내려고 학교를 운영하지는 않잖아요.

저는 이것이 말이 안 된다고 생각했어요. 학교는 커피를 파는 곳이 아닙니다. 학생들을 오게 해서 수익을 내려고 학교를 운영하지는 않잖아요. 커피 전문점과 학교는 달라야 합니다. 교육은 모든 사람에게 주어진 권리이자 의무이니까요. 그런 입장에서 보면 학교의 통폐합을 커피 전문점과는 다른 논리로 결정해야 한다고 분명히 말씀드릴 수 있지요.

김상욱 저도 이 결과를 보면서 '저렇게 우리 사회에 직접적으로 영향을 줄 수 있는 연구가 가능하구나.' 하고 깊은 인상을 받은 기억이 납니다.

『세상물정의 물리학』은 담고 있는 내용만으로도 가치가 있는 책입니다. 하지만 아마 앞으로도 이런 책이 다시 나오기는 쉽지 않겠지요. 과학책은 대부분 외국의 유명한 연구 결과를 과학자들이 쉽게 풀어서 소개해요. 그런데 이 책은 정말 우리나라를, 우리 사회를 대상으로 한 연구 결과를 묶어 냈어요. 그 때문에 2015년 제56회 한국 출판 문화상 저술상을 비롯한 많은 상을 받았으리라고 생각합니다. 정말 자랑스러운 책이지요.

강양구 그렇다면 김상욱 선생님께서는 이 책의 어떤 연구가 재미있었나요?

김상욱 사실 저는 김범준 선생님께서 2013년부터 《주간동아》에 연재하신 「김범준의 이색 연구」의 열혈 독자였어요. 책도 재미있게 읽었지만요. 당시에 연재되던 글을 여러 차례 읽었는데, 교통 체증 문제부터 하나하나가 다 좋았습니다. 김범준 선생님께서 글을 전개하시는 방식이 굉장히 독특하다고 느꼈어요. 페이스북에 김범준 선생님을 제 '롤 모델'이라 쓴 적도 있습니다.

한번은 김범준 선생님께 어떻게 하면 이렇게 머리에 쏙쏙 들어오게 글을 쓰시는지 여쭤 본 적도 있어요. 그때 김범준 선생님께서 제게 말씀하시기로는, 사모님의 검열을 거친 후에 원고를 내보내신다고요.

김범준 예, 맞습니다. 아마 이 자리에 계신 분들께서는 모두 경험하셨겠지만, 특히 글을 연재하면서 일반 대중이 이해하기 쉽게 썼는지 자신이 없잖아요. 그래서 아내에게 글을 많이 보여 주고 구체적인 도움도 많이 받았습니다. "특히 이 문장은 도대체 무슨 말을 하는지 아무도 모르겠다. 이걸 바꿔 써야 되겠다." 와 같은 구체적인 조언을 많이 받았어요.

강양구 이명현 선생님과 김상욱 선생님께서 말씀하셨으니, 저는 영일만 게임을 꼽아 보겠습니다. 이 일화는 정말 박장대소를 하면서 읽었거든요. 굉장히 거창하게 쓰셨지만 사실은 물리학자들끼리 모여서 술 마신 이야기잖아요?

김범준 예, 맞습니다.

강양구 사모님께서 그 글에 흔쾌히 반응하시지는 않았을 것 같아요.

김범준 영일만 게임을 소개한 그 글은 아시아태평양 이론물리센터(APCTP)에서 발간하는 웹진 《크로스로드》에 실린 겁니다. 사실 이 글은 작심하고 쓴 기억이 나요. 물리학자들이 넥타이를 매고 과학을 소개하면서 무게 잡는 사람들이 아니라, 학회가 끝난 후에는 술자리도 만들고 풀어져서 노는 사람들이라는 것을 보여 주고 싶었거든요. 소개된 내용도 실제로 있었던 일입니다. 증거 사진도 있고요.

강양구　스포일러가 될 것 같아서 여기에서는 자세히 이야기하지 않겠습니다. (웃음) 일단 이 자리에서는 물리학자들이 모여서 술자리에서 서로에게 술을 먹이려고 만든 게임으로 요약하면 되겠네요. 관심 있는 분께서는 『세상물정의 물리학』을 읽어 보시면 되겠습니다.

　　그런데 물리학자가 아닌 독자가 이 글을 읽으면 오히려 '야, 물리학자들은 술 마실 때도 정말 이상하게 노는구나.'라고 받아들이지 않을까요? (웃음)

통계 물리학의 정체를 밝혀라

강양구　지금까지 여러 사례가 나왔는데, 그렇다면 통계 물리학이란 대체 무엇인가요? 통계나 물리 모두 일반 대중에게는 생소한 분야일 겁니다. 조금 안다는 사람들이 들여다봐도 크게 다르지 않겠지요. 물리학은 보편성을 추구한다는 이미지가 있잖아요. 반면에 통계는 확률에 기반을 둔 학문입니다. 이 두 가지가 섞여서 커피 전문점의 분포나 학교의 분포, 술자리 게임 같은 이야기가 나왔다는 것이 잘 와 닿지 않을 것 같아요. 이참에 통계 물리학을 설명해 주시면 어떨까요?

김범준　많은 분이 통계 물리학을 통계학과 물리학을 함께 하는 학문으로 오해합니다. 사실 통계 물리학에서의 통계는 통계학에서의 통계와 비슷한 면도 있지만, 정확히 같지는 않습니다. 더 엄밀하게 이야기하면 통계 물리학이란 통계 역학이라는 물리학의 방법론을 적용해서 연구하는 물리학의 한 분야입니다.

강양구 통계 역학이요?

김범준 에. 고전 여하이나 양자 역학처럼 역학이라는 단어가 뒤에 붙는 물리학 분야들이 있지요. 이 분야들은 방법에 대한 겁니다. 즉 통계 물리학은 통계 역학이라는 방법을 써서 연구하는 물리학의 한 분야라고 생각하시면 됩니다.

그렇다면 이제 통계 역학이 무엇인지를 소개해 드리겠습니다. 우리에게 통계가 필요한 문제로 무엇이 있는지를 생각해 보면, 일단은 '많을 때'이거든요. 한 학교의 남학생이 많을 때 '이들의 몸무게 평균은 얼마일까?'를 질문하면서 통계를 쓰잖아요. 물리학에서도 마찬가지입니다. 모여 있는 입자가 많을 때, 전체 입자를 대표하는 거시적인 특성을 어떻게 이해할 수 있을지 연구하는 분야가 통계 역학입니다.

물리학에서는 통계 역학의 세부 분야가 둘로 나뉩니다. 앞에서 많이 모여 있는 입자가 통계 역학의 대상이라고 말씀드렸지요? 그 입자가 고전 역학을 따르는지, 양자 역학을 따르는지에 따라 세부 분야가 달라집니다. 고전 역학적인 통계 역학과 양자 역학적인 통계 역학이지요.

강양구 많은 사람들에게 통계 역학이 낯설게 들리는 이유가 있을까요?

김범준 물리학을 배울 때는 먼저 고전 역학을 배워야 합니다. 양자 역학도 배우고요. 그 후에 통계 역학을 배웁니다. 학교마다 교육 과정이 다르지만 물리학과 학부 과정에서 빠르면 3학년 2학기에 배우고, 4학년 1학기에 배우기도 합니다. 물리학을 전공하는 학생이라면 누구나 배우는 물리학의 한 분야인데, 고학년 과목이지요. 그래서 많은 분께서 못 들어 보신 것 같습니다.

강양구 물리학계에서 통계 역학 연구자가 많습니까?

김범준 숫자는 적습니다. 우리나라 대학교 물리학과에 통계 물리학을 전공한 교수가 얼마나 있는지 세어 보신 분도 있는데, 단 한 명도 없는 곳이 굉장히 많았다고 합니다.

강양구 그러면 통계 물리학을 전공한 교수가 없는 학교의 물리학과 학생들은 통계 역학을 제대로 공부하지 못하고 졸업하겠네요?

김범준 그렇지는 않습니다. 앞에서 말씀드린 대로 통계 역학은 물리학과 학생이라면 누구나 배우는 방법론에 대한 학문입니다. 교수들도 모두 통계 역학을 잘 알고 있습니다. 통계 역학을 방법론으로 사용해서 직접 연구하는 분이 없을 뿐이지요.

이명현 저도 학부 3학년 때 통계 역학을 배웠는데, 당시에는 통계 열역학이라고 했습니다. 대학원에서도 같았고요. 그렇게 부른 이유가 있나요?

김범준 역사를 보면 통계 역학은 처음에 열역학에서 시작했습니다. 하지만 열역학과 통계 역학에는 가장 큰 차이점이 있어요. 열역학은 거시적인 양들 사이의 관계에 관심이 있습니다. 그래서 에너지와 엔트로피, 자유 에너지 등이 어떻게 관계되어 있는지가 열역학의 주된 관심사이고요. 통계 역학은 미시적인 입자에서 출발합니다. 미시적인 정보에서 출발해서 거시적인, 열역학적인 양들을 어떻게 이해할 수 있는지가 통계 역학의 주된 관심사입니다.

이명현 그래서 같이 배우는 경우가 많군요?

김범준 예, 맞습니다. 최근 들어서는 열역학이라는 용어를 잘 쓰지 않고, 통계 역학 혹은 통계 물리학이라고 더 많이 부릅니다. 한국 물리학회에도 세부 분야가 여럿 있는데, 그중 한 분과의 이름이 과거에는 열 및 통계 물리학 분과였어요. 그런데 몇 년 전에 "열 및"을 빼서 통계 물리학 분과가 되었습니다.

김상욱 제가 학생일 때도 열역학은 그냥 다 외우거나 현상을 기술하는 것이고, 통계를 배우면 이유가 설명되는 것으로 이해했어요.

강양구 앞에서 통계 역학의 방법론을 쓰는 양자 역학 연구자와 고전 역학 연구자도 있다고 하셨습니다. 그렇다면 김범준 선생님의 연구는 사회 규모를 다루고 있으니까, 고전 역학을 따르는 사람들이 모인 사회를 연구하면서 통계 역학의 방법론을 적용했다고 이해하면 되나요?

김범준 예. 사회 현상을 설명하려고 물리학자가 만든 모형에 양자 역학을 도입했다는 이야기는 아직 듣지 못했습니다. 그렇다고 아이작 뉴턴(Isaac Newton)의 운동 방정식을 써서 사회 현상을 설명하는 것은 아니지만요.

강양구 김상욱 선생님께서는 양자 역학을 연구하면서 통계 역학의 방법론을 많이 활용하십니까?

김상욱 앞에서 말씀하셨지만 '역학'이라는 단어가 붙어 있는 학문은 모두 방법론에 대한 겁니다. 물리학과를 졸업한 모든 사람이 숙지하고 있지요. 양자 역학과 고전 역학, 통계 역학, 전자기학 네 가지를 고르게 알지 못하고 물리학을 연구할 방법은 없습니다. 그래서 저를 포함한 모든 물리학자가 다 알고 있다고 생각하시면 됩니다. 양자 역학을 연구한다고 해서 통계 역학을 모르는 일은 있을 수 없지요.

이명현 상대성 이론은 모를 수 있지요.

강양구　그렇다면 김범준 선생님께서는 상대성 이론을 잘 아시나요?

김범준　특수 상대성 이론은 알고요. 일반 상대성 이론은 제가 학부생일 때 개론 수업을 한 학기 들었습니다. 다들 아시다시피 머릿속에 들어 있는 정보는 시간이 지나면 아주 빠르게 소멸하잖아요. 지금 제가 알고 있는 일반 상대성 이론 지식은 학부생보다 못하다고 자신 있게 말씀드릴 수 있습니다. (웃음)

이것이 통계 물리학의 전부가 아니다

강양구　얼마 전까지만 해도 통계 물리학은 국내에서는 생소한 분야였지요. 하지만 김범준 선생님의 책과 강연, 방송 출연 등으로 통계 역학이나 통계 물리학을 접한 분들이 많아졌습니다.

　　그러다 보니 가끔 이런 이야기가 나오기도 합니다. 김범준 선생님께서 직접 연구하고 소개하시는 사례들이 굉장히 재미있잖아요. 물론 앞에서 말씀하셨다시피 그 안에는 분명 굉장히 강렬한 함의가 있기는 합니다만, 어떤 분들은 과학에 대한 통념에 비춰 보면서 '저것도 과학이야?'라고 받아들일 수도 있습니다. 시사적인 이야기를 하기에 좋은 학문 아니냐는 오해를 받을 수도 있겠는데, 어떻게 생각하십니까?

김범준　앞에서 말씀드린 대로 무엇이든 많으면 관심을 갖는 사람들이 통계 물리학자입니다. 그것이 표준적인 물리계일 수도, 우리 사회 같은 커다란 계 (system)일 수도 있고요.

　　만약에 제 책을 읽고서 '통계 물리학은 이런 것이구나.' 하고 생각했다면 상당히 큰 오해를 한 겁니다. 통계 물리학에서도 전통적인 분야는 굉장히 깊습니다. 예를 들어 통계 물리학자들은 2016년에 노벨 물리학상을 받은 위상 물리학 연구가 통계 물리학에 속해 있다고 생각합니다. 이론의 깊이가 굉장한 분야입니다.

다만 그런 이야기를 대중서로는 쓸 수 없겠더라고요. 제가 쓴 박사 학위 논문의 제목은 「초전도 배열에서의 양자 역학적인 상전이」입니다. 이 논문을 제가 책에 넣으면 몇 분이나 읽겠습니까? 그런 내용은 책에 넣지 않았고요. 대신에 많은 사람들이 관심을 가질 만한, 우리 주변에서 쉽게 볼 수 있는 문제들을 저 같은 통계 물리학자가 어떻게 볼지에 국한해서 책을 썼습니다.

다시 말씀드리면 제 책을 읽고 통계 물리학은 이런 것이다, 통계 물리학은 깊이가 없는 학문이라고 일반화해서 생각하면 오해하신 겁니다. 제 연구 중 상당수는 학문으로서의 깊이가 없지만요.

강양구　너무 겸손한 말씀을 하신 것 같은데요.

김상욱　깊이를 어떻게 정의하는가에 따라서 다르지 않을까요?

물리학도 여러 분과로 나뉘어 있습니다. 이 분과들은 대부분 그 분과의 연구 대상을 이름으로 하고 있어요. 입자 물리학이나 우주론, 원자, 분자, 고체, 광학, 반도체가 있습니다. 그런데 특이하게도 통계 물리학은 방법론을 이름으로 하고 있습니다. 그래서 연구 대상에 대해서는 많이 열려 있어요. 생물이나 사회, 물리계의 스핀 시스템도 연구할 수 있습니다. 통계 물리학이 재미있는 점이에요.

이는 어떤 의미에서는 분과의 정체성이 모호하다고도 할 수 있습니다. 다른 분야의 연구자라도 통계를 방법론으로 쓴다면 통계 물리학자라 불릴 수 있는지 싶은 경우도 많아요. 그런 점에서 우리나라 통계 물리학이 다루는 계는 주로 무엇이라고 할 수 있나요?

김범준　정확한 말씀을 하셨습니다. 통계 물리학자인 저도 통계 물리학과 통계 역학을 혼동해서 쓸 정도로, 방법론과 연구 대상에 똑같이 통계라는 말이 들어간다는 점이 정말 독특하지요. 그래서 통계 물리학 연구자들이 관심을 갖는 문제도 정말 다양합니다. 우리나라에는 전통적인 통계 물리학 연구자도 당연히 있고요. 저처럼 사회 현상에 관심이 있는 통계 물리학자도 있고, 교통 문제나 생명 현상, 심지어 주식 시장을 연구하는 통계 물리학자도 있습니다.

3년마다 한 번씩 열리는 국제 통계 물리학회가 있습니다. 제가 2016년 여름에 그곳에 갔는데요. 그곳에서 발표되는 논문 1,200편 중에서 물리학의 전통적인 분야에 넣기 곤란한 주제들이 얼마나 발표되는지 숫자를 세어 봤습니다. 그랬더니 약 400편이라는 숫자가 나왔습니다. 윷놀이 같은 주제도 있고요. 장담하건대 통계 물리학회에서만 그런 모습을 볼 수 있습니다.

항상 종이에 숫자를 쓰고 있는 사람

강양구 통계 물리학자의 전형적인 이미지로는 어떤 것이 있습니까? 일반 대중에게는 물리학자 하면 떠올리는 전형적인 이미지가 있잖아요. 여기에 가장 가까운 부류는 알베르트 아인슈타인(Albert Einstein) 같은 이론 물리학자일 텐데, 실제로 분과별 물리학자의 숫자를 따지면 응집 물질 물리학자가 많지요. 많은 응집 물질 물리학자가 대기업에 다니고 있어서 그런지 이들의 이미지는 대기업 사원과 겹쳐 보이기도 합니다.

자주 교류하던 통계 물리학자 한 분은, 공항에서 만나기로 약속을 잡고 가 보면 항상 종이에 숫자를 막 쓰고 있더라고요.

그렇다면 통계 물리학자는 어떤가요? 제가 예전에 자주 교류하던 통계 물리학자 한 분은, 공항에서 만나기로 약속을 잡고 가 보면 항상 종이에 숫자를 막 쓰고 있더라고요. 그래서 저는 통계 물리학자 하면 이 이미지를 떠올립니다. '통계 물리학자들은 저런가?' 하면서요.

김범준　요새 통계 물리학자들은 약속 장소에서 숫자를 계산하지 않고 아마 컴퓨터 화면을 들여다보고 있을 가능성이 상당히 큽니다.

김상욱　통계 물리학자의 이미지는 '영일만 게임'으로 표현할 수 있겠는데요. 술 많이 먹고 잘 노는 이미지죠. (웃음)

이명현　통계 물리학자들은 전반적으로 인간성이 좋은 것 같아요.

강양구　실제로 통계 물리학자들은 다른 분과의 물리학자들보다 더 자주 술자리를 만들고 더 많이 드시나요?

김범준　예, 그렇지요.

강양구　그런 분들이 통계 물리학을 연구하시나요? 아니면 통계 물리학을 하다 보니 그렇게 되나요?

김범준　통계 물리학을 연구하다 보니 그렇게 된 것 같습니다. 제가 예전에는 술을 진짜 못 마셨거든요. 대학교 다니면서 저보다 술을 못 마시는 사람은 딱 한 명밖에 못 봤어요. 그런데 대학원에 들어가고 나니 술자리가 많아지면서 술도 늘었습니다. 개인적인 경험을 비춰 봤을 때 저는 통계 물리학을 택해서 술이 는 것이 확실합니다.

　또 통계 물리학자들끼리 농담으로 하는 말이 있는데요. 통계 물리학에서 가장 중요한 현상 하나가 여러 구성 요소가 서로 영향을 주고받으면서 만드는 협동 현상, 거시적인 현상입니다. 그래서 여럿이 술 마시면서 나오는 이야기와 아이디어는 혼자 술 마시면서 나오는 것과는 질적으로 다릅니다. 그래서인지 제 주변의 통계 물리학자들은 술 마시면서 이야기를 나누는 것을 다들 좋아합니다.

김상욱　또 통계 물리학에서는 수학이 중요하지요. 물리학과 학생들은 수학을 '수리 물리학'이라는 과목에서 배워요.

이명현　발음을 잘 하셔야 합니다. (웃음)

강양구　양자 역학을 연구하시는 김상욱 선생님께서도 한편으로는 통계 물리학자로서의 정체성을 갖고 계신 것 같습니다. 앞에서 모든 물리학자가 통계 물리학을 한다고는 말씀하셨지만요.

김상욱　제가 학위 과정에서 카오스 이론(혼돈 이론)을 연구했거든요. 카오스 이론도 어디에 넣기가 참 애매한 이론이어서, 제가 학위 과정에 있을 때 국내에서는 카오스 이론 연구자들을 통계 물리학 분과로 분류했습니다. 그런데 저는 양자 역학으로 더 깊이 들어갔어요. 지금은 양자 정보 쪽으로 가면서 다른 분과로 옮겨 갔지요. 제가 하는 일이 방법에 대한 것이다 보니까 저도 이렇게 연구 대상을 분과 이름으로 삼는 시스템 안에서는 이곳저곳 오가게 되더라고요. 그런 점에 있어서는 저도 뿌리를 통계 물리학 분과에 둔 셈입니다.

B형 남자는 정말로 나쁜 남자일까?

강양구　김범준 선생님께서 직접 하신 통계 물리학 연구의 몇 가지 사례들을 앞에서 두어 가지 소개하면서 통계 물리학을 알아봤습니다. 그런데 너무 아쉬운 것 같아요. 아직 『세상물정의 물리학』을 읽지 않은 분들을 위해서 맛보기로 몇 가지를 더 소개하면 어떨까요?

이명현　세상을 물리학의 관점으로 풀어내는 시도에서 굉장히 중요한 이야기들이 나온다고 생각해요. 이는 김범준 선생님의 책에서도 찾아볼 수 있는 부분입니다. 예를 들어 과학자들은 당연히 틀렸다고 생각하지만 대중 사이에서는 잘못 알려져 있는 통념들 있잖아요. 저는 그런 통념에 대해서 과학자들이 목소리를 내야 한다고 생각하는 편입니다. 혈액형과 성격의 관계 같은 것이요.

강양구　이명현 선생님께서 분노하셨습니다. (웃음) 결과적으로는 혈액형과 성격이 아무 관련이 없다는 말씀이시지요?

이명현　그렇지요. 그런 통념을 과학자들이 과학적으로 논박해야 합니다. 같은 맥락에서 한국 프로 야구 구단들의 이동 거리를 측정한 연구도 굉장히 중요했다고 봅니다. 현재는 경기 일정을 그냥 짜잖아요. 이전부터 일정을 짜 오던 방식을 무시하겠다는 것은 아니지만, 더 공정한 방법이 있다면 그것을 따르는 것이 좋지 않을까요?

강양구　이명현 선생님께서 운을 떼셨으니, 이 두 연구를 직접 하신 김범준 선생님께서 맛보기로 소개해 주시지요.

김범준　다들 짐작하셨겠지만 저는 과학자로서 혈액형과 성격의 상관 관계가 있을 리 없다고 확신했거든요. 그런데 아내는 다르더라고요. 집에서 같이 저녁을 먹다 혈액형 이야기가 나왔는데, 그때 아내는 둘의 상관 관계가 있다고 강하게 믿고 있다는 것을 알게 되었습니다. 제가 아무리 설득을 해도 아내가 믿지를 않아요. 그렇다면 실제 자료를 모아서 혈액형과 성격이 관계가 있는지, 없는지를 과학적으로 검증해 보면 어떨까 생각했습니다.

강양구　사모님을 설득하려고 시작하신 연구였군요?

김범준　예. 처음 연구를 시작할 당시에는 부부 사이에 혈액형이 서로 독립적인지, 아니면 상관 관계가 있는지를 봤어요. 그러면 혈액형과 성격이 관계가 있는지, 없는지를 간접적으로 알 수 있지 않을까 생각했습니다. 즉 사람들이 믿듯이 혈액형이 성격과 관계가 있고, 성격이 비슷한 사람끼리 결혼할 확률이 높다고 가정하면 부부의 혈액형에 상관 관계가 있겠지요.

그래서 수업하면서 설문지도 나눠 주고 여러 사람들에게 물어서 400쌍 정도의 자료를 모았습니다. 이 자료를 분석한 결과, 당연히 부부의 혈액형은 상관 관계가 없다는 결론을 얻었어요.

그 후에는 피험자의 응답을 통해 개인의 성격 유형을 네 가지 척도로써 16가지로 분류하는 심리 검사인 MBTI(Myers-Briggs Type Indicator)를 살펴봤습니다. 당시에 제가 재직하던 학교 상담 센터에서는 학생들을 대상으로 심리 검사를 무료로 진행하고 있었어요. 제가 그 센터에 계신 심리학과 교수님을 설득해서 설문지 맨 마지막에 혈액형을 적어 달라는 문항을 넣었습니다. 그 자료를 모아서 분석했더니, 마찬가지로 조합 대부분, 예를 들어 AB형 남자와 MBTI 심리 검사 결과는 아무런 상관 관계가 없음을 알 수 있었습니다.

단 지금도 흥미롭게 기억하는 것은 B형 남자의 경우인데, B형 남자만은 MBTI 심리 검사 결과와 혈액형이 상관 관계가 있다고 나왔습니다. 그 결과를 놓고 많이 고민했지요. 그런데 그때 그 심리학과 교수님과 의논하다가 이런 결론을 내렸습니다. 혹시 MBTI 심리 검사를 직접 해 보셨나요?

B형 남자는 성격이 더럽다는 이야기를 하도 많이 듣다 보니, 자신들도 그렇다고 생각하는 겁니다.

강양구 예. 주관적이지 않나요?

김범준 맞습니다. 자신이 직접 응답하다 보니 스스로를 어떻게 생각하는지가 결과에 반영되는 검사예요. 즉 B형 남자는 성격이 더럽다는 이야기를 하도 많이 듣다 보니, 자신들도 그렇다고 생각하는 겁니다. 상당한 비극이지요. 당시에 B형 남자 신드롬은 있었지만 AB형 여자 신드롬 같은 것은 없었잖아요. 그러니까 B형 남자 중에는 실제와 관계없이 자신의 성격이 나쁘다고 믿는 이들이 많았던 겁니다.

강양구　그런데 혈액형과 성격의 상관 관계를 맹신하는 분은 이렇게도 생각하시지 않을까요? '그러니까 이혼율이 이렇게 높지.'라고, 혈액형을 보고 궁합을 잘 맞춰서 결혼했으면 훨씬 나았을 것이라고요.

김상욱　아전인수네요.

강양구　예. 어쩌면 믿음의 문제일 수도 있겠다는 생각이 들었습니다.

왜 우리 팀은 원정 경기가 더 많을까?

강양구　앞에서 이명현 선생님께서 말씀하신 프로 야구 구단의 원정 경기 이동 거리 연구를 저도 봤어요. 저는 그 연구가 굉장히 의미 있었다고 생각합니다. 구단마다 원정 경기를 치르면서 이동하는 거리가 달라서 공정하지 않게 보이더라고요.

김범준　그 연구는 제가 학생들에게 팀 과제로 무엇을 줄지 고민하다가 낸 문제였습니다. 제가 속한 우리나라 통계 물리학 분과에서 1년에 한 번 겨울에 대학원생들을 대상으로 '윈터 스쿨'을 진행하는데요. 그때 저도 수업을 하게 되었습니다. 저는 당시에 몬테카를로 시뮬레이션을 가르쳤어요. 통계 물리학에서 정말 많이 쓰이는 기법인데, 컴퓨터를 활용해서 단순한 사건을 많이 반복함으로써 확률을 구하는 겁니다. 이 문제는 그때 냈어요.

통계 물리학자의 입장에서 보면 이 문제는 그렇게 어렵지 않아요. 대학원생들에게 연습 문제로 며칠 주고 풀게 할 정도입니다. 제가 학생들과 함께 이 문제를 풀 당시에는 우리나라 프로 야구 구단이 총 여덟 팀 있었어요. 이들이 한 시즌 동안 프로 야구 위원회에서 공개하는 경기 일정표에 따라서 이동하고 경기를 합니다. 이때 각 구단의 이동 거리가 비슷하게끔 일정표를 조율하는 것이 문제였어요.

김상욱 선생님께서는 아마 바로 이해하시겠지만, 프로 야구 구단이 총 여덟 팀이잖아요. 이는 입자가 여덟 개뿐인 계의, 에너지가 가장 낮은 바닥 상태를 구하는 문제와 수학적으로 같습니다. 그런데 입자가 여덟 개밖에 없다고 하면 물리학자들은 다 웃거든요. 그 정도로 쉬운 문제였어요.

이 연구를 당시에 팀 프로젝트를 같이 한 대학원생들과 함께 논문으로 냈습니다. 그 결과가 재미있었는지 몇몇 언론사에서 기사로 다뤘고, 프로 야구 위원회 측에서 연락을 해 와서 한번 만난 적도 있습니다. 앞에서 이명현 선생님께서 말씀하셨다시피 현재 우리나라 프로 야구 경기 일정표를 과학적이고 체계적인 방법으로 짜고 있지는 않다는 사실을 그때 알게 되었습니다.

이때 알게 된 사실이 하나 더 있습니다. 저는 프로 야구 구단들의 이동 거리를 최대한 비슷하게, 격차를 줄이는 방향으로 일정표를 짰습니다. 그런데 이동 거리의 격차가 프로 야구 구단의 입장에서 제일 중요한 요인은 아니더군요.

이명현 우리나라가 면적이 작아서 그런 것 아닐까요? 예를 들어 미국에서는 심각한 문제일 수도 있지 않을까요?

김범준 안 그래도 제가 논문을 낸 후에 미국의 한 대학원생이 제게 이메일을 보내온 적이 있었습니다. 자신이 미국의 프로 야구 경기 일정을 갖고 비슷한 계산을 해 보고 싶다는 이야기였어요. 그런데 미국은 원정 경기를 갈 때 비행기로 움직이잖아요. 우리나라에 비해서 특별히 이동 시간이 길지 모르겠더라고요.

강양구   저는 그 연구가 굉장히 인상적이었어요. 저는 야구를 좋아하지 않아서 이동 거리가 길든 짧든 제게는 그다지 상관이 없었습니다. 그런데 김범준 선생님께서 책에서 이 연구를 소개하시면서 말미에 함의를 이렇게 밝히셨지요. 이 연구에 쓰인 통계 물리학적인 방법론을 활용하면, 학생들을 학교에 배정할 때도 거리를 고려해서 합리적으로 할 수 있지 않을까 하고 말입니다.

김범준   지금 강양구 선생님께서 말씀하신 지점을 살펴본 제 연구가 하나 더 있습니다. 바로 앞에서 이야기한 커피 전문점과 학교의 분포 연구예요. 이 문제는 그 지역 거주민의 분포가 정해져 있을 때 학교를 어디에 지을지를 다루고 있습니다. 반대로 학교는 이미 지어져 있고 학생을 어디에 배정할지를 다루는 문제도 수학적으로는 동일합니다.

우리나라는 지금도 근거리 배정 원칙에 따라서 학생들에게 중·고등학교를 배정해요. 그렇다면 '학생들을 어떻게 배정해야 통학 거리를 가장 효율적으로, 최소로 줄일 수 있을까?'라는 질문이 나옵니다. 제가 이미 한 연구를 조금만 확장하면 얼마든지 답할 수 있는 질문이에요. 그런데 그런 연구를 해 달라는 연락은 안 옵니다.

이명현   도서관이나 문화 시설, 관공서 배치 문제와도 다 이어져 있지요?

김범준   우리나라에서 공공 시설의 최적 배치 문제를 과학적인 방법으로 풀고 있는지는 모르겠습니다. 다만 사적 영역에서는 많이들 합니다. 마트에서 어떤 상품을 어디에 진열할지는 마트 경영진에게는 상당히 중요한 문제잖아요. 그래서 굉장히 체계적으로 합니다.

강양구   이 수다를 교육청 관계자께서 읽으셨다면 김범준 선생님께서 언론에 기고하신 글을 한 부 출력해서 슬쩍 교육감실 책상 위에 올려두는 것도 좋겠습니다.

김상욱 중·고등학교는 모르겠는데 대학교는 거의 스타벅스처럼 배치되어 있을 것 같아요.

김범준 예, 맞습니다. 우리나라 대학이 대부분 사립입니다. 그래서 통계청 자료를 분석해 보면 우리나라 대학은 커피 전문점과 거의 비슷하게 분포합니다. 연구하는 김에 미국의 데이터도 살펴봤어요. 공립 학교와 사립 학교를 나눠서 봤더니, 사립 학교는 스타벅스처럼 분포해 있습니다. 반면 미국 공립 학교는 앞에서 이론으로 예측한 대로 인구 밀도의 3분의 2제곱에 비례하게끔 분포해 있습니다.

이명현 잘 배치되어 있다는 말씀이시지요?

김범준 예, 맞습니다. 우리나라 대학은 학생들의 이동 거리 면에서 최적화되어 있지 않고, 대학의 이윤 창출 면에서 최적화되어 있습니다.

카오스 이론, 복잡계 과학, 사회 물리학

강양구 앞에서 김상욱 선생님께서 카오스 이론이 통계 물리학 안에 있었다는 말씀을 하셨습니다. 그런데 일반 독자의 입장에서는 이 다양한 개념들의 관계를 굉장히 궁금해할 것 같습니다. 네트워크 과학이나 복잡계 과학이라는 말도 있잖아요.

네트워크 과학은 카이스트 정하웅 교수 때문에 유명해졌고 복잡계 과학은 정재승 교수의 『정재승의 과학 콘서트』 때문에 유명해졌지요. 최근에는 또 여기저기에서 빅 데이터 연구를 한다고 합니다. 사이언스북스에서는 사회 물리학을 소개하는 마크 뷰캐넌(Mark Buchanan)의 책『사회적 원자(*The Social Atom*)』(김희봉 옮김, 사이언스북스, 2010년)를 내기도 했습니다. 제임스 글릭(James Glick)의 『카오스(*Chaos*)』(박래선 옮김, 동아시아, 2013년)라는 책도 유명하지요. 카오스라는 세탁기도 있었고요. (웃음)

많은 분이 '그런 게 있나 보다.' 하고 있었는데, 김범준 선생님께서 통계 물리학을 전면에 내세우면서 나오셨습니다. 대체 이들의 관계는 어떻게 되나요?

김범준 아주 흥미로운 질문입니다. 역사적으로 돌이켜 보면 '복잡하다.'라는 것이 처음으로 물리학자들의 관심을 끈 시기는 1980년대입니다. 그때 사람들이 관심을 갖고 본 것이 앞에서 말씀하신 카오스라는 현상이었어요. 당시에 카오스 이론이 왜 학자들의 흥미를 끌며 학계를 풍미했을까요? 이를 살펴보면, 언뜻 보면 정말로 단순한데 이 단순한 계가 보여 주는 현상이 정말 복잡했기 때문임을 알 수 있습니다.

당시의 물리학자들은 이를 결정론적인 카오스라고 불렀습니다. 예를 들어 자유도가 3개밖에 안 되는 정말로 단순한 계가 상상도 못 할 정도로 복잡한 모양을 보여 주는 데 사람들이 매혹되었던 겁니다.

현재 복잡계 과학에서의 복잡성은 1980년대 카오스 이론에서의 복잡함과는 약간 다른 것 같습니다. 1980년대에는 단순한 구성이 보여 주는 복잡한 현상에 관심이 있었다면, 지금은 구성 자체도 복잡한 것에 관심이 있습니다. 즉 계의 구성 요소가 굉장히 많고, 그 구성 요소가 제각기 움직이지 않고 강하게 상호 작용하는, 구성 자체가 복잡한 계가 보여 주는 현상은 어떤 것일지 관심을 갖는다는 겁니다.

1980년대에 카오스 이론과 현재의 복잡계 과학은 '복잡하다.'라는 것이 갖는 의미가 다릅니다. 또한 복잡계 과학은 많은 구성 요소가 강한 상호 작용을 하는 계를 연구하기 때문에 통계 물리학과 굉장히 밀접한 관계를 가질 수밖에 없습니다. 통계 물리학은 많은 구성 요소가 상호 작용을 할 때 거시적으로 어떤 현상을 보여 주는지에 관심을 갖고 있으니까요. 복잡계 과학의 방법론으로서 통계 역학, 통계 물리학이 중요한 역할을 하는 것은 당연하고요. 그런데 사회도 많은 사람들이 서로 영향을 주고받으면서 살아가는 커다란 계잖아요. 따라서 사회를 복잡계로 보는 사회 물리학은 복잡계 과학의 일부라 볼 수 있습니다.

강양구 사회를 복잡계의 일종으로 보면서 연구 대상으로 삼았다는 말씀이시군요.

이명현 그렇다면 카오스는 이제 더는 쓰이지 않는, 폐기된 단어인가요?

김범준 그렇지는 않아요. 지금도 카오스 연구는 활발히 이뤄지고 있습니다. 1980년대에는 단순한 계가 보여 주는 현상이 아주 복잡해서 관심이 굉장히 컸던 겁니다. 복잡한 현상이 나오지 못하리라 생각한 것이 복잡한 현상을 보여 주니까 사람들이 흥미롭게 생각했지요.

김상욱 이론 자체가 폐기되지는 않았습니다. 물리학의 입장에서는 카오스 이론을 이해했기 때문에 관심이 떨어진 것에 불과하지요.

강양구 즉 카오스 이론을 더 연구한다고 해서 새로운 함의가 나올 가능성은 좀 낮아 보인다는 것이 물리학자들의 생각인가요?

김상욱 앞에서 김범준 선생님께서 "단순한 계에서 나오는 복잡한 현상"을 말씀하셨지요? 엄밀히 말해서 현재 물리학에서는 단순함의 기준을 자유도 3개로 잡고 있습니다. 이때 자유도 3개는 세 가지 변수로 구성된 계라고 생각하시면 돼요.
　　그렇다면 자유도 4개는 어떨지 자연스럽게 궁금해지지요. 자유도가 4~5개일 때 카오스가 있는 경우에는 우리가 이해하기 굉장히 어렵습니다. 사실은 너무 어려워서 포기한 기예요. 카오스 연구는 새로운 것이 없다기보다는, 새로운 방법론적 돌파구가 없으면 더 나아갈 수 없는 지점에 이르렀다고 봐야 합니다. 그렇게 되면 물리학자들은 대개 다른 곳으로 가거든요.

카오스 연구는 새로운 방법론적 돌파구가 없으면 더 나아갈 수 없는 지점에 이르렀다고 봐야 합니다.

강양구   맞아요. 처음에는 카오스 이론이 복잡해 보이는 것을 단순한 방정식으로 기술할 수 있다는 데서 매력을 느끼셨다고 김상욱 선생님께서도 말씀하신 적이 있습니다. 그런데 그 이론으로 할 수 있는 것이 별로 없었다고요.

김상욱   의외로 할 수 있는 것이 많지 않았어요. 조금만 더 어려워져도 도저히 손을 댈 수 없다는 것을 깨달았습니다.

모든 물리학자는 환원주의자일까?

김범준   앞에서 드리던 말씀을 네트워크 과학까지 마저 하겠습니다. 복잡계는 구성 요소가 상호 작용을 하는 계이지요. 이때 무엇과 무엇이 상호 작용을 하는지가 굉장히 중요해질 수밖에 없습니다. 네트워크를 바로 그 상호 작용의 구조로 생각하시면 됩니다.

네트워크 과학이라는 연구 방법은 성공적이었습니다. 복잡계는 내부가 정말로 복잡하거든요. 그런데 상호 작용의 구조, 'A와 B가 서로 아는가, 모르는가?'라는 정보의 뼈대만 갖고도 복잡계를 많이 이해할 수 있음을 깨달은 겁니다.

그래서 2000년대 초반부터 네트워크 과학이 물리학에서 굉장히 중요한 역할을 하게 되었습니다. 앞에서 김상욱 선생님께서 말씀하신 대로 통계 물리학에서 카오스 연구를 하시던 분들이 2000년대에 접어들면서는 네트워크 연구로 옮깁니다.

빅 데이터 또한 최근 통계 물리학계에서 관심을 많이 갖고 있습니다. 그런데 통계 물리학자들이 생각하는 빅 데이터는 이렇습니다. 통계학에는 중심 극한 정리라는 것이 있습니다. 말은 어렵지만 사실 별것은 아니에요. 모은 데이터가 많아질수록 그 데이터를 통해 우리가 점점 더 명확하게 계산할 수 있다고 생각하시면 됩니다.

강양구 큰 수의 법칙이겠네요. 빅 데이터는 데이터의 양이 굉장히 많지요. 빅 데이터를 써서 정량적으로 예측을 하면, 적은 데이터로 예측할 때보다 정확도를 크게 높일 수 있습니다. 최근에는 복잡계나 통계 물리학 연구자들이 빅 데이터를 두 팔 벌리고 환영하고 있지요. 정보를 많이 모으면, 그것으로 할 이야기가 더욱더 정교해지니까요.

지금까지 김범준 선생님의 이야기를 듣다 보면 아마 많은 분께서 '어? 내가 아는 물리학자들 이야기와는 다르네?'라는 인상을 많이 가지실 것 같습니다. 모든 것에 대한 이론, 방정식 하나로 세상의 모든 것을 다 기술하려는 욕망이나 열망이 있는 환원주의자가 물리학자의 전형적인 통념이잖아요. 그런데 김범준 선생님께서는 그런 통념과는 거리가 멀어 보입니다. 확실히 차이가 있지요?

김범준 예, 맞습니다. 저 같은 통계 물리학자들의 생각은 이렇습니다. 저는 입자 물리학이나 고에너지 물리학 연구자는 더욱더 아래로, 아래로 내려가서 우리가 바탕으로 삼아야 할 지식이 무엇인지를 찾는 분들이라고 비유합니다.

강양구 예를 들어 몇 년 전에 화제가 된 힉스 입자가 있지요?

김범준 맞습니다. 물리학자들의 전통적인 접근 방법은 복잡한 대상을 환원하는 겁니다. 그런데 그렇게 환원해서 알게 되었다 하더라도 처음의 복잡한 사회와 자연에 대해서는 무슨 이야기를 할 수 있을까요? 바로 이 질문을 통계 물리학자들이 하는 겁니다.

통계 물리학자들이 좋아하는 개념 중 하나가 보편성(universality)입니다. 조금은 어려운 이야기일 수 있지만, 보편성은 우리가 마주칠 수 있는 복잡하고 흥미로운 현상을 설명하기 위한 미시적인 모형은 여러 가지가 가능하다는 의미를 담고 있습니다. 즉 A라는 모형을 쓰든 B라는 모형을 쓰든, 핵심 성분이 잘 갖춰진 모형이라면 어떤 것을 쓰든 예측한 결과가 크게 다르지 않다는 믿음입니다. 다시 말씀드리자면, 사회 현상 같은 복잡한 현상을 이해하고자 쓰는 모형이 유일하지 않을 수 있다고 생각합니다.

강양구 「과학 수다 시즌 1」에서도 비슷한 맥락의 갈등이 있었습니다. 생명 공학자를 모시고 이야기를 나누던 자리였는데요. 아마 그때 이명현 선생님께서 악역을 맡으신 것으로 기억하는데, 맞지요?

생명 과학은 세포와 세포가 어떻게 상호 작용을 하는지에 관심을 갖고, 생화학은 그 상호 작용에서 어떤 생화학적 현상이 일어나는지에 관심을 갖잖아요. 그런데 복잡계 과학으로 뇌를 연구하시는 분께서 뇌세포끼리의 상호 작용 연구가 뇌의 전체적인 움직임에 대해서 함의를 주기는 하느냐고 물으셨습니다. 그래서 논박이 오가다가 결국은 둘 다 필요하다고 아름답게 화해했어요. 연구자들 사이에서도 방향이 다른 것을 실감했습니다.

김범준 뇌 연구도 통계 물리학자들이 많이 하고 있습니다. 저도 뇌과학에 관심이 있어서 신경 세포를 기술하는 수학적인 모형들을 공부한 적이 있어요. 그런데 물리학의 모형과는 정말 다르더군요.

물리학자들은 현상을 설명하는 수학적인 모형이 하나예요. 모형이 여러 개

있는 것을 싫어하거든요. 그런데 신경 세포는, 지금 언뜻 떠오르는 모형만 해도 10개는 됩니다. 사람 이름이 붙은 것만 해도요. 똑같은 현상을 설명하는 다양한 모형들이 있는데, 우리가 보려는 수준에 따라 모형을 자유롭게 선택할 수 있습니다.

강양구　이 부분이 앞에서 하신 말씀과 연결되는 것 같습니다. 뇌를 복잡계 과학, 그리고 통계 물리학의 시각으로 보는 분들은 뇌 전체를 아우르는 큰 패턴에 좀 더 관심을 갖잖아요. 그것이 오히려 본질을 잘 보여 준다고 생각하고요.

김범준　예, 맞습니다.

강양구　그런데 「과학 수다 시즌 2」에서는 김상욱 선생님께서 악역을 맡기로 하셨잖아요?

김상욱　오늘은 악역을 맡기가 어려운 것이, 제 본류가 통계 물리학이다 보니 많은 생각을 김범준 선생님과 공유하고 있는 것 같아요.

앞서 나온 환원주의 문제도 그렇습니다. 종종 드는 좋은 예 하나가 있지요. 생명체를 99퍼센트가량 이루는 핵심 원소인 탄소, 수소, 질소, 산소를 양자 역학적으로 이해한다고 한들, 거기서 생명을 유추할 수는 없잖아요. 네 가지 원자를 이해했다고 해서 이들이 조합해서 만든 생명체를 이해했다고 할 수 없고, 한 개인을 이해했다고 해서 사회를 이해했다고 할 수 없습니다. 제가 강양구 선생

제가 한 개인을 이해한다고 해서, 전쟁 상황에서 사람들이 어떻게 행동할지를 예측할 수 없듯이 말이지요.

님을 이해한다고 해서, 수십만 명이 모여 다른 나라와 전쟁을 치르는 협동적인 상황에서 사람들이 어떻게 행동할지를 예측할 수 없듯이 말이지요.

통계 물리학은 흔히 창발성을 이야기합니다. 아래 층위의 환원적인 요소 하나를 통해서 다른 층위를 예측할 수 없다는 뜻입니다. 김범준 선생님께서 앞에서 말씀하신, 모든 것을 환원하기에는 무리가 있다는 입장에 저는 전적으로 동의합니다. 제가 악역을 맡을 만한 지점이 없어요.

이명현 이 지점은 의외로 심각하지 않을 수도 있어요. 칼 세이건(Carl Sagan)의 『코스모스(*Cosmos*)』(홍승수 옮김, 사이언스북스, 2004년)에는 우리 몸을 이루는 원소들을 몽땅 한 병에 넣어서 생명이 되는지를 묻는 일화가 나옵니다. 저는 이 일화가 지금 하신 말씀을 상징적으로 보여 준다고 생각합니다.

물리학자는 환원주의자여서, 입자 하나하나에 모든 것이 소우주처럼 담겨 있다는 주장을 신봉한다고 많이들 오해하시는 것 같습니다. 그런데 저는 그런 주장을 신봉하는 물리학자는 아무도 없으리라고 생각해요.

앞에서 김범준 선생님께서 보편성 이야기를 하셨는데, 제가 보기에 물리학자들은 또 다른 의미의 보편성을 믿는 것 같습니다. 원자 하나로 생명 현상을 설명할 수는 없지만, 아래 층위에서 생명체를 이루는 어떤 것을 우리가 모르고 있을 수도 있잖아요. 그 어떤 것을 찾아내는 과정이 있겠지요.

물리학자들도 모두 창발을 염두에 두고 있다고 봐요. 다만 어느 것을 더 근원적인 원리라고 생각하는지에 따라 환원주의자인지, 아닌지 차이를 만드는 것이겠지요. 과학자들을 기본적으로 모든 것을 쪼개고, 또 쪼개도 그 속에 또 무엇이 있다고 주장하는 환원

물리학자도 모두 창발을 염두에 두겠지만, 무엇을 더 근원적인 원리라고 보는지에 따라 환원주의자인지, 아닌지를 구분하는 것이겠지요.

주의자로 몰아붙이는 것은 19세기적인 발상이 아닌가 생각합니다.

김상욱　그냥 다른 것이지요. 개개의 입자는 자신의 동역학을 가지고 움직여야 합니다. 입자 물리학이든, 입자 물리학에서 추구하는 궁극의 이론이든 이를 설명할 겁니다. 그런데 통계 물리학은 이를 무시하고, 개개의 입자가 많이 모일 때 이 입자 간의 상호 작용이 더 중요한 시점에서 어떻게 행동할지를 봅니다. 그래서 근본적으로 다르게 보는데, 하나의 잣대를 놓고 누가 옳은지를 물을 수는 없지요.

이명현　어떻게 보면 질문 자체가 잘못되었다고도 볼 수 있겠습니다. 여러 모형이 있을 뿐이지요.

복잡한 현상을 설명하는 가장 단순한 근사

강양구　실제로 김범준 선생님의 책을 직접 읽어 보거나 직접 대화를 나눠 보면 아마 오해할 분은 전혀 없으리라고 전제하면서 하나 여쭙겠습니다. 『세상물정의 물리학』속 아이디어나, 사회 물리학의 아이디어를 접한 꽤 많은 인문·사회 과학자들이 대뜸 화부터 낼지도 모르겠다는 생각을 했습니다. 과학이 인간과 사회를 탐구하고, 심지어는 설명하고 예측까지 할 수 있다는 발상에 반발하는 것이겠지요.

한편으로 저는 통계 물리학의 한계가 분명 있지 않을까 생각해 봅니다. 예를 들어 네트워크 과학의 방법론으로 사회 과학을 연구하는 분들 중에서도 관계망을 갖고 연구하는 분이 있습니다. 이분들은 이런 비판을 받습니다. 과학 이론에서 네트워크는 그 구성 입자들이 동일한 속성을 지닌다고 가정되잖아요. 그런데 인간의 네트워크에서는 그 구성원 개개인이 다를 수 있지요. 게다가 한 개인도 항상 일관되지는 않아서 어떤 때는 이런 속성을 보였다가 어떤 때는 저런 속성을 보이기도 합니다.

그렇다면 이들을 단순화해서 네트워크 연구를 하는 것이 과연 의미가 있을까? 한계가 분명 있지 않을까? 이런 의문을 저는 품기는 했기든요.

김범준　네트워크에 대해서 말씀을 드리고 싶습니다. 저는 네트워크 과학을 과학자가 복잡한 현상을 설명하기 위해서 쓸 수 있는 가장 단순한 근사에 비유합니다. 저는 사회 현상뿐 아니라 자연 현상도 마찬가지라고 봅니다.

우리나라의 모든 중·고등학교 학생들이 일정한 가속도로 떨어지는 자유 낙하 문제를 배웁니다. 이는 실제와는 맞지 않잖아요. 공기 저항도 있고, 그 밖에도 여러 다양한 요소들이 있으니까요. 그런데도 우리가 이것을 먼저 배우는 것은, 자유롭게 떨어지는 물체의 움직임을 이것만으로도 근사적으로 예측할 수 있기 때문입니다. 그렇다고 해서 자유 낙하를 가르치는 물리학자 중에서 공기는 없다, 공기에 의한 저항력은 없다고 믿는 사람은 아무도 없고요.

네트워크도 마찬가지입니다. 사회 구성원이 다 똑같다고 믿는 물리학자는 아무도 없습니다. 그런데 공기 저항을 무시하고 자유 낙하 하는 물체의 움직임을 기술하는 첫 번째 단계처럼, 네트워크에서도 사람들이 모두 같다고 일단 가정할 때 설명되는 것들이 생각보다 많았던 겁니다.

네트워크 과학은 계속 발전하고 있습니다. 지금은 당연히 사람마다의 차이를 어떻게 정량적으로 네트워크 과학에 도입할지를 궁리합니다. 또한 두 사람이 얼굴만 아는 사이일 때 나는 저 사람을 안다고 해도 저 사람은 나를 모른다고 할 수도 있잖아요. 처음에 네트워크 과학은 그런 관계를 무시했지만 지금은 연구에 반영하고 있습니다. 또 서로 사랑하는 두 연인 중 한 사람은 다른 사람을 진짜로 사랑하는 반면 다른 사람은 별로 사랑하지 않을 수도 있잖아요. 그렇게 관계에 강도를 넣기 시작했습니다. 심지어는 관계가 시간에 따라 변하잖아요. 헤어지기도 하고 새로 만나기도 합니다. 이렇듯 시간에 따라 변화하는 네트워크 연구도 있습니다.

공기 저항을 무시한 자유 낙하에서 출발한 다음에 공기 저항도 넣는 것처럼, 실제 물체가 점이 아니라 어떤 모양을 갖는 것처럼, 실제 현상을 설명하기 위해서 모형을 더욱더 정교하게 만들려는 시도를 네트워크 과학도 계속 하고 있습니다.

강양구 그렇다면 김범준 선생님께서는 충분히 많은 데이터만 있다면 인간 행동이나 사회 현상을 사회 물리학, 네트워크 과학, 복잡계 과학, 통계 물리학이 근사적으로 잘 설명하리라는 전망을 갖고 계신가요?

김범준 그렇지는 않고요. 겸손이 아니라 솔직히 말씀드리면, 물리학으로는 사회 현상의 아주 작은 부분만을 설명할 수 있다고 생각합니다. 제게 데이터가 아무리 풍부하다고 하더라도 그것으로 설명되는 사회 현상은 굉장히 제한적이라고 봅니다.

아르키메데스는 지렛대와 받침점만 주면 지구를 움직이겠다고 했지요. 이때 지렛대만 있으면 안 되고 받침점도 있어야 하잖아요. 데이터가 있다고 하더라도 그중 상당수는 어떤 이론의 틀 안에서 봐야 할지 모르는 것들입니다. 데이터가 있다고 해서 사회 현상을 다 예측하기란 현 상황에서는 불가능에 가깝다고 생각합니다.

다만 이렇게 사회 현상을 설명하려는 통계 물리학의 활발한 시도가 자신의 분야를 침해한다고 정치학자나 사회학자, 경제학자 들께서 생각하시지는 않았으면 좋겠습니다. 같은 문제라도 다양한 시각에서 함께 보면 이전까지 몰랐던 새로운 사실을 발견할 가능성이 더 높아지지 않을까 생각하거든요. 통계 물리학의 시도를 배척하지 않고, 함께 이야기를 나누는 것이 앞으로 우리 사회에서 융합 연구가 훨씬 더 발전하는 방향이지 않을까요?

촛불 집회 참가 인원을 세는 가장 완벽한 방법

강양구　그렇다면 이번에는 통계 물리학을 사회 현상의 분석에 활용한 실제 사례를 갖고 이야기를 나눠 볼까요? 박근혜 대통령의 퇴진을 촉구한 2016~2017년 촛불 집회의 참가 인원 추산법을 놓고 김범준 선생님과 김상욱 선생님께서 여러 아이디어를 언론 인터뷰에서 말씀하셨습니다.

김범준　그때 촛불 집회에 시민들이 몇 분이나 모였는지 제 주변의 과학자들이 칼럼을 썼어요. 여기 계신 김상욱 선생님께서도 쓰시고, 성균관 대학교의 원병묵 교수도 쓰셨고요. 경찰이 추산한 수치와, 주최 측에서 추산한 수치의 차이가 너무 컸지요. 또 직접 참여한 분들이 체감한 것과도 동떨어져 있고요.

그때 한 방송사에서 제게 좀 더 체계적인 방법으로 집회 참가자의 수를 세게끔 과학자로서 도움을 달라는 연락을 해 왔습니다. 저 혼자는 자신이 없어서 주변의 많은 분과 함께 프로젝트를 진행했어요. 제가 크게 기여한 바는 없었습니다. 일은 팀원들이 다 했고요. 내부에서 저를 팀장이라 부르기는 했는데, 팀장이라 불리면서 역할을 조율하는 일 정도만 한 셈입니다.

말씀하신 대로 경찰의 추산 방식과 집회 주최 측의 추산 방식에는 큰 차이가 있습니다. 경찰에서는 순간 최대 인원을 셌어요. 반면 집회 주최 측에서는 총 참여 인원을 셌습니다. 도대체 몇 분이나 집회에 왔다 갔을지 센 것이지요. 당연히 경찰 측 추산도 맞고, 집회 측 추산도 맞을 가능성이 있습니다.

그때 도대체 몇 분이나 왔을지 세는 다양한 방법을 생각했는데요. 서울 시립대학교 물리학과의 박인규 교수가 아주 흥미로운 컴퓨터 프로그램을 단 1~2시간 만에 완성하셔서 깜짝 놀랐습니다. 밤에 찍은 촛불 집회 사진을 자동으로 분석해서 그 사진 안에 촛불이 몇 개 있는지를 세는 프로그램이었어요. 물론 그것만으로는 부족하지요. 촛불을 들지 않은 사람도 있으니까요. 그래서 촛불을 든 사람의 비율과, 촛불을 들지 않은 사람의 비율을 모형 안에 넣어서 순간 참여 인원을 계산합니다.

박인규 교수는 촛불을 들지 않은 사람의 수가 촛불을 든 사람보다 2배 많을 것이라고 가정하셨어요. 여담이지만 당시에 팀 내부에서는 촛불을 들지 않은 분들을 '암흑 물질'이라고 불렀습니다. (웃음) 있는데 보이지는 않으니까, 적당한 비유 같더라고요.

그다음에 김상욱 선생님이나 저, 또 다른 분들은 촛불 집회에 참가한 총 인원이 몇 명인지를 알 수 있는 다른 방법을 몇 가지 제시했습니다. 원병묵 교수는 집회 현장의 전체 면적이 얼마이고, 그중 몇 퍼센트를 유동 인구가 차지하는지를 계산하는 간단한 모형을 써서 유동 인구의 수를 추산하셨습니다. 제 팀은 광화문 인근의 지하철역에서 승하차하는 인원수가 평상시 토요일에 비해 얼마나 차이 나는지를 봤습니다. 간접적인 방법으로 집회 참여 인원을 추산할 수 있었어요.

강양구   저는 개인적으로는 그 방법이 가장 명확하지 않을까 생각했어요.

김범준   하지만 인근 지하철역 승하차 인원수의 차이를 곧바로 쓰기는 곤란했습니다. 여기에는 몇 가지 이유가 있어요. 다들 가 보셔서 알겠지만 집회 당일에 광화문으로는 버스가 못 들어오잖아요. 그래서 지하철을 타고 서울의 중심부로 오는 분들이 평상시보다 많았을 가능성이 있습니다.

또 다른 하나는, 지하철을 타고 광화문 인근에 온 분들이 모두 집회에 참여한 것은 아니잖아요. 그래서 설문 조사를 해서 이 두 가지를 조사하고, 설문 조사 결과를 반영해서 총 인원이 얼마나 될지 추산하는 작업을 했습니다.

얼마나 예측 못 하는지를 예측하는 이론

강양구   100만 촛불 추산법을 간단하게 소개하셨는데, 사회 물리학의 주제가운데 혁명이나 폭동을 연구한 논문이 있다고 알고 있습니다. 그런 연구도 함께 소개해 주시면 좋겠습니다. 또 통계 물리학자의 입장에서 2016~2017년 촛불 집회를 연구하신다면 특히 어느 부분에 관심을 두실지도 함께 이야기해 주시지요.

김범준　두 가지 연구를 소개해 드릴 수 있겠네요. 물리학자들은 이번 촛불 집회 같은 대규모 사회 현상이 시간이 지나면서 점점 규모가 커지는 것을 양의 되먹임으로 많이 생각합니다. 이번 주에 집회에 참가한 인원이 지난주보다 많았다면, 사람이 더 많아졌다는 이유 때문에 다음 주에는 이번 주보다 더 많은 인원이 참가하게 됩니다. 그래서 소규모로 시작한 집회가 대규모로 번지는 현상은 일종의 양의 되먹임으로 이해할 부분이 있습니다.

그런데 이번 주에는 몇 명이 왔으니 다음 주에는 몇 명이 올지 예측하거나, 촛불 집회 참여 인원수가 늘어났으니 앞으로 우리 사회에 어떤 변동이 일어날지 예측하는 일은 물리학의 영역이 아니라고 생각합니다. 설령 물리학자인 제가 그것을 이야기하더라도 그것은 물리학과는 아무 상관이 없는 제 개인적인 바람이나 신념이고요. 현재 격변기에 있는 우리 사회가 어떤 방향으로 나아갈지를 통계 물리학자들이 말할 수는 있지만, 그것은 통계 물리학과 관계가 없다는 생각을 합니다.

강양구　이번 촛불 집회에 굉장히 많은 사람이 모였잖아요. 복잡계 연구를 하시는 입장에서 이런 지점을 연구해 보면 어떨까 하는 아이디어는 없으셨나요?

김범준　구체적인 아이디어는 없었는데요. 어떻게 인원수가 시간이 지나면서 늘어나는지는 물론 굉장히 큰 관심사입니다.

앞에서 창발 현상을 조금 이야기했지요. 각각의 구성 요소에서는 보이지 않던 현상이, 그 구성 요소가 많이 모여서 이룬 커다란 계에서는 양질 전환처럼 새롭게 나타나는 것을 창발 현상이라고 합니다. 그런 면에서 저도 개인적으로 이번 촛불 집회를 흥미롭게 보고 있습니다.

인류 사회 구성원 중 3.5퍼센트 이상이 지치지 않고 끊임없이 어떤 활동을 지속하면 결국 사회에 큰 변화를 만들 수 있다고 합니다.

과거의 어떤 연구에 따르면, 인류 사회 구성원 중 3.5퍼센트 이상이 지치지 않고 끊임없이 어떤 활동을 지속하면 결국 사회에 큰 변화를 만들 수 있다고 합니다. 과거의 데이터를 갖고 이야기한 논문도 있기는 있었습니다.

통계 물리학의 연구를 지금 우리의 정치 현실에 곧바로 적용할 수는 없습니다. 다만 이런 연구들이 있기는 있어요. 통계 물리학에서는 투표자(voter) 모형이라는 수학 모형이 있습니다. 의사 소통을 통해서 여러 사람의 의견이 하나로 수렴해 가는 과정을 나타내는 모형인데요. 다들 마찬가지일 겁니다. 사람이 특정한 정치 성향을 가지는 데는 주변에 그 성향을 가진 이들이 얼마나 많은지에 강하게 영향을 받습니다.

앞에서 이야기한 3.5퍼센트의 법칙은 통계 물리학에서는 이런 상황으로 생각해 볼 수 있습니다. 투표자 모형 안에 절대로 자신의 의견을 바꾸지 않는 극히 일부의 사람이 있다는 겁니다. 그들이 자신의 생각을 바꾸지 않고 꾸준히 유지할 때, 시간이 지나면서 사회 전체가 그들의 의견으로 몰려가는 비율이 어떻게 될지는 수학적이고 이론적인 모형의 테두리 안에서 살펴볼 수는 있겠지요. 그런데 그것이 실제 한국 사회에 적용될지는 잘 모르겠습니다.

이명현 촛불 집회가 확대되면서 사람들이 많이 몰려나오기 시작하고, 시간이 지나면서 문화적인 현상들이 발생했잖아요. '블랙 텐트'도 세워지고, 구호도 바뀌고 자발적으로 그림을 그려서 시민들에게 나눠 주는 식으로 집회에 참여하는 예술가들도 생겨났습니다. 경찰 버스에 스티커를 붙이기도 했고요. 저는 문화적인 창발 현상이 생겨난 것이라 보는데, 통계 물리학이 확대되면 이런 현상들도 수용해서 이야기해 볼 수 있지 않을까요? 어느 임계점을 넘어서면 이런 현상이 발생한다는 식으로 말입니다.

김범준 '그때 이런 일이 있었으니까 큰 변화가 만들어지지 않았을까?'라고 사후에 이야기하기는 어렵지 않겠지만, 통계 물리학이 사회 현상을 예측하기는 쉽지 않다는 생각이 들어요. 낙관적으로 볼 정도는 아닌 것 같습니다. 물론 현상이 지난 다음에 통계 물리학으로 분석해 볼 수는 있겠지만요.

김상욱 그런데 과학은 예측 가능성이 굉장히 중요하잖아요. 앞에서 카오스 이야기가 나왔지요? 우리가 날씨를 예측할 수 없는 이유는 날씨가 카오스 계이기 때문이라고 이야기합니다.

복잡계 과학의 예측이 카오스 이론의 예측보다 나을 것 같지는 않아요. 카오스 이론으로 예측하지 못한 것을 지금 갑자기 복잡계 과학으로 예측할 수 있다는 뜻은 아닐 테고요. 어떤 식으로 예측을 이야기할 수 있습니까?

김범준 굉장히 중요한 질문입니다. 많은 사람이 복잡계 연구에 대해 오해하는 것이 하나 있습니다. 복잡계를 연구하는 사람들은 주식 시장도 연구합니다. 그렇다면 어떻게 주식으로 돈을 벌 수 있는지 아느냐고 물어보거든요.

카오스 연구도 마찬가지입니다. 제가 좋아하는 표현이 하나 있어요. 카오스 연구는 얼마나 예측을 못 하는지를 예측합니다. 즉 삼성전자의 주식이 구체적으로 내일 오를지 내릴지를 예측하는 것이 아니라, 삼성전자의 주가가 하루 동안 몇 퍼센트 안에서 변동했다면 1년 후에는 변동 폭이 얼마나 될지 예측하는 겁니다. 불확실한 정도를 예측하지, 방향을 예측하기는 상당히 어려워요.

복잡계 과학도 그렇습니다. 얼마나 불확실한지는 예측할 수 있지요. 그 계를 설명하는 기본적인 운동 방정식이 있다면 가능하지만, 실제 사회 현상은 그런 방정식에 따라 움직이지 않는 경우가 너무나도 많잖아요. 정량적인 방법을 통한 예측은, 솔직히 말하자면 과학자가 하기에는 위험하지 않나 생각합니다.

강양구　하지만 야망이 그보다도 더 큰 복잡계 과학 연구자도 있는 듯합니다. 복잡한 현상의 패턴을 확인하면 약간의 예측까지도 가능하다는 비전을 갖고 있는 것이지요. 예를 들어 『사회적 원자』의 저자인 마크 뷰캐넌이 대표적일 텐데요.

김범준　복잡한 현상의 패턴을 이해하면 우리 사회에 도움이 되리라는 것은 분명합니다. 그런데 그것을 예측이라 할 수 있을까요? 예를 들어 과거의 데이터를 보면 우리나라에 지진이 어떤 패턴으로 일어났는지 명확히 보입니다. 이 데이터를 갖고 "역사적으로 우리나라에서 진도 7 이상의 지진이 일어날 확률은 얼마다."라고는 확실히 말할 수 있습니다. 그렇지만 1개월 내에 진도 7 이상의 지진이 일어나리라고 예측하는 것은 전혀 다른 문제입니다.

　그럼에도 불구하고 패턴에 대한 이해는 굉장히 중요하다고 봅니다. 다시 지진 이야기로 돌아가겠습니다. 과거 한반도에서 일어난 지진을 전부 분석해 봤더니 진도 7의 지진은 10년에 한 번 일어났다고 가정합시다. 그러면 당연히 건물을 지으면서 내진 설계를 탄탄히 해야겠지요. 그런데 만약 진도 7의 지진이 1만 년에 한 번 일어났다고 합시다. 그러면 100년 동안 유지할 건물을 지으면서 진도 7의 지진을 대비한 내진 설계를 할 필요는 앞의 경우에 비해 줄어들 겁니다. 위험에 대비해야 하는 경우에는 당연히 패턴을 이해하는 것이 중요합니다. 그렇다고 개별 지진을 예측할 수는 없지만요.

강양구　하지만 1만 년에 한 번 일어나는 사고에 대비한다고 하더라도 핵발전소 사고처럼 우발적으로 일어나는 일도 있습니다. 그것은 전혀 다른 영역이고요.

김상욱　이는 통계 자체의 속성 같습니다. 사후에 설명한다는 이 속성이 일반적인 물리학의 예측 가능성과는 다르지요. 그 때문에 공격을 받는다고 생각합니다. 경제학이 받는 것과 같은 공격을 통계 물리학도 받는 것이겠네요. 경제학도 경제 위기를 예측하지 못하고, 경제 위기가 다 지난 다음에 왜 위기가 왔는지를 설명하곤 하니까요.

사람이 그린 경계를 넘어서

강양구　그런 사후 작업을 김범준 선생님께서도 몇 가지 흥미롭게 하신 것으로 기억합니다. 지난 18대 대통령 선거 득표율 지도도 만드셨는데, 선거가 끝난 뒤에 이런 지도를 만드신 이유는 무엇이었나요?

김범준　득표율 지도 작업을 제가 처음 한 것은 아닙니다. 미국 미시건 대학교 교수 마크 뉴먼(Mark Newman)이 미국의 대통령 선거 결과를 미국 지도에 아주 흥미롭게 표현하는 기법을 만들고 논문으로 낸 바 있습니다.

　보통 지도는 땅의 면적에 비례하게끔 만듭니다. 서울은 실제 면적이 얼마이니까, 축척에 맞춰서 지도 위에서는 이만큼으로 그려요. 그것이 지도이니까요. 그런데 뉴먼은 지도상의 면적을 실제 땅의 면적이 아니라 주민의 수에 비례해서 그리자는 제안을 했습니다. 이를 카토그램(cartogram)이라고 부릅니다.

강양구　우리나라는 수도권이 엄청나게 커지겠네요.

김범준　맞습니다. 우리나라 지도를 카토그램으로 그려서 보면 수도권이 우리나라의 절반 크기로 보입니다. 수도권의 인구가 우리나라 인구의 절반을 차지하니까요. 득표율을 일반적인 지도에 표시하면 정보가 왜곡됩니다. 2017년 기준으로 서울의 유권자 수는 840만 명가량 됩니다. 그렇지만 우리나라 국토에서

서울이 차지하는 면적은 작잖아요. 그래서 선거 결과를 실제 지도 위에 그리면 오히려 정보가 왜곡됩니다.

키토그램 형식으로 표현하면 서울이 커지고, 시각적으로 명확하게 정보를 전달합니다. 즉 시각적으로 올바른 지도 위에 그리면 정보가 왜곡되고, 시각적으로 왜곡된 지도 위에 그리면 정보가 명확하게 보이는 겁니다. 저는 이것이 재미있었어요.

김상욱 재미있기는 한데, 지도를 그리는 문제는 물리학보다는 지리학, 인문학 같다는 느낌이 드네요.

김범준 사실 저는 이런 연구가 어떻게 분류되는지에 관심이 없어요. 제가 말씀드리고 싶은 것은 따로 있습니다. 밖에 나가서 하늘을 보면 구름이 떠 있습니다. 저것은 구름이고 저것은 하늘이며, 구름은 어느 분야에서 연구하고 하늘은 어느 분야에서 연구해야 한다고 가를 수 있습니다.

그런데 그것은 사람이 만든 기준이에요. 제가 관심을 갖는 대상을 더 잘 이해할 수 있다면 제 연구가 물리학이라 불리지 않아도 좋습니다.

이명현 제가 인문학자 친구들을 만날 때 이런 태도를 항상 이야기합니다. 과학이라고 선을 긋지 않고 그냥 연구하면 되지요. 사람을 대상으로 하면 인문학이니까 인문학에서 연구해야 한다고 이야기하기도 하지요. 분류에 너무 집착하는 경향이 있습니다.

강양구 그렇지만 대학은 분과 학문 체계로 이루어져 있지요. 한국 물리학회만 하더라도 여러 분과로 나뉘어 있고, 김범준 선생님과 김상욱 선생님 모두 각자 소속된 분과가 있잖아요. 그런 한계일 수도 있겠다는 생각이 듭니다.

통계 물리학자가 분석하는 표심이란?

강양구　기왕에 대통령 선거 이야기가 나온 김에, 2017년에 제19대 대통령 선거가 있지요. 박근혜 대통령이 탄핵이 되든 되지 않든 대통령 선거는 2017년에 치러질 텐데, 혹시 선거에 맞춰서 계획하고 계신 연구나 아이디어가 있나요?

김범준　2017년 대통령 선거는 아니지만, 대선과 관련해서 현재 제 지도를 받는 대학원생과 같이 하는 연구 주제가 하나 있습니다. 과거 우리나라의 대선 결과들은 중앙 선거 관리 위원회에서 누구나 내려받을 수 있습니다. 또 인구 이동 자료도 있습니다. 예를 들어 1975년에 몇 명이 전라남도에서 경상북도로 전입, 전출을 했는지 알 수 있지요. 이 자료들을 함께 살펴보면 과거 대선 결과의 추이를 일정 부분 설명할 수 있지 않을까 생각해 봤습니다.

　예를 들어 서울의 남서부에서는 전통적으로 민주당계 정당의 지지율이 높습니다. 그런데 그 이유가 1970~1980년대에 민주당계 정당의 지지율이 높은 우리나라 특정 지역에서 이곳으로 많이 이주해 왔기 때문이라는 이야기를 언뜻 들었어요. 그것이 맞는지 틀린지를 실제 자료를 통해서 살펴볼 수 있지 않을까요? 따라서 과거 대선을 우리나라 인구 이동과 견줘서 이해할 수 있는지를 연구하기도 했습니다.

이명현　세대 간 이동도 한번 보시면 좋겠네요. 시간과 장소의 이동을 말씀하셨는데, 시간이 흐르면서 투표권이 없던 세대가 투표권을 갖는 것까지 함께 보시면 더욱 입체적이지 않을까 생각합니다.

김범준　예. 맞습니다. 아주 좋은 이야기이네요.

강양구　자연 과학과 사회 과학의 경계에 끼어 있는 박쥐 같은 제가 이 이야기를 듣다 보니 인구학이 떠오릅니다. 요즘 사회 과학 분야에서 뜨는 분야 중 하나이지요. 사람이 태어나고 죽고 이동하는 것이 사회에 어떤 변동을 주는지를 연구하는 학문인데, 연구자가 요즘 늘고 있다고 합니다. 지금 김범쥰 선생님께서 관심을 갖고 계신 주제들은 인구학자들과 협업하면 의미 있는 성과가 나오겠다는 생각이 드네요. 그분들이 전통적으로 갖고 있는 방법론, 또 연구 결과를 해석하는 노하우도 있을 테니까요.

김상욱　이번 대통령 선거를 앞두고 선거 결과 예측에 제일 관심이 갈 것 같습니다. 차기 대통령은 누가 될 것인지를 예측하려고 곧 여론 조사를 할 텐데 최근에는 여론 조사가 자꾸 틀리잖아요. 정확한 예측은 물론 어렵겠지만요. 여론 조사가 점차 틀리는 것으로 유명해지고 있는데 그 이유가 무엇일지, 좀 더 정확하게 예측하려면 어떻게 하면 좋을지, 통계 물리학자로서 말씀을 해 주실 수 있을까요?

김범준　다들 아시겠지만 전통적인 여론 조사는 편향되지 않은 결과를 얻기가 상당히 어렵습니다. 예를 들어 유선 전화로 데이터를 수집하느냐, 무선 전화로 수집하느냐에 따른 차이도 있습니다. 어떻게 표본을 추출할지를 놓고도 여러 요인 때문에 편향된 결과, 잘못된 결과를 얻을 여지가 있습니다.

강양구　자신의 속마음을 드러내지 않고 숨어 있는 이른바 샤이 지지층을 여론 조사가 잡아내지 못하잖아요.

김범준　맞습니다. 여론 조사를 많이 하다 보니 사람들도 굳이 자신의 속마음을 드러내지 않는다고 불이익이 있지는 않다는 것을 잘 압니다. 여론 조사를 신뢰하기가 어려워서 요새 우리나라에서 활발히 하지는 않지요.
　외국에는 자신의 마음을 명시하지 않아도 그 사람의 자연스러운 행동들을 빅 데이터로 모아서 여론 조사를 대체하는 시도가 이뤄지고 있습니다. 대표적인 것이 예측 시장입니다. 제가 알기로는 미국에서 계속 진행되고 있는데요. 가상의 시장을 만들어서 차기 대통령 후보들을 주식으로 거래할 수 있게끔 하면 상당히 예측력이 있다는 결과를 본 적이 있습니다. 또 구글에서 검색한 횟수를 살펴볼 수도 있습니다. 이 데이터를 곧바로 쓰기는 곤란하겠지만, 좀 더 정교하게 분석해서 여론의 변화 추이를 살펴볼 수 있겠다는 생각도 합니다.

그런데 이것들도 사실 미래를 예측하는 것은 아니고 현재를 아는 것이지요. 이 부분은 조심해야 합니다.

김상욱   여기에서 나온 분석이 실제 결과에 영향을 주잖아요. 사람들이 이 데이터를 보고 '이 사람이 이렇게 인기가 좋아?'라면서 결정을 하게 되기도 하고요. 자기 생각을 바꿀 수도 있기 때문에 미묘한 문제이겠네요.

강양구   맞아요. 그리고 여론 조사를 이용해서 부를 축적하는 사람도 있지요. 좋게 쓰면 전염병이 어느 지역에서 얼마나 빠르게 전파되는지를 확인하는 도구가 되지만, 나쁘게 쓰면 여론을 조작하는 도구가 되기도 합니다. 양가적인 측면이 있는 셈이에요.

통계 물리학자의 주식 투자 대모험

강양구   기왕에 주식 이야기가 나왔으니, 독자들께서 분명 관심 있을 이 질문을 드리지 않을 수 없네요. (웃음) 김범준 선생님께서는 주식에 투자하십니까?

김범준   하다가 말았습니다.

강양구   통계 물리학자로서 자신감을 갖고 시작하셨겠지요. 실제로 수익은 내셨나요?

김범준　과거 우리나라의 주가 데이터 수십 년 치를 모았습니다. 이미 눈치를 채셨겠지만 개별 주가의 변동을 잘 분석하면 미래의 주가 추이를 알 수 있다고 생각하고 연구하는 통계 물리학자는 거의 없습니다. 반면에 '어떤 회사의 주식을 사서 갖고 있으면 미래에 수익률이 떨어지는 위험을 줄일 수 있을까?'라는 물음은 구체적이고 과학적이지요.

강양구　사실 그 질문의 답은 그 자체로 굉장히 중요한 투자 팁이잖아요?

김범준　맞습니다. 예를 들어 두 회사의 주가가 항상 같이 오르고 같이 떨어진다면, 두 회사의 주식을 같이 사지 않고 하나만 골라 살 수 있어요. 한편 이들 회사의 주가가 떨어질 때 반대로 주가가 오르는 회사의 주식을 갖고 있으면 헤지(hedge)가 되어서, 즉 어떤 자산에 투자해서 얻은 손실만큼을 다른 자산에 투자해서 얻은 이익으로 상쇄시킴으로써 미래의 불안정성에 대비할 수 있습니다.

그래서 제가 과거 데이터 수십 년 치를 모아서 어떤 묶음을 만들어야 하는지를 찾았습니다. 과거 데이터에 적용해 보니, 제 전략대로 투자했더라면 매년 수익률이 상당히 좋았을 것이라고 나오더군요.

강양구　주식 투자의 마스터 법칙을 찾으셨네요.

김범준　예. 그래서 '이것으로 됐다.' 생각했지요. 그때 약간 무리해서 투자를 시작했습니다. 이미 눈치를 채셨겠지만 저는 제 프로그램을 돌립니다. 한 달에 한 번 돌리면, 예를 들어 프로그램이 37번째 회사의 주식을 팔고 35번째 회사의 주식을 사라는 정보를 줍니다. 회사 이름도 잘 몰라요. 그냥 프로그램의 정보대로 주식을 사고팔았습니다. 1년 후에 수익률을 봤더니 안 좋아요.

그래서 제 주변에 주식 투자 관련 일을 하는 물리학과 동기를 만나서 털어놓았어요. "내가 향후 30년 동안은 분명히 수익률이 좋을 전략을 찾았다고 확신해서 주식 투자를 해 봤는데 잘 안 되더라."라고 말입니다.

강양구   1년이라는 기간이 너무 짧았던 것 아닐까요?

김범준   당시 주식 시장에 뭔가 특이한 점이 있었는지도 같이 물어봤습니다. 그러자 친구가 그해 주식 시장이 정말 특이했다고 답하더라고요. 덧붙여서 주식 투자를 하다 보면 매년 특이하다고도 하고요. 그렇게 1년 투자하고는 접었습니다.

그로부터 2년 뒤에 주식 투자 전략을 업데이트한 프로그램으로 다시 도전해 봤습니다. 이번에는 수익률이 나쁘지 않았어요. 그런데 앞에서 말씀드린 제 동기의 회사 수익률이 더 좋더라고요. 그래서 제 투자 방식을 포기하고 그 회사에 투자를 위임했습니다. 그 회사의 투자 수익률이 요새는 내리막이네요. 제가 뭘하면 안 되나 봐요.

김상욱   오늘 하신 말씀에 신빙성이 전부 떨어지는 것 같은데요? (웃음)

강양구   주식 투자의 장점도 있어요. 주식 투자를 하면 경제에 관심이 생기거든요. 그것을 위안 삼아서 푼돈을 갖고 조금씩 투자를 합니다. 그런데 주식에 투자하는 제 친구들 사이에서 제 별명이 '마이너스의 손'이에요. 투자를 하면 주가가 떨어지고, 주식을 팔면 꼭 올랐거든요. (웃음)

『세상물정의 물리학』에는 흥미로운 연구 결과도 있지만, 손실을 본 주식 투자 선배로서 김범준 선생님께서 이런저런 조언도 하셨지요. 한번 읽어 보시면 재미있을 겁니다.

김범준 '어떤 주식을 사서 모을까?'라는 질문은 네트워크와 관계가 있어요. 주가가 이렇게 변동하는지 보면서 주식 사이의 네트워크 구조를 만들 수 있습니다. 이때 '네트워크 구조 안에 놓인 주식들을 잘 보고, 어느 위치에 있는 주식들을 모아서 투자 포트폴리오를 만들면 수익률이 더욱 안정적일까?'라는 질문은 과학적이지요.

'어떤 회사의 주식을 사서 갖고 있으면 미래에 수익률이 떨어지는 위험를 줄일 수 있을까?'라는 물음은 구체적이고 과학적이지요.

이명현 주가의 추이를 잘 추적하면, 주가를 조작하려는 움직임을 감지하는 데도 응용할 수 있을 것 같아요.

김범준 맞습니다. 상식적으로 이해되지 않는 움직임을 찾아낼 수 있겠지요.

강양구 김범준 선생님께서 주식 투자를 이야기하시면서 눈을 반짝반짝 빛내시는 것을 보니, 아직 미련을 버리시지 못했군요.

과학이 사회를, 사회가 과학을

강양구 수다를 마무리하기 전에, 김상욱 선생님이나 이명현 선생님께서는 꼭 이 자리에서 짚고 넘어가야 하는 이슈 있으신가요?

이명현 통계 역학은 복잡계 네트워크의 패턴을 찾아내는 데, 또한 지금 우리가 어떤 곳에 놓여 있는가를 보여 주는 데 탁월하잖아요. 앞에서 예측을 갖고 논쟁을 했는데, 저는 예측이라는 말보다는 반영이라는 말을 쓰면 어떨까 생각했습니다.

　앞에서 학교를 배치하는 문제도 이야기했지요? 학교가 잘 배치되어 있다면 그대로 유지하자고 주장할 수 있습니다. 반면 잘 배치되어 있지 않거나 정치적으로 올바르지 않게 배치되어 있다면, 개선하자고 주장하는 근거가 될 수 있고요. 그런 면에서 김범준 선생님께서 자신의 연구 성과를 좀 더 공격적으로 제안하셔도 좋겠다는 생각을 했습니다.

강양구　그것이 과학 활동이 갖는 중요한 함의라고 생각합니다. 김범준 선생님께서는 과거의 데이터로 어떤 패턴을 보여 주기만 할 뿐이라고 말씀하셨지요. 그런데 김범준 선생님께서 보여 주신 패턴이 논문이나 언론을 통해서, 혹은 『과학 수다』를 거쳐서 사람들에게 알려지고 동기를 부여해서 행동을 이끌거든요.

이명현　예. 과학자는 여러 방식으로 사회 참여를 할 수 있습니다. 개인적으로 또는 정당을 통해서 할 수도 있습니다. 그런데 저는 과학 활동을 통해서 과학자가 사회에 참여하는 좋은 예를 김범준 선생님께서 보여 주셨다고 생각해요.

강양구　그러면 제가 마지막 질문을 드리겠습니다. 10~20년 후에도 김범준 선생님께서는 여전히 통계 물리학자로 살고 계시겠지요, 주식 투자에 성공하셔서 떼돈을 버시지 않는 한은?

김범준　어떻게 아셨어요? (웃음)

강양구　그렇다면 10년 후에는 어떤 연구를 하고 계실까요?

과학 활동을 통해서 과학자가 사회에 참여하는 좋은 예를 김범준 선생님께서 보여 주셨다고 생각해요.

김범준　저는 장기적인 전망을 갖고 연구 주제를 택하는 사람은 아니에요. 10년 후에 제가 어떤 연구를 하고 있을지는 저도 전혀 모르겠습니다. 그렇지만 분명 10년 뒤에도 제가 재미있다고 생각한 연구를 하고 있을 겁니다.

김상욱　그때도 주식 투자 연구를 하고 계시지 않을까요? (웃음)

강양구　그러면 김범준 선생님께서 계속 재미있는 연구를 하시려면 주식 투자를 계속 실패하셔야 하는 슬픈 결론이 나오네요. 평소에 악역을 맡다가 오늘 유난히 호의적이시던 김상욱 선생님께서는 무엇을 마지막으로 짚으시겠습니까?

김상욱　제가 복잡계에서 제일 궁금한 것 중 하나는 생명 현상입니다. 앞에서 나온 이야기들이 워낙 흥미진진해서 따로 이 주제를 이야기할 기회가 없었어요. 물론 김범준 선생님의 연구 분야가 아닐 수도 있지만, 어쨌든 생명 현상은 물리학자들이 가장 어려워하고, 해결하지 못한 물리 현상, 자연 현상이잖아요. 복잡계 연구자로서 생명 현상에 대해 하실 말씀이 있다면 듣고 싶습니다.

김범준　생명 현상도 분명 복잡계가 갖고 있는 창발 현상으로 말씀드릴 수 있습니다. 생명체를 구성하는 원자 하나하나의 속성으로 생명을 이해하기란 어렵잖아요. 그럼에도 불구하고 원자들이 모여서 생명을 만듭니다. 따라서 구성 요소로 환원할 수는 없지만 구성 요소 없이는 불가능한 대표적인 창발 현상이라는 말씀 정도는 드릴 수 있겠네요.

생명 현상은 물리학자들이 가장 어려워하고, 해결하지 못한 물리 현상, 자연 현상이잖아요

　복잡계 연구자들은 생명 현상뿐 아니라 뇌에도 많은 관심을 보여요. 그중에서도 사

람의 의식이 대체 어떤 의미인지, 그렇다면 사람의 마음은 우리 뇌를 구성하는 수많은 신경 세포의 상호 작용을 통해서 어떻게 만들어지는지를 많이들 궁금해합니다. 이 연구는 활발히 이뤄지고 있기는 한데, 현 단계에서는 크게 봐서 복잡계라는 틀에서 생명 현상을 설명할 수 있다는 말씀을 드리기가 어렵습니다. 다만 생명 현상이 복잡계라고는 분명히 말씀드릴 수 있습니다.

강양구 이제 수다를 마칠 시간입니다. 많은 사람들이 과학과 사회를 이분법으로 생각하려는 경향이 있다는 말씀을 여러 차례 했지요. 과학을 알면 사회를 좀 더 잘 설명할 수 있고, 사회를 잘 알아야 과학이 던지는 통찰을 유용하게 쓸 수 있다는 이야기였습니다. 이는 여러 번 변주되면서 다양하게 나와 있지요.

직접 최첨단의 현장에서 사회를 보면서 과학을 연구하는 김범준 선생님을 모시고 오늘 여러 흥미로운 이야기를 들었습니다. 특히 통계 물리학이라는 알쏭달쏭한, 새롭다고는 할 수 없지만 대중에게는 생소했을 학문이 무엇인지 명확하게 알아보는 시간이었습니다. 김범준 선생님, 오늘 나와 주셔서 감사합니다.

더 읽을거리

● 『**세상물정의 물리학**』(김범준, 동아시아, 2015년)
  통계 물리학자 김범준 교수가 세상을 보는 방법.

● 『**사회적 원자**』(마크 뷰캐넌, 김희봉 옮김, 사이언스북스, 2010년)
  세상만사를 통계 물리학의 시선으로 설명하려는 야심찬 시도.
  뷰캐넌의 작업을 김범준 교수가 어떻게 비판적으로 계승 발전시켰는지를 살펴보자.

● 『**정재승의 과학 콘서트**』(정재승, 어크로스, 2011년)
  통계 물리학을 국내에 널리 알린 책. 김범준 교수의 책과 비교하면서 보면 재미있을 듯하다.

3

과학과 여성

여성으로
과학한다는 것

오늘의 우주 날씨입니다.
오늘 밴앨런대가 활발하여서
인공위성 운전하실 때
주의하셔야겠네요.

황정아

한국 천문 연구원
우주 과학 본부
책임 연구원

강양구

지식 큐레이터

김상욱

경희 대학교
물리학과 교수

이명현

천문학자·과학 저술가

1957년 우주로 쏘아 올려진 스푸트니크 1호는 우주 시대의 서막을 열어젖히는 신호탄이었습니다. 이후 수많은 인공 위성이 우주를 향해 날아올랐으며, 우리나라 또한 많은 과학자의 연구 끝에 1992년 우리별 1호를 시작으로 여기에 가세했지요. 이렇게 한국의 우주 과학 발전사를 새로 써 온 장본인 중 하나가 바로 오늘 「과학 수다 시즌 2」의 초대에 응해 주신 우주 환경 분야의 전문가, 한국 천문 연구원의 황정아 박사입니다.

그러나 황정아 박사가 말하는 한국 과학계의 여건이 낙관적이지만은 않습니다. 당장 연구 인력이 부족한 탓에 한 사람이 여러 연구를 동시에 수행해야 하는 문제도 있지요. 그것만으로 모자라, 여성 과학자들이 제 능력을 발휘하지 못하게끔 '유리 천장'이 이들을 가로막는다는 문제 또한 있습니다. 세 아이의 엄마이자 우주 환경 연구자, 여성 과학 기술인 멘토로 바쁘게 활동하는 황정아 박사는 여성이라는 이유로 겪어야 하는 불공정한 구조를 지적하면서도 과학을 권한다는 말을 전합니다. 황정아 박사의 솔직하고 대담한 고백을 들으며 우리의 현실을 바꿔 나갈 방법을 함께 고민해 봅니다.

어떻게 모를 수가 있어요?!

강양구　2017년에는 미국 우주 개발에 크게 공헌한 여성 기술자와 과학자의 이야기를 다룬 영화 「히든 피겨스(Hidden Figures)」(시어도어 멜피 감독, 2016년)가 큰 화제였지요. 오늘은 비슷한 문제 의식을 갖고 활약을 펼치고 있는 국내 여성 과학자 한 분을 이 자리에 모셨습니다. 한국 천문 연구원의 우주 과학 본부 책임 연구원인 황정아 박사입니다. 안녕하세요?

황정아　안녕하세요. 한국 천문 연구원의 황정아입니다.

강양구　사실은 좀 어색해요. 알고 보니 황정아 선생님께서 제 고등학교 동기이더라고요. (웃음) 의아해하실 독자 여러분을 위해 설명하자면, 황정아 선생님과 제가 몇 주 전에 네이버 오디오클립 「책걸상」에서 호프 자런(Hope Jahren)의 『랩걸(*Lab Girl*)』(김희정 옮김, 알마, 2017년)로 2시간 동안 수다를 떤 적이 있어요. 그런데도 서로 고등학교 동기인 줄을 알아보지 못했거든요.

김상욱　황정아 선생님께서 모르신 것은 이해할 수 있어요. 그런데 강양구 선생님께서 어떻게 모를 수가 있어요. (웃음) 과학고에는 여학생 수가 많지 않잖아요. 남학생들보다는 더 눈에 띄었을 텐데요.

강양구　이제는 독자 여러분께서 '강양구가 과학고를 나왔다고?'라고 놀라시겠는데요? (웃음) 황정아 선생님께서 우리나라 과학 교육의 성공 사례라고 생각하시면 되겠네요.

김상욱　과학을 위해서 과학고에 여학생들이 더 많이 진학해야 해요.

강양구　맞습니다. 제가 뿌듯하고 자랑스럽네요. 반갑다, 동기야.

황정아　나도 반가워.

강양구　김상욱 선생님, 이명현 선생님과 함께 고등학교 동기 둘이서 오늘도 재미있게 수다를 떨어 보겠습니다.

플라스마를 알아야 우주로 나갈 수 있다

강양구　한국 천문 연구원의 황정아 박사를 모시고 「과학 수다 시즌 2」를 진행하고 있습니다. 혹시 1999년부터 2000년까지 SBS에서 인기리에 방영된 드라마 「카이스트」를 기억하시나요?

이명현　기억합니다. 강성연 씨와 고 이은주 씨가 나온 드라마였지요.

강양구　「카이스트」는 두 가지로 주목을 받았습니다. 그전까지는 이공계 대학생들을 주인공으로 내세운 드라마가 없었잖아요. 대학 캠퍼스와 대학생들을 낭만적으로 묘사한 드라마가 있기는 했습니다마는, 비교적 현실에 가깝게 이공계 대학생들을 그린 드라마는 해외까지 통틀어 봐도 드물었던 것 같습니다. 그 드라마를 보면서 카이스트와 이공계에 환상을 품은 10대들이 많았던 것으로 기억해요. 저는 당시에 이미 생물학을 전공하고 있었고요.

이명현　심지어는 등장 인물의 이름도 기억나요. 그런데 강성연 씨가 연기한 민경진이라는 학생이 황정아 선생님을 모델로 만들어졌다고 들었습니다. 진짜인가요?

황정아 저도 졸업한 지 한참 지나서 한국
천문 연구원으로 온 후에야 그 이야기를 들
었습니다. 카이스트 인터넷 홈페이지에 들어
가 보니, "드라마 「카이스트」의 실제 롤 모델
이었던 황정아 박사는 한국 천문 연구원에
근무하고 있다."라고 적혀 있더라고요. 그것
을 보고서 비로소 확신했습니다. 그전까지
는 심증만 있었어요. '그런 역할이라면 나와
비슷하구나.' 하고 생각했거든요. 정확히 말

강성연 씨가 연기한
민경진이라는 학생이
황정아 선생님을 모델로
만들어졌다고 들었습니다.

하자면 제가 속해 있던 실험실의 선배들이 시나리오 작업에 참여한 겁니다.

강양구 「카이스트」에 나오는 인공 위성 연구 센터(Satellite Technology
Research Center, SaTReC) 말씀이시지요?

황정아 예. 인공 위성 연구 센터는 카이스트 내에 있는 연구 기관입니다. 물리
학과 우주 과학 실험실 선배들이 그곳으로 파견되어 일하면서 시나리오 작업
을 같이 해서, 제게 익숙한 에피소드가 많았던 것으로 알고 있습니다. '선배들
이 참여해서 실제 생활과 많이 비슷하다 보니 익숙하네.' 생각했는데, 카이스트
에서 공증해 준 셈이지요.

강양구 황정아 선생님께서 실제로 인공 위성 개발로 연구를 시작하셨나요?

황정아 맞아요. 물리학자가 인공 위성을 만든다고 하면 모두들 고개를 갸우
뚱하세요. 저는 플라스마를 연구하는 물리학자입니다. 대학원에 진학하면서 실

험실을 선택하는데, 물리학의 여러 세부 분야 가운데에서 우주 플라스마 연구를 골랐어요.

플라스마라는 단어가 생소하실지 모르겠지만 실제로 우주의 99퍼센트는 플라스마 상태의 물질로 이뤄져 있습니다. 그래서 우주를 연구하려면 반드시 플라스마를 이해해야만 해요. 제 생각에는 물리학과에서 우주를 연구하는 것이 너무나도 당연한데, 사람들을 만나면 왜 물리학자가 인공 위성을 만드는 연구를 하는지 설명하게 되곤 합니다.

강양구　『과학 수다』 2권에서도 플라스마를 소개하기는 했지요. (『과학 수다』 2권 7장 참조) 상기하는 의미에서 플라스마가 무엇인지 소개해 주시지요.

황정아　일반적으로 많은 분이 기체와 액체, 고체라는 물질의 세 가지 상태는 잘 알잖아요? 플라스마는 물질의 제4의 상태라고 할 수 있습니다. 고체에 열을 가하면 액체가 되고, 액체에 열을 가하면 기체가 되지요? 이 기체에 열이나 특별한 조건을 더 가해 주면 이번에는 전기적인 성질이 변합니다. 즉 전기적으로 중성이던 기체 원자가 전자와 양성자로 분리되면서 음(-)과 양(+)의 전기를 띠는 겁니다. 그런데 이렇게 내부적으로는 전기적으로 분리된 상태인데 전체적으로, 물체의 바깥에서 보면 전기적으로 중성을 띠고 있습니다.

우주를 꽉 채우고 있는 것은 이 전자와 양성자로 이뤄진 플라스마입니다. 이 플라스마 내부에는 입자들의 흐름이 있어요. 전하를 띤 입자들의 흐름은 곧 전류가 됩니다. 즉 우주 공간 안에 전류와 전압이 있고, 변화하는 전류는 자기장을 만들어요. 우주 공간을 채우고 있는 플라스마의 이 움직임을 제대로 이해하지 못하면, 반도체들로 이뤄진 인공 위성의 몸체는 우주에서 치명적인 손상을 입을 수도 있습니다.

인류의 꿈은 항상 우주로 더 멀리 나가 보는 것이었어요. 인류의 우주 여행을 준비하기 위해서는 반드시 우주 환경도 잘 이해하고 있어야 합니다. 그래야 우주 공간에 나갔을 때 제대로 동작할 수 있는 뭔가를 만들어 낼 수 있으니까요.

제가 한 일은 정확하게 우주 플라스마의 기본 성질을 이해하고 우주에서 일어나는 다양한 현상 중 무엇을 볼지 과학적인 목표를 설정하며, 이를 달성할 수 있도록 인공 위성을 기계적으로, 전기적으로 디자인하는 일입니다. 사실 인공 위성의 주요 임무를 설계하는 일은 전 세계적으로 물리학자들이 전담하고 있습니다. 인공 위성과 우주선, 로켓을 만드는 데 물리학과가 반드시 참여하는 이유가 여기에 있습니다.

강양구　제가 알아들은 대로 정리를 해 보겠습니다. 흔히 수소 기체의 분자 기호를 H_2로 표시하잖아요. 그런데 이 기체 상태의 수소에 열이나 다른 특수 조건을 가하면 수소 기체가 양이온 H^+와 전자 e^-로 분리되어서, 밖에서는 전하가 균형을 이룬 상태로 보이지만 실제로는 양이온과 음이온이 섞여서 전기적인 흐름이 생긴 상태가 되는 것이지요? 그것이 현재 우주의 상태라는 말씀이시고요.

황정아　맞습니다. 게다가 우리는 우주 공간 안에 살고 있잖아요. 그래서 사실상 전하의 흐름을 온몸으로 부딪치고 느낍니다. 지구인도 이미 우주인의 삶을 살고 있는 셈입니다.

김상욱　일단 태양도 플라스마이지요. 태양에서 나오는 것들도 플라스마이고요.

황정아　맞습니다. 태양에서 나오는 입자들도 이미 전하가 분리된 플라스마 상태예요. '태양에서 나오는 플라스마 물질이 지구에 어떤 영향을 미치는가?'는 제 연구 중에서

지구인도 이미
우주인의 삶을
살고 있는 셈입니다.

가장 큰 축을 이룹니다. 지구에 사는 이상 우리에게 가장 큰 영향을 미치는 천체는 태양입니다. 태양은 우리 삶의 가장 큰 원천이지요. 태양에서 흘러나오는 물질 중 무엇이 얼마나 지구에 도착하는지 등을 정량적으로 파악하는 일이 지구인에게는 굉장히 중요합니다.

강양구　그러면 지금부터는 본격적으로 황정아 선생님의 연구 경력 이야기를 해 볼까요?

한국의 인공 위성 개발사

강양구　황정아 선생님께서는 카이스트에서 2006년에 박사 학위를 받으실 때까지 10년간 카이스트에서, 그다음에는 한국 천문 연구원으로 옮겨서 연구를 하셨지요. 그렇다면 인공 위성 연구 센터에서 인공 위성을 개발할 때 우주의 상태가 인공 위성에 미칠 영향을 연구하신 것인가요?

황정아　당시에는 제대로 연구하기보다는 인공 위성 하드웨어의 개발에 집중하고 있었어요. 본격적인 연구는 인공 위성이 발사된 이후에나 가능했습니다.

　저 나름대로는 인공 위성을 만드는 일이 물리학과에서 가능한 여러 일들 중에서 가장 역동적이라고 생각했어요. 한번 생각해 보세요. 내가 직접 만든 물체가 우주로 날아가 나와 대화하는 일, 내가 살아 있다고 저 하늘의 위성이 내게 신호를 보내는 일, 이 신호를 분석해서 의미 있는 과학 자료를 만들어 내는 일을요. 당시에 우리나라 대학에서 해 볼 수 있는 몇 안 되는 멋진 일이라고 생각했습니다.

　실제로 물리학과에는 매력적인 분야가 너무 많았어요. 그래서 뇌과학, 비선형 카오스, 플라스마, 반도체, 광학 레이저를 연구하는 물리학과의 여러 연구실을 두루 직접 체험해 보고 나서 결론을 내려야 했습니다. 비교 체험을 위해서 이론 물리 연구실에도 잠깐 있었어요. 혹시나 제가 이론 물리학에 소질이 있는지 보려고요.

강양구   당시 김상욱 선생님께서 그중 한 연구실에 계셨지요?

황정아   네, 맞습니다. 제가 잠시 비선형 카오스 연구실에서 일한 적이 있었는데, 당시에 김상욱 선생님께서 연구실의 '랩장(lab長)'이셨지요.

강양구   비선형 카오스 연구실에는 몇 개월이나 계셨나요?

황정아   거의 한 학기 정도 있었어요. 그렇게 이 분야 저 분야를 두루 경험하고 나니, 실제로 눈앞에서 움직이는 역동적인 결과물을 만들어 내는 우주 과학 실험실이 제 적성에 가장 어울린다고 판단했어요. 실제로 우주로 보낼 인공 위성 하드웨어를 처음부터 끝까지 내 손으로 만드는 일이잖아요. 더구나 당시에 우리나라에서 인공 위성을 만들 기회가 많지 않았으니까요. 아마 카이스트 물리학과가 유일했을 겁니다.

이명현   그것이 우리별 프로젝트였지요?

황정아   제가 만든 위성이 우리별은 아니었어요. 우리별의 후속 위성이었지요. 혹시 여러분은 우리나라 최초의 인공 위성 이름이 무엇인지 아세요?

김상욱   우리별 아닌가요? (웃음)

황정아   예, 맞아요. 1992년에 쏘아 올린 우리별 1호입니다. 비록 당시의 인공 위성 제작 기술이 우리나라 것은 아니었지만 말이에요. 우리별 1호는 영국 서리 대학교에 우리나라 과학자들이 파견되어서 인공 위성 기술을 배운 후 국내로 들여와 만들었습니다. 당시에 영국으로 파견된 이들 중에는 제 물리학과 실험실 선배들도 있었어요. 물리학과와 전기및전자공학부, 항공우주공학과 대학원생들이 직접 가서 인공 위성을 만들었습니다.

그다음에는 인공 위성 연구 센터에서 위성을 자체적으로 만들었습니다. 그렇다고 해도 그때까지는 아직 우리별 1호와 비슷한 수준으로밖에 만들지 못했지만요. 하지만 외국의 도움 없이 우리 스스로의 힘만으로 국내에서, 우리별 1호를 그대로 따라 해서 우리별 2호를 만드는 것만도 어려운 일이었습니다. 그래서 당시에는 그 정도만으로도 만족했어요. 우리나라는 우리별 3호를 만들 때가 되어서야 완전히 독립적인 위성 기술을 자체 보유하게 되었다고 할 수 있습니다.

강양구 우리별 2호는 몇 년도에 쏘아 올렸나요?

황정아 1993년입니다. 연구실에서도 저보다 한참 연배가 위인 선배들이 우리별 1호와 2호, 3호의 개발에 참여했어요. 저는 그보다 한참 뒤에 연구실에 들어가서 우리별 4호의 개발부터 참여하기 시작했습니다.

우리별 4호라는 이름은 좀 생소하지요? 저희가 실험실에서 만들고 있던 때에는 우리별 4호이던 인공 위성의 이름이 발사 후에는 과학 기술 위성 1호로 바뀌었어요. 위성의 이름이 발사 이후에 바뀌는 일은 전 세계적으로도 빈번하게 있어요. 여기에는 여러 이유가 있습니다. 물론 정치적 이유도 있고요.

이후에도 과학 기술 위성 2호, 3호를 차례로 쏘아 올렸습니다. 이 인공 위성들은 모두 500~600킬로미터 상공에서 비행하며, 순수 과학 연구를 목적으로 하는 100킬로그램급 소형 위성입니다. 이 위성들을 저희는 과학 위성으로 분류하는데, 이 계보는 차세대 소형 위성 시리즈로 이어집니다. 과학 위성과 같은 소형 위성보다 규모가 좀 더 큰 1~3톤급 중형 위성도 있습니다. 일반적으로 익숙한 무궁화나 아리랑, 천리안 위성 등이 중형 위성입니다.

강양구　소형 위성의 실제 크기는 어느 정도 되나요?

황정아　100킬로그램급이면 보통 위성의 세로 높이가 100~150센티미터쯤 됩니다. 사람으로 치면 높이가 무릎에서 머리까지 올라오는 정도입니다. 그 위성들을 연달아 인공 위성 연구 센터에서 만들고 있어요.

많은 분이 위성을 만드는 곳에서 물리학자가 구체적으로 무슨 역할을 하는지를 물어 봐요. 저는 인공 위성에 올라가는 관측기인 탑재체를 설계하고 제작하는 일을 합니다. 집으로 따지면 건축 설계와 같아요. 어떤 목재를 쓸 것인지, 나무를 어떻게 자를 것인지 설계도를 그려야 사람들이 움직이잖아요.

그런 식의 전반적인 설계를 물리학자가 합니다. 이 인공 위성의 주요 과학 임무가 무엇인지, 임무를 수행하려면 어떤 탑재체가 필요한지, 어느 영역의 전자에너지를 보려면 어떤 방식의 감지 시스템을 선택할지 등을 치밀하게 계산하고 여러 사람들과 논의해서 인공 위성을 설계하는 일은 오직 물리학자만이 할 수 있습니다.

이명현　그렇지요. 주어진 과학 임무에 맞춰서 인공 위성을 만들어야 할 테니까요.

이제는 우리도 우주 개발 기술 보유국

강양구　황정아 선생님께서 만드신 과학 기술 위성 1호는 언제 발사되었나요?

황정아　제가 인공 위성 연구 센터에 1999년부터 2003년 9월까지 총 3년 6개월 동안 근무했어요. 2003년 9월에 과학 기술 위성 1호가 발사되고 나서야 원래 제 소속인 카이스트 물리학과 우주 과학 실험실로 돌아왔습니다. 그전까지는 직접 하드웨어를 만들어 왔지만, 위성 발사 이후부터는 박사 졸업 논문을 준

비하기 위해서 순수한 이론 연구를 시작했습니다.

인공 위성을 만들 기회는 매우 한정되어 있어요. 나라마다 인공 위성을 쏘아 올리는 순서도 국제적인 합의를 통해서 결정된 규칙을 따릅니다. 마찬가지로 우리나라에도 우주로 보낼 인공 위성, 우주인 등의 개발 순서를 결정해 놓은 장기적인 계획표가 있습니다. 이것이 "우주 개발 중장기 계획"이에요. 매년 어떤 급의 인공 위성을 몇 개 쏘아 올릴지 향후 30년간을 정해 놓은 계획표가 이미 있어요.

각 기관과 과학자 사회의 입장이 다르니, 형평성을 위해서 위성의 임무도 고르게 돌아가면서 결정합니다. 그래서 한 사람이 인공 위성 개발에 계속 참여할 수는 없는 상황입니다. 제가 이번 인공 위성의 개발에 참여했다면, 뒤이어 있는 인공 위성의 개발에도 연달아 참여하기는 어렵다는 이야기입니다.

저 또한 2003년 9월 러시아에서 과학 기술 위성 1호를 발사한 다음에는 물리학과 실험실로 돌아와서, 우주 환경 분야인 우주 플라스마에 대한 논문을 발표했습니다. 졸업 이후에는 한국 천문 연구원에서 박사 후 연구원으로 입사해서 본격적으로 우주 환경 연구를 시작했고요. 현재까지도 우주 플라스마에 대한 이론 연구를 계속 하고 있습니다.

김상욱　지금은 우리별 1호 하면 다들 "와!" 하고 탄성을 내지요. 그런데 막 개발을 시작하던 초창기에는 분위기가 달랐던 기억이 나요. 제가 대학교 2학년 때, 물리학과 사무실 벽에 달랑 A4 용지 한 장이 붙어 있었는데, "인공 위성 개발을 위해 영국 서리 대학교로 사람을 파견하니, 관심 있는 학생들은 연락하라."라는 벽보였어요. 정말 눈에 띄지도 않는 A4 용지에 작고 이상한 서체로 적혀 있더라고요. 친구들과 지나가다가 벽보를 보고 대화를 나눈 기억이 나요.

"야, 인공 위성 만든대."

"뭐라고?"

"서리 대학교래."

"그게 어디 있는 학교인데? 너는 들어 봤니?"

"들어 본 적 없는데."

"우리는 로켓도 없잖아. 뭘 어떻게 하겠다는 거야?"

그때 하겠다고 나선 3~4학년 선배들이 지금 우리나라 인공 위성 개발의 1세대인 셈이지요.

그때 인공 위성을 만들겠다고 나선 3~4학년 선배들이 지금 우리나라 인공 위성 개발의 1세대인 셈이지요.

황정아 맞아요. 당시에 서리 대학교에 가신 그분들이 인공 위성 연구 센터의 초창기 구성원이에요. 인공 위성 연구 센터도 그 후에 여러 정치적인 회오리가 불어닥쳐서 재원이 끊기는 일이 있었습니다.

그 와중에 초창기 구성원들이 대부분 퇴사해서 새롭게 차린 벤처 회사가 쎄트렉아이(Satrec Initiative, SI)입니다. 당시에는 인공 위성 개발 기술을 가진 사실상 국내 유일의 기업이었습니다. 수백 킬로그램급 인공 위성을 만드는 기술을 보유하고 있기 때문에 두바이나 인도네시아, 그 밖의 동남아시아 국가에 인공 위성을 팔아서 외화를 벌어 오는 곳이에요. 우리나라도 이제 주변에 우주 개발 기술을 전수할 수준에 오르고 있어 개인적으로 굉장히 뿌듯합니다.

이명현 우리별 1호의 개발을 주도한 고 최순달 박사는 전두환과 대구공업고등학교 3년 선후배 관계였지요. 그 까닭에 전두환 정권의 지원을 많이 받았고요. 이분에 대한 평가에는 명암이 있습니다.

황정아 안타까운 부분이지요. 지금은 인공 위성 개발과 우주 산업 분야에 최순달 박사급의 거물이 없거든요.

과학만이 할 수 있는 일

강양구　지금까지 황정아 선생님께서 인공 위성을 직접 만들고 쏘아 올리신 과학자라는 이야기를 들었습니다.

이명현　설계만 하신 것이 아니라 직접 납땜도 하셨을 정도였다고요.

황정아　컴퓨터를 뜯어서 내부를 보신 적이 있다면 아실 겁니다. 컴퓨터 내부는 메인보드 등 여러 PCB(Printed Circuit Board, 인쇄 회로 기판)으로 이뤄져 있어요. 인공 위성도 내부가 그런 PCB로 되어 있고요. 인공 위성도 사실은 덩치 큰 컴퓨터라 생각하시면 됩니다.

　이명현 선생님께서 말씀하셨듯이, 제가 과학 기술 위성 1호의 PCB도 직접 설계하고 납땜도 직접 했습니다. 기계 구조 디자인도 하고, 직접 구조물도 깎고 실리콘 센서도 붙였어요. 제가 맡은 탑재체는 사실상 A부터 Z까지 제가 제작한 셈입니다.

강양구　상상이 잘 안 되기는 합니다. 지금 같으면 최첨단 환경에서 고도로 분업화되어서 인공 위성을 만들 것 같은데요. 기초 연구를 하는 과학자들이 직접 달라붙어서 설계부터 제작까지 관여했다는 말씀이시지요?

황정아　고도의 분업화는 우주 산업에서는 지금도 어렵다고 생각합니다. 탑재체 하나하나를 만드는 기술이 굉장히 특정인에게 특화된 고급 기술이에요. 예를 들어 제가 처음부터 끝까지 만든 탑재체는 고에너지 입자 검출기입니다. 실리콘 센서를 통과하는 전자가 센서에 전달하는 전자 신호의 개수를 하나하나 세는 기계입니다. 인공 위성에 실리는 실리콘 센서를 활용하는 고에너지 입자 검출기를 처음부터 끝까지 설계할 수 있고, 실제로 제작해 본 사람은 우리나라에서 한두 명밖에 안 될 정도지요.

이명현　게다가 실험 자체가 일회성이잖아요.

황정아　맞아요. 일회성으로 끝날 실험이라고 하면 할 말이 없지요.

김상욱　원래 물리학이 그렇지요.

이명현　원래 과학 위성이라는 것이 그렇고요.

강양구　인공 위성을 만드는 일 자체가 돈이 많이 들어가고 시간이 오래 걸리고, 많은 사람들이 달라붙어서 하는 큰 실험이라고 이해하면 되겠네요?

황정아　인류가 시도해 볼 수 있는 것 중에서 가장 첨단에 있는 과학 실험이지요. 우주 임무를 하나 수행하면서 인류가 축적하는 기술은 그 규모를 짐작할 수 없습니다. 위성 하나를 만들 때 다양한 분야의 과학 기술이 접목되어서 거대한 작품 하나를 완성해 간다는 생각이 들거든요. 전자 공학, 컴퓨터 공학부터 기계 공학, 항공 공학, 물리학까지 다양한 분야의 최첨단 기술이 녹아들어야 한 단계, 한 단계 넘어설 수 있는데, 그 기술이 우주 산업의 기초에서 출발해 다른 분야로 전파되면서 예측하지 못한 형태로 응용되고 확장될 가능성이 매우 높아요.

최근 들어서는 손안에 들어갈 만큼 크기가 작은 인공 위성 큐브샛(Cubesat)에 관심이 쏠리고 있습니다. 부피가 10×10×10센티미터인 인공 위성 안에 초소형 실리콘 센서를 넣어서 입자 검출기, 자기 탐지기, 통신 기기, 전압기를 집어넣어요. 이들은 예전에는 큰 인공 위성 안에 들어간 것들이에요. 그런데 이제는 작은 위성 안에 넣어야 하니까, 점점 더 작아질 필요가 있는 부품들을 만들어 내려고 사람들이 노력했습니다. 그 결과 작아질 수 있었습니다.

실제로 최첨단 기술들은 우주에서 구현된 다음에야 완성되는 것들이 많아요. 이 기술의 파급 효과가 얼마나 될 것이라고 지금 단계에서는 정량적으로 예측하기가 매우 어렵습니다.

김상욱　사람들이 잘 모르는 것이, 기계들이 지상에서는 잘 작동되더라도 막상 우주에 올라가면 작동이 안 될 수도 있잖아요.

이명현　어떻게 될지 모르는 것이지요. 지상과 우주는 환경이 다르니까요.

김상욱　전자칩도 마찬가지입니다. 앞에서 플라스마를 말씀하셨는데 우주에서는 수많은 우주선 입자들이 오지요.

이명현　이 우주선 입자들이 전자칩을 때리면 오류가 나고요.

김상욱　온도도 극한 상황이고요. 보통 섭씨 영하 100도 이하로 떨어지거나 햇빛을 받아서 수백 도로 올라가는 상황에서 통상적인 기술로 만든 스마트폰은 작동되지 않지요. 사실상 모든 부품을 완전히 새로운 조건에서 동작하도록 새로 만들어야 해요.

이명현　만들고 실험해 보고 확신을 가져야 하고요.

김상욱　존재하지도 않던 것을 물리학자들이 다 만들어야 해요.

강양구　하지만 두 번 쓸 기계들은 아니기 때문에 양산을 할 수도 없고요.

황정아　양산 체제는 못 되지요. 만약 안정성이 확보되면 대량 생산해서 경제적 효과를 창출할 텐데, 그때까지 걸릴 시간과 인력, 비용은 과학자가 추산하기에 너무 어려워요.

강양구　게다가 애초에 과학자가 기술을 개발하면서도 그것이 어디에 쓰일지를 알지 못하고요. 전혀 생각하지 못한 엉뚱한 곳에서 쓰일 수도 있으니까요.

김상욱　보통은 군대에서 쓰지요. 극한 상황은 보통 전쟁 때 벌어지니까요.

황정아　극저온이나 극고온에서 살아남는 반도체 등을 만들어 내는 일이잖아요. 그런 극한의 기술은 최첨단 과학만이 할 수 있는 일입니다.

밴앨런대는 지구 적도 주변을 두른 두 개의 도넛

강양구　이쯤에서 다시 황정아 선생님의 이야기로 돌아와 볼까요? 인공 위성을 쏘아 올린 다음에 물리학과로 돌아오셨다고 하셨습니다. 그렇다면 2006년 박사 학위를 받으시기까지 3년 동안은 학위 논문을 쓰는 데 주력하셨지요?

황정아　그렇지요. 물리학과에서 물리학 박사 학위를 받으려 하면서 탑재체 같은 하드웨어를 개발했다고 할 수는 없었어요. 물리학과에서는 남들이 하지 않은 순수 기초 연구를 해야 하거든요. 제가 이런 하드웨어를 우리나라 최초로 만들었다고 해도 이미 외국에서는 다 하고 있는 일입니다. 이런 자체 기술을 만들었다는 것은 논문감이 못 되고요. 이론적인 연구를 해야 합니다.

　제가 고른 박사 학위 논문의 주제는 밴앨런대(Van Allen Belt)였습니다. 최근까지도 저의 주요한 연구 주제인데요. 이는 제가 개발한 탑재체와도 연결되어 있습니다. 제가 만든 탑재체도 고에너지 입자 검출기, 즉 고에너지 전자 혹은 상대론적인 전자(상대론적인 전자란 에너지가 빛의 속도에 필적할 만큼 매우 높아서 아인슈타인의 상대성 이론을 적용해야 하는 전자를 가리킵니다. 일반적으로 에너지가 낮은 전자들은 뉴턴의 고전 역학을 따르는 운동 방정식만으로 모두 설명되지만, 입자들의 속도가 매우 빠를 때는 상대론을 도입해야 합니다.)라고 불리는 것들을 검출하는 입자 검출기였고요. 박사 학위 논문도 정확히는 상대론적 전자들이 밀집해 있는 영역인 밴앨런대의 동역학 연구와 지구 자기권에 존재하는 플라스마의 동역학 연구였거든요.

강양구   여기서 밴앨런대를 설명해 주시지요. 대기권에 있는 뭔가라고 학교에서 배운 기억이 있기는 한데 정확하지는 않네요.

이명현   이름은 아마 시험 준비를 하면서 다들 들어 보셨겠지요. 아마 사진도 보셨을 겁니다.

김상욱   보통 단면을 잘라 놓은 그림을 보고 배우지요. 시험에 자주 나오는 개념이니까요.

황정아   최근까지도 제가 논문으로 쓰고 있는 밴앨런대는 지구 적도 주변을 두른 두 개의 도넛 모양을 한 거대한 띠를 말합니다. 쉽게 적도 주변에 타이어나 도넛 두 개가 놓여 있다고 생각하시면 됩니다. 반지름이 작은 도넛 하나, 큰 도넛 하나이지요. 안쪽 도넛에는 주로 양성자가 밀집해 있는 영역이 있고요. 바깥쪽 도넛에는 수백 킬로전자볼트부터 수 메가전자볼트까지의 에너지 대역에 해당하는 상대론적 전자들이 밀집해 있는 영역이 있습니다. 에너지가 높은 전자들이 밀집해 있으니 인공 위성에게는 지구의 밴앨런대가 위험한 것이겠지요.

이곳은 앞에서 말씀드렸다시피 전하를 띠고 있는 고에너지 입자들, 즉 상대론적 전자들이 밀집해 있는 영역입니다. 고에너지 전자가 있다는 것은 달리 말하면 방사선의 위험이 있다는 뜻이지요. 즉 방사선을 뿜어내는 고에너지 입자들이 밀집해 있는 영역을 지구 방사선대라고 명명한 겁니다. 전자 부품으로 만들어진 인공 위성들은 이 지구 방사선대를 통과하면서 방사선에 피폭되고, 장비가 고장나거나 시스템에 오류가 발생합니다.

강양구 인공 위성의 경로에 밴앨런대가 포함되어 있나요?

황정아 네, 인공 위성의 경로 중 일부에 밴앨런대가 포함되어 있습니다.

인공 위성을 개발할 때 반드시 고려해야 할 문제가 바로 방사능 피폭을 피하는 일입니다. 제가 개발한 과학 기술 위성 1호를 개발하는 데는 3년 6개월 걸렸지만, 보통 인공 위성을 개발하는 데는 5~10년 걸립니다. 이렇게 오랜 기간 많은 과학자가 피땀 흘려 만든 인공 위성이 제 수명을 다하지 못하고 실패하거나 오작동하면 개발자 입장에서는 굉장히 가슴 아파요. 게다가 무척이나 값비싼 실험이니까 국민의 세금을 쓰는 입장에서는 매우 안타까운 상황이지요.

따라서 지금까지 인공 위성들은 대부분 밴앨런대라는 위험 지대를 되도록 안전하게 통과하게끔 전원을 사실상 끄거나 안전 모드로 설정하는 방법을 썼습니다.

인공 위성을 개발할 때 반드시 고려해야 할 문제가 바로 방사능 피폭을 피하는 일입니다.

이명현 전기 충격 같은 것이 발생하면 안 되니까요.

강양구 밴앨런대를 지나는 데 시간이 얼마나 걸리나요?

황정아 궤도에 따라 다르지만 수십 분, 길게는 수 시간 걸릴 수 있습니다. 더 중요한 것은 밴앨런대의 폭이나 방사선 강도가 고정되어 있지 않다는 점이에요.

김상욱 유체 같지요.

황정아 도넛의 두께는 늘어났다가 줄어들고, 방사능은 강해졌다 약해지기를 반복합니다. 그런데 우리나라의 인공 위성은 저궤도 위성과 정지 궤도 위성밖에 없거든요. 저궤도 위성은 고도 500~600킬로미터 상공에 있으면서 극궤도를 돌고, 정지 궤도 위성은 지구 반지름의 6.6배가량 되는 적도 부근 상공에서 항상 같은 속도로 돌고 있습니다. 통신 위성, 기상 위성도 그렇고 우리나라의 인공 위성은 대부분 정지 궤도에 밀집해 있습니다. 그런데 태양에서 무슨 일이 생기면, 평소에는 정지 궤도 안쪽에 위치해 있던 밴앨런대의 반지름이 급격히 늘어나면서 정지 궤도를 덮칩니다.

이명현 밴앨런대의 범위가 확장된다는 것이지요. 그 이유는 무엇인가요?

황정아 밴앨런대의 부피와 강도가 변하는 정확한 원인을 찾기 위한 연구는 1960년대부터 현재까지 지속적으로 이뤄지고 있어요. 이 1960년대를 흔히 우주 시대(Space Age)의 시작점이라고 합니다. 이때는 인공 위성이 막 발사되기 시작한 시점이기도 한데, 미국 최초의 인공 위성인 익스플로러 1호를 통해 1958년 인류가 최초로 밴앨런대를 관측적으로 발견했습니다.

밴앨런대란 말은 맨 처음 발견한 미국의 물리학자 제임스 앨프리드 밴 앨런 (James Alfred Van Allen)의 이름을 따왔습니다. 밴 앨런은 심지어 발견 당시 《타임》의 표지 모델이 되기도 했습니다. 그 후 수많은 연구자들은 밴앨런대가 왜 늘어나고 줄어드는지, 왜 항상 그 자리에 있는지를 60~70년 동안 연구하고 있어요. 밴앨런대는 오늘날까지도 우주 과학의 연구자들에게 다루기 매우 어려운 도전적인 연구 주제입니다.

천문학 분야의 일인자가 되는 법

강양구   그렇다면 그 원인은 아직까지 확정되지 않은 것인가요?

황정아   셀 수도 어려울 만큼 다양한 원인이 있고, 가설은 많습니다. 과학자들은 다양한 가설 중 몇 가지를 조합해서 현재는 대다수가 합의한 설명을 갖추고 있는 상태예요.

그런데 연구를 하면 할수록 원인이 한둘이 아닌 거예요. 아시다시피 모든 물리 현상은 단순하게 하나의 이유만으로 설명되지는 않습니다. 게다가 밴앨런대는 우주 현상이잖아요. 밴앨런대의 하전 입자 개수를 결정하는 요인에도 태양에서 오는 것, 태양계 바깥에서 오는 것, 지구 대기권에서 오는 것, 먼 은하에서 오는 것 등 다양합니다. 우주에서 일어나는 특정 현상을 만들어 내는 주변 환경 변수가 너무 많은 것이지요.

그런데 그것들 하나하나가 모두 원인이기는 하지만, 그들이 원인의 전부는 또 아닙니다. 실제로 충분히 설명하려 들면, 이것들만으로 설명이 어려운 경우의 수가 너무 많아요. 그래서 현재까지는 특정 사례를 분석해서 특정 상황에서는 어떤 원인이 주요하다는 식으로 단순화해서 설명하려는 방식이 주도적이었습니다. 이러한 연구 중에서 어느 정도 정설이라고 생각되는 것도 있고요.

지구 밴앨런대가 형성되고 유지되는 원인으로는 플라스마 파동도 있고, 특별한 에너지 대역의 전자 공급도 있고, 태양에서 오는 태양풍의 압력과 밀도도 있고, 태양에서 오는 행성 간 자기장의 조건도 있습니다. 보시다시피 태양에서 오는 변수도 굉장히 많아요. 자연 현상을 설명하려면 가용한 자료를 모두 동원해서 총체적으로 이해해야 합니다. 물리적, 논리적으로 인과 관계가 모두 맞아떨어질 때 방사선 벨트가 늘어났다 줄어들었다 하는데, 이를 예측하는 복잡한 입자 예측 모형의 개발이 우주 기상 연구의 한 축을 이룹니다.

강양구 　그렇다면 황정아 선생님께서는 밴앨런대 연구로 박사 학위를 받고, 연장선상에서 우주 기상학 연구를 쭉 해 오신 것이군요?

황정아 　맞습니다. 제가 우리나라에서 밴앨런대로 박사 학위를 받은 최초의 물리학자입니다.

이명현 　그 후에도 우리나라에서 밴앨런대 연구가 이어지고 있나요? 황정아 선생님 이후에 밴앨런대 연구로 박사 학위를 받은 분은 우리나라에 얼마나 되나요?

황정아 　아마도 다섯 손가락 안에 꼽히는 것 같아요. 아시다시피 우리나라는 인력 풀이 그렇게 넓지 않잖아요.

강양구 　맞아요. 특정 분야에 치중되지요.

황정아 　그러다 보니 저를 포함한 대여섯 명이 미국에서 연구하는 수백 명의 몫을 해 내야 하는 상황이지요. 일본에서는 수백 명이 함께 연구하는 주제를 우리나라에서는 한 명이 연구해야 할 때도 많습니다.

우리나라에서 천문학으로 학위를 받으면 그 분야의 일인자가 되는 거예요.

이명현 　우리나라에서 천문학으로 학위를 받으면 그 분야의 일인자가 되는 거예요.

황정아 　혼자 일인자예요. 그 분야의 연구자가 저밖에 없고, 다른 사람은 없으니까요.

강양구　『과학 수다』 1권에서도 소행성을 연구하는 문홍규 박사가 같은 이야기를 했지요. (『과학 수다』 1권 2장 참조)

황정아　소행성 연구도 비슷합니다.

이명현　우리나라의 혜성 연구자가 한 명, 소행성 연구자가 한 명이라고요.

강양구　그 단 한 명의 소행성 연구자가 자신이라고 문홍규 박사가 이야기했잖아요?

황정아　뿌듯하시겠네요. (웃음)

우주 환경과 우주 기상, 그리고 정치

강양구　대중 강연을 하면 청중이 이런 질문을 하곤 합니다. "우주에도 날씨가 있나요?" 이명현 선생님께서도 이 질문을 받으신 적이 있지요? 칼 세이건 서거 20주기를 맞아서 2016년 사이언스북스와 과학과사람들이 공동으로 주최해 13회 동안 진행된 「칼 세이건 살롱 2016」 때로 기억하는데요.

이명현　예. 그런 질문을 많이 하시지요.

강양구　그런데 우주 기상학이 바로 그 우주 날씨를 체크하는 분야잖아요?

황정아　먼저 우주 환경 연구는 인공 위성이나 지구에 살고 있는 인류에게 꼭 필요한 태양과 지구 사이의 공간을 탐구하는 학문입니다. 그렇다면 우주 기상학은 무엇인지 궁금하시지요? 똑같은 이야기예요. 우리나라에서 우주 환경 연구는 좀 복잡한 양상을 띠고 있거든요.

우리나라에는 제가 대학원에 입학한 다음, 석사 2년차 때나 박사 1년차 때 처음으로 스페이스 웨더(space weather)라는 용어가 도입되었어요. 당시에 이 용어를 한국어로 어떻게 번역할 것인지를 놓고 갑론을박이 있었습니다. 당연히 이 용어를 처음 우리나라에 들여온 사람은 천문학자와 우주 과학자였겠지요. 한국 천문 연구원의 우주 과학자들은 스페이스 웨더를 '우주 환경'으로 하자고 했습니다.

이명현　환경이라는 말을 많이 했어요.

황정아　태양, 태양풍, 지구, 지구 자기권, 전기권에 영향을 주는 태양의 조건들을 모두 우주 환경 연구라고 하고, 우주 환경 연구회를 만들어서 한국과 중국, 일본이 매년 함께 국제 워크숍을 하는 한·중·일 워크숍도 몇 년간 유지했거든요.

강양구　적절한 번역 같은데요.

황정아　저도 그렇게 생각해요. 그런데 저는 과학자잖아요. 국가 정책에 반영될 때는 이야기가 달라지더라고요.

현재는 기상청 국가 기상 위성 센터와 국립 전파 연구원 우주 전파 센터, 두 기관에서 우주 날씨 예보 서비스를 제공하고 있어요. 사실 우주 날씨에 대한 서비스를 누가 하느냐 때문에 법리 다툼도 좀 있었답니다. 법리 다툼에 서투른 과학자들은 그 와중에 뒷방으로 밀려났어요.

강양구　그러면 기상청이 서비스 기관이기 때문에 우주 기상이 된 것인가요?

황정아　예. "우주 기상은 기상청장이 관할한다."라는 우주 기상법이 2009년에 통과되었습니다. 당시에 과학자들이 반대했음에도 불구하고 이 새로운 조항을 기상법 안으로 밀어 넣었어요.

김상욱　기상청에서 우주 환경을 관할한다는 것 자체가 이상하네요. 기상청에서는 플라스마를 다루지 않을 것 같은데요.

황정아　그렇지요. 기상청은 플라스마에는 관심이 없습니다.

게다가 국립 전파 연구원도 있지요. 1960년대부터 있던 전파법에는 태양을 관측해야 한다는 내용이 있습니다. 당연히 태양이 지상의 전파에 교란을 일으키니까, 훨씬 더 역사가 오래된 선행 법에 이런 내용이 들어간 것이지요. 우주 날씨는 태양에서 비롯하기 때문에 국립 전파 연구원에서는 자신들이 관할해야 한다고 생각합니다. 그 결과 우리나라에서는 공식적으로 국립 전파 연구원 산하의 우주 전파 센터, 그리고 기상청 산하의 국가 기상 위성 센터 두 곳에서 우주 날씨 예보를 하고 있습니다.

강양구　그곳에도 당연히 황정아 선생님처럼 우주 기상학 연구자들이 있겠지요?

황정아　그분들은 대부분 공무원이고, 저처럼 관련 분야의 학위를 받으신 분들이 아니에요.

김상욱　그분들은 데이터를 어디서 얻어서 어떻게 예보를 하나요?

황정아　매우 정치적인 질문인데요.

김상욱　과학적인 질문이지요. (웃음)

황정아 미국 해양 대기청(National Oceanic and Atmospheric Administration, NOAA)의 우주 날씨 예보 센터(Space Weather Prediction Center)에서 제공하는 이미지나 자료를 그대로 틀고 옵니다.

김상욱 미국에서 데이터를 가져오더라도 우리나라에서 최소 한 번은 살펴볼 것 아니에요?

황정아 이를 위해서 2012년부터 지금까지 그 기관들에서 우주 기상 연구라는 연구 개발 과제를 대규모로 만들었어요. 그래서 한국 천문 연구원 소속 연구원이나 천문 우주 과학과가 있는 대학의 교수들이 과제를 수행해서 한국어로 결과물을 만들고 이를 스크린에 띄우는 일을 하고 있습니다.

강양구 특이하네요.

황정아 연구는 저희가 하고요. 연구 결과 홍보는 지속적으로 해야 하는 일이지만 연구자들에게는 부담스럽기도 했습니다. 이 일을 두 기관 모두 자신이 맡고 싶었던 겁니다. 그래서 법률로 주무 부처를 정할 때 두 기관 모두 들어간 것이고요. 역할 분담을 놓고서 두 기관 사이에 마찰이 있었지만 청와대까지 가서 담판을 지었다고 알고 있습니다.

우주 환경에도 여러 분야가 있습니다. 인공 위성만 영향을 받는 것이 아니고 전력, 항공 등 다양한 분야에서 영향을 받으니까요. 그것들을 분야별로 나눌 것인지, 공간별로 나눌 것인지를 놓고 역할 분담을 논의하고 있고, 어느 정도는 정리되었지만 아직도 겹치는 부분이 있어요. 현재 예보 서비스는 하고 있고요.

강양구 정리하자면, 스페이스 웨더는 '우주 날씨'라고도 번역되고 '우주 기상'이라고도 번역되지만 과학자의 입장에서는 '우주 환경'이라는 번역어를 선호한다는 것이군요.

김상욱 훨씬 더 포괄적인 개념이기도 하고요.

황정아 그렇지요. 한국 천문 연구원은 우주 환경을, 기상청은 우주 기상을 더욱 선호하고요. 전파 연구소는 우주 전파 환경을 선호합니다. 똑같은 스페이스 웨더를 세 기관에서 다르게 번역하는 문제 때문에 최근 몇 년간 미국이나 유럽의 관련 학회에 가면 "한국은 세 기관이 왔다."라고들 수군대곤 했습니다. 저에게 한국에서 스페이스 웨더가 불티나게(?) 팔리는 이유가 뭐냐고 개인적으로 묻는 외국 과학자도 있었으니까요.

강양구 그러면 기상청과 국립 전파 연구원이 다르게 대국민 스페이스 웨더 예보를 할 수도 있나요?

황정아 결과물 자체는 다를 수가 없습니다. 같은 위성 데이터를 거의 같은 모형으로 돌리기 때문이지요.

구경만 할 수는 없다, 우리도 화성으로

황정아 제가 2017년 7월에 국제 천문 연맹(International Astronomical Union, IAU)에서 주최하는 심포지엄에 참석하러 영국 익스터 대학교에 다녀왔습니다. 이곳의 심포지엄은 항상 특별한 주제를 돌아가면서 정하는데, 이번에는 '태양권의 우주 환경(Space weather in heliosphere)'이 주제였습니다.

저는 이 태양권이라는 말이 마음에 들었어요. 화성, 목성, 토성, 명왕성까지 태양의 영향을 받는 것들을 통틀어 태양권이라고 합니다. 한편 어떤 위성이나 행성의 자기장이 미치는 영역을 자기권이라고 하고요. 지구는 고유한 자기장을 띠어서 주변에 보호막을 형성합니다. 그렇지만 지구처럼 자기권이 있는 행성도 있는 반면, 자기권이 없는 행성도 있습니다. 그렇다면 마찬가지로 밴앨런대 비슷한 것이 있는 천체가 있고, 없는 천체가 있겠지요.

현재 지구에서 보는 우주 환경은 어느 정도 무르익었고 안정화 단계에 접어들었다고 생각합니다. 본격적으로 우주 시대에 접어든 1960년대 이후 이미 60년 가까이 지나는 동안, 많은 우수 연구자들이 훌륭한 일을 많이 해 둬서 어느 정도 학문적 토대가 갖추어졌다고 보거든요. 그런데 지구를 제외한 행성들에 대한 연구는 아직 시작 단계입니다.

만약 제2의 인류 정착 기지를 만들러 다른 천체(지금은 주로 화성을 염두에 두지요. 우리나라만 달에 관심이 있지, 미국은 마스 2030이나 메이븐, 마스 오디세이처럼 화성 미션을 진행하고 있고요. 유럽도 마찬가지입니다.)에 인류를 보낸다면 그곳의 대기 환경이 어떤지를 알아야 할 것 아니에요? 그곳의 환경을 모르는 채로 인류를 화성에 보낼 수는 없으니까요.

이명현 가는 도중도 그렇고, 가고 나서도 문제이지요.

황정아 그곳에서 어떻게 살 것인지, 주거지는 어떻게 만들어야 할지를 설계하려면 반드시 먼저 환경을 분석해야 합니다. 그곳의 대기에는 산소가 몇 퍼센트 있는지를 알아야 숨을 쉴 수 있는지, 없는지를 아니까요.

소설 『마션』에서도 화성 주변의 환경 변화를 NASA에서 알려 주는 내용이 계속 나오잖아요.

강양구 앤디 위어(Andy Weir)의 『마션 (Martian)』(박아람 옮김, RHK, 2015년)을 소설이나 영화로 접하신 분께서는 황정아 선생님의 말씀을 직관적으로 이해하시겠지요. 화성 주변의 환경 변화를 미국 항공 우주국(NASA)에서 알려 주는 내용이 계속 나오잖아요.

이명현　실제로도 현재 NASA에서 화성의 폭풍 등을 예보하고 있지요.

황정아　그럼요. 지구 다음 행성으로 관심 분야를 넓히고 있습니다.

우리나라도 이 추세에 발맞춰야 하잖아요. NASA에서 띄운 화성 탐사 위성 메이븐이 현재 화성 주위를 돌고 있는데, 메이븐이 얻은 화성 데이터를 우리나라에서는 유일하게 제가 분석하고 있습니다. NASA의 홍보 대사이기도 한 폴 윤(Paul Yun) 교수가 우리나라에서 화성 탐사를 주제로 강연을 많이 했는데요. 최근까지도 계속 메일을 주고받으면서 그에게 제가 얼마나 데이터를 분석했는지를 알렸습니다. 저와 NASA의 메이븐 위성을 개발한 과학자와 함께 화성 관련 연구를 계속하고 있습니다.

우리나라도 데이터를 분석하고 이 정도 논문을 쓸 역량이 있음을 보여 줘야 화성 탐사 계획에 발언권이 생기겠지요. 언제까지 구경꾼으로 있을 수는 없는 노릇이잖아요. 우리나라의 과학자들이 논문을 내고 미국 과학자들과 대등해질 때 탐사 계획을 함께 세워 보자고 제안할 수 있으니까요.

제 생각에는 우리가 지구에만 안주할 것이 아니라 지구 바깥으로 나가야 해요. 그런데 그러기에는 현재 우리나라의 우주 탐사 역량이 너무 부족해요. 인력 풀이 너무 없습니다.

이명현　혼자 다 해야 하니까요.

황정아　제가 밴앨런대도 연구하고, 인공 위성도 만들고, 화성 탐사 연구도 동시에 하는 상황이에요. 다른 나라에는 화성 탐사 연구자만 수백 명, 밴앨런대 연구자만 수천 명씩 있는데 말이지요.

이명현　우리나라에서는 혼자서 모든 분야의 대가가 되어야 해요.

황정아　그래도 저는 우리의 관심사가 더욱 바깥으로 뻗어 나가야 한다고 생각합니다. 우리나라 과학자들이 혼자서 일당백, 아니 '일당천'으로 여러 가지를 다 해내야 하는 열악한 환경에 놓여 있기는 하지만요. 우리나라 과학자 개개인의 역량이 충분히 그 정도 된다고 생각하고요.

　사람들은 우주 산업을 왜 해야 하는지를 물어봅니다. 달 탐사는 왜 해야 하나요? 우주 개발 사업은 민생 현안, 복지 사업과는 그 무게를 비교할 수 없는 일이에요. 과학자들은 몇 년간 왜 우리가 과학을 해야 하는지 계속해서 명분을 만들어 내야 했고, 사람들에게 설명하고 또 설명해서 설득해야만 했어요. 그런데 우주 개발은 그 성과를 즉각적인 경제적 이익으로 환산하기 어려운 일이잖아요.

이명현　과학자들은 우주의 원리를 알아내는 일 자체에 이미 충분히 가치가 있다고 생각하는데, 경제 효과까지 요구하는 일부의 인식과는 상당한 차이가 있어요.

황정아　그런데 현실에서는 경제적이고 가시적인 기대 효과를 설명하지 못하면 재원을 확보할 수 없습니다. 그래서 과학자들이 사실상 말도 안 되는 설명을 끌어다 붙이면서 자신의 연구가 가져올 경제적 효과를 거품처럼 만들어 내고 있고요.

김상욱　특별히 우주 과학만은 아니고 과학 전반에 해당하는 일이지요.

황정아　맞습니다. 우주 분야도 다른 과학 분야들과 동일한 재원을 놓고 경쟁해야 합니다. 미국은 일론 머스크(Elon Musk)처럼 우주 산업이나 우주 개발에 특별히 관심이 많은 정치가나 재벌이 있잖아요. 우리나라도 다른 데 말고 우주 산업에 투자해 줄 재벌이 어디 없나 가끔 생각해 보게 됩니다. (웃음)

정부가 과학 기술에, 우주 분야에 좀 더 투자해 주면 좋겠습니다. 저 또한 화성 탐사 계획을 어떻게든 해 보면 참 좋겠다는 생각이 들고요. 아니면 이름 모를 독지가가 나서서 우주 탐사에 지속적인 후원을 해 주면 참 좋겠습니다. 미국에 일론 머스크가 있듯이 말입니다.

지구 밖은 위험해

강양구 그런데 우주 환경 연구는 왜 중요한가요?

황정아 태양과 지구 사이에서 벌어지는 우주의 모든 현상이 지구인의 삶에 아주 밀접한 영향을 미치기 때문입니다. 예를 들어 우리는 이제 GPS처럼 인공위성이 보내는 데이터 없이는 살 수 없어요. 그런데 이런 인공 위성이 밴앨런대를 통과하면서 방사선에 피폭되는 겁니다.

한편 태양에서 오는 태양 우주 방사선과 은하에서 오는 은하 우주 방사선 등도 문제입니다. 태양에서 흑점 폭발이 일어날 때 태양 표면에서 고에너지 입자들이 다량 방출되는 현상을 코로나 질량 방출(coronal mass ejection, CME)이라고 하는데, 이 또한 지구에 영향을 미칩니다. CME와 동반해서 고에너지 양성자들이 함께 지구로 향하기도 하거든요. 이 고에너지 양성자들은 인공 위성이 비행하는 고도 500~600킬로미터 상공뿐만 아니라 비행기가 오가는 고도 10~15킬로미터 상공에까지 영향을 미칩니다.

강양구 이와 관련해서 하신 연구도 있다고 들었습니다.

황정아 예. 제가 2012년부터 2016년까지는 우리나라 항공기가 북극 항로를 지날 때 승무원과 승객 들이 받을 방사선 피폭량을 계산해 주는 우주 방사선 예보 모형을 개발하는 연구를 수행했거든요.

이명현　승무원이 피폭될 수 있는 우주 방사선을 정량적으로 계산한다는 말씀이시지요?

황정아　예. 우주 방사선이 항로별로 비행 1회당 인체에 피폭되는 양을 분석하고 예측할 수 있는 거대한 물리 모형을 만들었습니다. 제가 개발한 항공기 우주 방사선 모형은 국내 특허를 등록했고, 미국 특허를 출원해 둔 상태예요. 크림 (Korea Radiation Exposure Assessment Model for aviation route, KREAM)이라는 이름도 있는데 제가 직접 작명했습니다. 기본적으로는 유럽 입자 물리 연구소(Conseil Européen pour la Recherche Nucléaire, CERN)에서 개발한 입자 물리 프로그램 전트4(GEANT4)와 대기 예측 모형, 은하 우주 방사선과 태양 우주 방사선 예측 모형을 모두 포함한 통합 예보 모형이에요.

강양구　중요한 연구라고 생각해요. 항공기 조종사 노동 조합에서도 이를 자신들과 직결된 문제로 보고 관심을 갖고 있습니다. 우주인들은 대기권으로 올라갈 때 방호복 같은 것을 입는다면서요?

황정아　맞습니다. 지표면에서 멀어질수록, 즉 태양에 가까워질수록 우주 방사선에 더 많이 노출됩니다. 태양에서 오는 방사선 피폭량이 많아지는 것이지요. 국제 우주 정거장(International Space Station, ISS)에서는 고도 400~450킬로미터 상공의 상주 인원을 우주 방사선으로부터 어떻게 보호할 것인지, 또 이들이 정거장 밖으로 나가는 선외 활동(extravehicular activity, EVA)을 할 때는 어떻게 보호할 것인지를 생각해야 했습니다.

이명현 그렇지요. 우주 유영은 태양 방사선에 완전히 노출되는 일이니까요.

황정아 어떤 재질을 구해서 어느 정도의 두께로 옷을 설계해야 방사선으로부터 우주인을 보호할 수 있을지를 알려면 사전에 필요한 정보들이 있어요. 평상시에는 방사선량이 얼마나 되는지, 태양에서 흑점 폭발이 발생하는 등의 사건이 생기면 우주 방사선의 양이 평상시보다 얼마나 늘어나는지와 같은 기본적인 우주 환경의 물리적 정보 말이지요.

강양구 그런 우주 환경 정보를 연구하는 것이 황정아 선생님의 일이지요?

황정아 그렇지요. 우주 환경을 구성하는 물리량에도 여러 가지가 있지만, 제가 주로 연구하는 분야는 우주 방사선입니다. 즉 우주에서의 방사선량을 미리 예측하는 일입니다.

한번 상상해 보세요. 오늘 태양에서 폭발이 일어났어요. 태양 표면에 까맣게 보이는 흑점의 폭발을 사건의 시작이라고 보는데, 흑점이 폭발하면 바로 그 지점에서 고에너지 양성자를 포함한 방사성 물질들이 총알보다 빠른 속도로 지구로 날아옵니다. 그것들이 인체에 그대로 박힌다고 생각해 보세요.

이명현 오는 데 며칠 걸리지요?

황정아 양성자가 처음 출발할 때의 속도, 혹은 운동 에너지에 따라 다르지요.

김상욱 보통은 지구 자기장 덕분에 피해 가지요?

황정아 맞습니다. 지구 안에 인간이 있으면 우주 방사선을 피할 수 있어요. 하지만 지구 밖에 있는 우주인이라면 이를 맨몸으로 맞아야 하고요.

오늘은 오로라를 볼 수 있을까요?

김상욱   이 이야기를 듣고 겁먹으실 분도 계시니, 좀 더 설명해 주시면 좋겠습니다.

황정아   아시다시피 지구는 일종의 커다란 자석입니다. 따라서 지구 주변에는 커다란 자기장 막이 형성되어 있다고 생각하시면 됩니다. 우리는 안전한 지구 자기장의 보호막 안에 있기 때문에 태양에서 오는 고에너지 입자나 우주 방사선은 대부분 지구를 빗겨 나가요. 그런데 우리가 우주로 쏘아 올린 인공 위성이나 우주인들은 이 보호막 바깥에 있으니, 특별한 보호 조치가 필요하겠지요.

강양구   그렇다면 항공기 조종사 노동 조합에서 문제 제기하듯 북극 항로를 지나는 비행기의 승무원이나 조종사가 위험한 이유는 무엇인가요?

황정아   앞에서 말씀드린 대로 지구가 하나의 커다란 자석이라서 자기력선이 지구의 북극과 남극 쪽으로 들어오겠지요. 이때 북극과 남극에는 자기력선이 열려 있어서 우주에 노출되는 지구 표면이 생기게 됩니다.

강양구   자석 주변에 철가루를 뿌려 놓는 실험을 생각해 보면 되겠네요. 자석의 자기장을 따라서 철가루가 선을 이루는데, 이때 N극과 S극에는 비어 있는 부분이 생기는 것과 같지요?

황정아   맞아요. N극과 S극 구멍이 있는 것이지요. 그런데 앞에서 말씀드린 플라스마 입자들은 전하를 띠고 있잖아요. 전자 또는 양성자이기 때문에 전하를 띠고 있는 입자들은 자기력선을 따라서 움직입니다. 대부분은 지구의 자기력선에 막혀서 지구 대기로 진입하지 못하지만, 그중 극히 적은 일부는 지구의 양

극지방을 거쳐서 지구 대기 내부까지 침투해 들어올 수 있어요. 그래서 평상시에도 극지방은 적도 지방보다 방사선이 2~3배 강합니다. 만약 늘 북극 항로를 지나는 비행기를 타는 조종사나 승무원의 경우, 비행 몇 회만으로도 더 많은 방사선에 노출되겠지요.

늘 북극 항로를 지나는 비행기를 타는 조종사나 승무원의 경우, 비행 몇 회만으로도 더 많은 방사선에 노출되겠지요.

김상욱 극지방에서 오로라를 볼 수 있는 것도 같은 원리인가요? 그 모형의 계산 결과가 오로라의 발생 원리와 직결되나요?

황정아 사실 오로라와 우주 방사선은 실체가 조금 다릅니다. 오로라를 만드는 것은 전자이거든요. 전자가 수십, 수백 킬로전자볼트의 에너지를 갖고 지구 대기로 들어와서 대기 중의 질소 혹은 산소 분자와 부딪히는 원리로 만들어진 빛이 오로라입니다.

반면 제가 개발한 우주 방사선 예측 모형의 초기에 주입되는 입자는 양성자입니다. 그것도 10메가전자볼트 이상의 높은 에너지를 갖는 양성자들이에요. 아시다시피 전자는 방사선에 큰 영향을 미치지 않습니다. 오로라는 시각적으로 화려하니까, 보통 오로라를 보면 '우주 환경적인 사건이 발생했구나.' 하고 생각하곤 하지요. 그런데 오로라는 매우 자주 보이는 현상이에요. 우주 방사선을 심각하게 증가시키는 양성자보다는, 전자가 대기 중에 침투하는 횟수가 훨씬 많다고 보시면 됩니다. 양성자 증가는 오로라보다는 훨씬 드물게 발생해요.

이명현 그렇지요. 많은 양이 한꺼번에 같이 날아오니까요.

황정아 전자와 양성자가 모두 지구로 침투해 들어오는 일이지요.

강양구　오로라 예보를 관광 상품으로 팔아 보는 것은 어떨까요?

황정아　이미 하고 있습니다. 그런데 상품의 가격이 매우 비싸요. (웃음) 오로라 여행 상품은 10여 년 전부터 일본에 이미 있었어요. 일본에서는 오로라를 굉장히 동경하는 듯합니다.

이명현　우리나라도 요즘은 오로라를 볼 수 있는 곳으로 신혼 여행을 가지요.

강양구　그런데 막상 가서도 못 보는 경우가 있잖아요.

황정아　날씨가 좋지 않고, 구름 끼고 눈 오면 못 봐요. 제가 2015년 12월 미국 알래스카 페어뱅크스에 가서도 오로라를 못 봤어요. 7박 8일 동안 있었는데 계속 눈이나 비가 오는 등 기상이 안 좋더라고요. 매우 안타까웠지만 어쩔 수 없지요.

김상욱　저런.

강양구　기상 조건이 나빠서 못 볼 수도 있지만, 우주 환경 자체가 안 맞아서 못 볼 수도 있잖아요. 이때 우주 환경 예측 시뮬레이션을 통해서 '이 정도면 오로라가 생기겠구나.' 하는 정보가 필요하지 않을까요?

황정아　그 서비스도 이미 하고 있어요.

이명현　인터넷으로 금방 확인할 수 있습니다.

김상욱　날씨도 굉장히 중요하지만 태양 관련 데이터를 실시간으로 보여 주는 웹사이트들이 있습니다. 하루 단위도 아니고, 분 단위로 정보를 알려 줘요. 저는 핀란드에서 오로라를 봤습니다.

이명현　태양에서 전자가 많이 날아와야 하니까요.

황정아　그것이 바로 태양 양성자 이벤트 예보입니다. 우주 환경 예보에 포함되어 있어요. 태양에서 날아와서 지구에 도달하는 입자들의 지수가 있습니다. 앞에서 이야기한, 오로라를 볼 가능성을 나타내는 지수인 오로라 고층 전류 지수(auroral electrojet index, AE index)도 있어요. 지구 자기장의 교란을 나타내는 Kp 지수도 있고요. Kp 지수가 4 이상이면 오로라를 기대할 만하지요.

이명현　오로라 사진으로 NASA의 '오늘의 천체 사진'에 선정되기도 했던 천체 사진가 권오철 작가도, 오로라 사진을 찍으러 갈 때는 예보를 확인한 다음에 비행기 표를 끊는다 하더라고요. 오로라가 나타나는 데 며칠이 걸리니까 미리 가서 대기하고 있다고 해요.

한국에서 여성 과학자로 산다는 것

강양구　지금까지 황정아 선생님과 수다를 나누면서, 황정아 선생님께서 지금까지 많은 일들을 해 왔으며 지금도 많은 일을 하고 계신다는 것을 다 아셨으리라 생각합니다. 최근에는 여성 과학자 '멘토'로서도 활약하고 계신다고요.
　한국에서 여성 과학자가 맞닥뜨리는 문제에는 여럿이 있겠지만, 그중에서 결혼 문제를 이야기하지 않을 수는 없을 텐데요. 실제로 여성 과학자 중에는 일이 많아서 결혼하지 않는 분도 많다고 들었습니다.

황정아　맞습니다. 저는 결혼을 했지만, 제 주변을 보면 결혼하지 않고 있는 분이 상당히 많습니다. 학력 수준이 높아질수록 결혼하지 않고 혼자 사는 여성이 많아집니다. 연구나 일에 매진하다 보니 시기를 놓치게 된 경우도 많아요. 혼자서 머고살 능력이 되니까, 결혼해서 남성에게 종속적으로 살기보다 독립적으로 살기를 선호하는 경우도 많습니다. 한국에서의 결혼 생활은 여성에게 매우 종속적인 역할을 규정하고 있으니까요.

저는 지금 삼남매를 키우고 있어요. 첫째 딸과 둘째 아들, 막내딸을 두었는데, 우리나라에서 양육과 직장 생활을 병행하면서 자신의 전문성을 유지하며 꾸준히 일하기는 사실상 불가능에 가깝습니다.

강양구 하지만 황정아 선생님께서는 해내고 계시지 않나요?

황정아 제가 경력 단절을 겪지 않고 전문가로서 일을 계속할 수 있기까지, 제 주변 많은 사람들의 희생이 있었다는 뜻이지요. 아이 하나를 온전한 사람으로 키우는 데도 마을 하나가 필요하다고 했습니다. 아이들이 어릴 때는 정말 온전한 사람으로 보기가 어려워요. 뭘 해 달라고 요구하면 무조건 받아 줘야 하는 입장이잖아요. 아이들은 스스로 판단하기도 어려우니 곁에서 계속 살펴야 하고요. 유치원에 데려가고 데려오고, 아침과 점심, 저녁을 다 챙기고 먹여야 하고, 씻기고 숙제 같이 봐주고, 재우고……. 육아만 해도 24시간이 부족합니다.

아이들이 온전히 혼자 힘으로 밥이라도 차려 먹게 되기까지 엄마 한 사람의 노력만으로 가능할까요? 턱도 없이 부족합니다. 더구나 저는 제 일을 놓지 않고 계속 하고 싶은 욕심이 있었고요. 그러려면 남편은 물론이고 주변 사람들의 절대적인 희생과 배려가 필요합니다.

저는 집에 늦게 들어가는 일도 많고, 야근과 회식도 많고, 국내 출장과 당일 출장도 많아요. 지위가 올라가면 직장에서 기대하는 역할도 점점 커지고 책임도 그만큼 막중해지잖아요. 게다가 보통 직장이라면 국외 출장까지는 별로 안 다닐 텐데, 저는 국외 출장도 많은 편입니다.

이명현 학회도 가셔야 하고요.

강양구 하시는 일이 많잖아요.

황정아 앞에서 말씀드렸다시피 일당백을 해야 해요. 제가 이만큼 연구했다고 다른 나라에 알리지 않으면, 우리나라에서 아무 연구도 안 하는 줄 압니다. 그래서 국제 학회에서 발표도 열심히 해야 해요.

2017년에는 미국 콜로라도 주 볼더에 있는 NOAA에 다녀오기도 했습니다. 제가 개발한 우주 방사선 예측 모형 KREAM을 NOAA의 우주 환경 예보 서버에 설치하기 위해서 출장을 간 것이었어요. 그곳에서 제가 개발한 항공기 우주 방사선 모형을 NASA의 과학자들이 개발한 모형과 함께 운영하며 결과를 비교 검증하겠다고 합니다. 한국 대 미국으로, 어느 나라의 모형이 더 정확한지를 3년 동안 시험한 후에 둘 중 하나를 표준으로 선택한다는 계획이에요. 한국의 모형으로는 제가 개발한 KREAM 모형이 들어간 것이지요.

과학 어느 분야에서도 한국의 일개 과학자가 개발한 입자 모형과 NASA의 우주 방사선 그룹에서 개발한 모형을 일대일로 비교하는 일은 잘 일어나지 않아요. 사실 그런 일은 하루 이틀 만에 되지 않습니다. 제가 이론 모형을 개발하는 데만 7년 걸렸고요. 이 모형을 시험하고 데이터를 분석하고 결과를 학회에 발표하고 논문을 쓰는 일은 전혀 일시적이지 않았어요.

연구는 지원이 없으면 계속할 수 없습니다. 개인 연구자로서는 연구비가 지원되는 연구를 할 수밖에 없어요. 이런 거대한 연구는 한 번 끊기면 거기서 끝나고 맙니다. 더구나 다른 것들은 경험해 보지 않아서 잘 모르겠습니다만, 여성 연구자는 한 번 연구를 놓으면 다시 연구 현장으로 돌아오지 못하는 경우가 많습니다.

김상욱 그것을 비가역 반응이라고 하지요.

황정아   아주 적절한 표현입니다. 돌아올 수 없어요.

이공계에서 여성은 늘 소수자입니다. 제가 거쳐 온 과학고, 카이스트 물리학과, 한국 천문 연구원도 마찬가지입니다. 이미 소수자에 속해 있기 때문에 여성의 목소리를 낼 수 없었습니다. 들어 주는 사람이 없었으니까요.

제가 우주 관련 일을 하고 있으니 이 분야를 예로 들겠습니다. 한국에서 우주 분야의 공공 기관으로는 한국 항공 우주 연구원과 한국 천문 연구원이 있습니다. 그런데 한국 항공 우주 연구원의 책임 연구원 중 여성이 차지하는 비율이 1퍼센트가 되지 않아요.

강양구   책임 연구원은 공공 연구 기관에서 가장 높은 직급의 연구원을 가리키지요?

황정아   예. 공공 연구 기관은 연구자나 과학자의 직책을 연구원과 선임 연구원, 책임 연구원까지 셋으로 나눕니다. 보통은 가장 편하게 학위로 구분해요. 연구원은 학사 학위만 있는 분들입니다. 선임 연구원은 석사 학위 이상 소지자여야 하는데, 요새는 박사 학위가 있어야 해요. 연구원에서 석사는 거의 뽑지 않는데, 요즘은 박사 학위가 있어도 선임 연구원 자리를 장담하기 어렵습니다.

책임 연구원은 연구원마다 내규나 기준이 다르기는 하지만, (한국 항공 우주 연구원의 기준에 따르면) 선임 연구원으로 20년은 재직해야 책임 연구원 승급 심사 후보의 자격이 주어집니다. 하지만 심사를 받는다고 해서 무조건 진급되는 것은 아니고, 후보들 사이에서 경쟁해서 살아남아야 해요. 매년 선임 연구원 중 몇 명만 책임 연구원으로 직급을 올리라는 제재가 있거든요. 책임급과 선임급을 얼마로 조절하라는 할당제가 있기 때문에, 어떤 분들은 정년을 채울 때까지도 연구원이나 선임 연구원으로 지내기도 합니다. 어디를 가나 실적이 우수하고 성과가 있어야 해요.

그런데 한국 항공 우주 연구원과 한국 천문 연구원의 책임 연구원 중에서 여성이 차지하는 비율은 1퍼센트 미만이고, 이 연구원들의 보직자 중에서 여성의 비율은 0퍼센트입니다. 보직자는 공공 기관이나 공공 연구 기관에서 그룹장이나 센터장, 팀장처럼 그 구성원이 5명이든 10명이든 조직을 이끌 능력이 되고 그룹의 리더가 되어 의사 결정을 할 수 있는 사람을 말합니다. 그런데 한국 항공 우주 연구원도 0퍼센트, 한국 천문 연구원도 0퍼센트입니다. 보직자 100명 중에서 여성은 단 한 명도 없다는 겁니다. 심각하지요.

여성으로서 목소리를 내기 너무 어렵습니다. 소수인 데다, 의사 결정을 하는 위치에 있는 여성이 아무도 없으니까요.

그렇기 때문에 여성으로서 목소리를 내기 너무 어렵습니다. 애초에 소수인 데다, 의사 결정을 하는 위치에 있는 여성이 아무도 없으니까요. 그러다 보면 모든 것이 계속 원래 그랬던 대로 아무 변화 없이, 아무런 문제 의식 없이 흘러갑니다.

"어떻게 여자에게 자리를 맡기느냐?"

강양구 황정아 선생님께서는 2007년에 입사하시고 2016년에, 즉 입사 후 9년 만에 책임 연구원까지 오르셨잖아요. 그렇다면 황정아 선생님 스스로는 책임 연구원이라는 자리가 그간 굉장히 많은 어려움을 겪으면서 이룬 성과라고 생각하시는 것이지요? 양육 문제뿐만 아니라, 조직 내에서도 여성이라는 이유만으로 과학자로서 제대로 인정받지 못하고 불이익을 겪는 일이 많았다고 생각하시는 것이고요.

황정아 소소하게 몇 가지 일화를 꼽을 수 있습니다. 다른 분들이 겪은 것에 비하면 제 경험은 새 발의 피에도 못 미친다고 생각해요. 뒤에서 다시 말씀을 드리겠습니다마는 제가 2012년부터 한국 여성 과학 기술인 지원 센터(WISET)이나 대한 여성 과학 기술인회(KWSE) 등의 여성 과학 기술인 단체에서 활동하고 있습니다. 아직 고용이 불안정한 수많은 여성 이공계 대학생과 대학원생, 입사 초기의 신입 사원, 대부분의 비정규직 여성 연구원 들에게 들려주고 싶은 이야기가 굉장히 많아요. 제가 그 시기를 거치는 동안 들었더라면 참 좋았을 그런 이야기들이요.

그래서 온·오프라인으로 질문을 주신 많은 분에게 멘토링을 하는 일을 하고 있습니다. "당신이 겪고 있는 일을 나도 겪었다, 그때 나는 이렇게 했다."라는 말을 아는 체하지 않고 해 줄 단 한 사람이 이들을 포기하지 않게 하는 중요한 역할을 합니다. 수많은 단계마다 각기 다른 고민들이 있어요. 중학생과 고등학생의 고민이 다르고, 대학생과 대학원생의 고민이 다르며, 입사한 지 얼마 되지 않았을 때와 꽤 지났을 때의 고민이 다릅니다. 각자의 삶이 그리는 궤적만큼이나 다양한 스펙트럼을 보이는 고민들을 끌어안고 있는 셈이에요.

강양구　그렇다면 황정아 선생님 자신의 경험이나, 멘토링하며 들은 것 중에서 기억에 남은 경험이 있다면 소개해 주시지요.

황정아　이공계 연구 기관들은 내부를 들여다보면 사실 굉장히 보수적입니다. 여성에게 절대 리더를 맡기지 않아요.

제가 둘째를 임신했을 때 겪은 일입니다. 어떤 연구가 필요하다고 제가 정부 기관을 설득해서 드디어 정부에 정책 연구 용역 과제가 만들어졌습니다. 연구비 또한 제게 주겠다는 이야기를 들었습니다. 첫 과제 책임자를 맡을 기회가 거의 제 손에 들어온 겁니다.

그런데 그때 "아니다. 여자애한테 어떻게 그런 자리를 맡기느냐?"라면서 "나이가 좀 더 많은 다른 남자를 과제 책임자로 하라."라는 말을 한국 천문 연구원

내부의 상급자에게서 들었습니다. 젊은 여자가 나서서 뭘 하는 편보다는, 좀 나이가 있고 배도 나온 남자가 나서서 설명하는 편이 훨씬 더 "안정적"인 느낌이 든다는 겁니다. 지금도 그렇지만, 당시 한국 사회에서는 이를 너무 당연하게 받아들였어요. "앞에는 남자가 서고, 너는 뒤에서 보조하라."라는 경우가 비일비재합니다. 실제로 제가 몇 년 동안 지겹게 들은 말이기도 합니다.

논문을 쓸 때도 마찬가지입니다. 과제 책임자가 기여한 바가 별로 없더라도, 결과가 나오면 논문을 쓰고 특허를 신청할 때 그의 이름을 다 넣어야 합니다. 반면 1년 동안 결과 보고서를 쓴 여성의 이름은 맨 앞에 오지 못합니다. 그런 일이 이공계에서 너무 많이 벌어져요.

수행한 과제가 좋은 평가를 받아야 후속 과제도 기대할 수 있을 겁니다. 평가는 실적으로 판단하는 것이고요. 그런데 논문이건 특허이건, 심지어 정량적 특허이건 과제 책임자급 리더의 이름이 앞에 있는 것이 모양새 좋다고 다들 생각해요.

이명현 모양새가 좋다.

황정아 이름값이라고도 하는데, 어디서 듣도 보도 못한 생짜 초보보다는, 이 분야에 이름이 알려진 사람이 했다고 하는 편이 더 잘 먹힌다는 겁니다. 경험 있는 사람의 이름을 등에 업고 들어가는 편이 논리를 방어하기에는 훨씬 더 좋거든요. 그런 식으로 일을 가로채거나 보직의 기회를 주지 않거나, 순서를 뒤로 미루거나 학회 발표 기회를 나이 많은 남성에게 먼저 주자는 경우를 매우 많이 봤습니다.

게다가 여성은 정말 피해 갈 수 없게, 생애 주기에 결혼과 출산이 들어가 있잖아요. 저는 아이가 셋입니다. 그런데 딱 9개월 쉬었어요.

강양구 출산 휴가를 3개월씩 세 번 쓰셨군요.

황정아　법적으로 주어지는 유급 휴가 3개월만 썼습니다. 3개월 지나면 무급 휴가이거든요. 저는 돈을 벌어야겠다고 생각했어요. 그래서 딱 3개월씩 총 9개월을 쉬었는데, 그 기간에도 정말로 쉬지는 못했어요. 정기 세미나에 매주 참석했고 논문도 계속 썼습니다. 계속 발언권을 유지하려고 노력했어요. 3개월 쉬고 돌아오면 제자리를 찾기까지 3년이 걸립니다. 흐름을 놓치지 않으려면 그만큼 노력이 필요해요.

　그렇지 않으면 비슷한 시기에 들어온 남자 동기가 앞서 나가면서 그를 보조하는 역할을 계속 하게 됩니다. 거기에 만족할 자신이 있다면 그렇게 해도 되지요. 그렇지만 그런 상황에 만족할 자신이 없다면, 현재의 구조 안에서는 여성 과학자로 살아남기 위해 현장에서 정말 치열하게 연구하는 것 말고 다른 방법을 저는 모르겠어요. 제 경험상, 여성 과학자는 남성 과학자보다 최소 2~3배는 더 열심히 연구할 각오가 없으면 살아남지 못합니다.

이 지긋지긋한 유리 천장은 언제 깨지나

이명현　여성에 대한 차별이 있다는 것은 알았지만, 실제 여성의 경험을 들어보니 굉장히 다르게 다가오네요.

김상욱　방금 정적이 흘렀는데, 주위에 여성 과학자가 정말로 없습니다. 있어도 한두 명밖에 없고요. 한 번은 들어 본 이야기라 해도 실감하기 어려워요. 더구나 이론 물리학 분야에는 여성 과학자가 더욱더 없으니까요.

강양구　황정아 선생님께서 말씀하신 '유리 천장'은 계속 지적되어 온 문제이지요. 그럼에도 불구하고 전 세계적으로 크게 변하지 않는 데다 우리나라는 그 정도가 더 심한 것 같습니다. 이러한 성차별의 가장 근본적인 원인이 무엇이라고 생각하세요? 한국 사회에 만연한 가부장제까지 시야를 넓혀야 할까요? 아니면 과학계에 특화된 다른 문제가 있을까요?

김상욱 어쩌면 황정아 선생님께서 우리나라의 1세대 여성 과학자일지도 모릅니다. 저희가 어렸을 때 과학고 제도가 처음 만들어졌잖아요. (그러고 보니 이 자리에 계신 분들 모두 과학고 출신이네요.)

제가 1985년 11월 2일자 《중앙일보》에 실린 기사 「과학고, 여학생은 왜 안 받나」를 읽은 적이 있습니다. "과학고가 드디어 1회 졸업생을 배출한다."라면서 표제 그대로 "왜 과학고에서는 여학생을 받지 않는가?"를 묻더라고요.

우리나라에 처음 과학고가 들어선 당시에는 과학고에 여학생을 뽑는다는 개념 자체가 없었어요. 같은 해 10월 28일자 《동아일보》 기사 「"과학고 신입생 모집 여학생 제외는 부당" 일선 교사들 건의」를 보면, 1980년대에 과학 영재 양성을 위해 설립된 과학고 네 곳은 "남학생에 한해 지원할 수 있도록 지원 자격을 명시한 요강"을 근거로 신입생을 선발했다고 합니다. 즉 1980년대 중반까지 한국에서는 여성이 과학을 한다는 개념 자체가 없었던 겁니다.

결국 경기 과학 고등학교의 경우 1988년이 되어서야 여학생을 받았다고 합니다. 황정아 선생님께서 과학고에 입학하실 즈음에 비로소 여성도 과학자가 될 가능성이 제도적으로나마 생긴 셈입니다.

즉 1980년대 중반까지 한국에서는 여성이 과학을 한다는 개념 자체가 없었던 겁니다.

이명현 사관 학교도 마찬가지였지요. 그런 식으로 여성에게도 열리기 시작했고요.

김상욱 그전까지는 과학에 뜻이 있는 여성 개인이 혼자서 어려움을 뚫고 헤쳐 나가서 과학자가 되었다면, 황정아 선생님께서는 그나마 여성이 과학자가 되는 체계라도 갖춰졌을 때 과학자가 된 첫 세대 같습니다. 그래서 숫자가 절대적으로 적고요. 제가 대학을 다니던 때에도 국내 이공계에는 여성이 거의 없었어요.

황정아 그렇지요. 있어도 한두 명이고요. 비선형 카오스 연구실에도 한 분 있었잖아요. 그분도 다른 기관에서 계속 연구하고 있지만 그 경력에 마땅히 받아야 할 처우를 받지 못하고 있는 것으로 알고 있습니다. 그 연배에는 그룹 리더처럼 어느 정도 비중 있는 연구와 자리를 줘야 하는데, 여성에게는 주지 않아요.

강양구 시간이 흐르면서 과학계에서 이탈하는 비율은 여성이 더 높지요? 다른 직업을 택하는 여성의 비율도 높고요. 설령 남아 있다 하더라도 똑같이 출발한 남자 동기에 비해 더 열등한 지위에 놓이거나, 그 연령대에 주어질 만한 주요 직책이나 역할을 맡지 못하는 경우가 많습니다. 이를 감안하면 황정아 선생님께서는 굉장히 성취가 뛰어난 편이셨어요.

황정아 나름대로 운이 좋았다고 생각합니다. 저희 연구소에도 여성 책임 연구원은 몇 안 되거든요. 저보다 앞서 세 분 있었어요.

강양구 세 분이요?

황정아 그중 한 분은 중간에 결국 버티지 못하고 연구원을 나갔습니다. 그래서 1970년대부터 시작된 한국 천문 연구원의 역사에서 지금까지 여성 책임 연구원이 두 분 있었던 셈입니다.

김상욱 통틀어서 두 분이요?

황정아 한국 천문 연구원 역사상 여성 책임 연구원이 두 분 있었다는 것이 말이 됩니까?

김상욱　다른 곳은 그보다는 더 많을 것 같은데요.

황정아　아니에요. 책임 연구원으로 승진하기가 굉장히 어렵습니다. 다른 비슷한 남성들과 같은 시험대에 올라서 승진을 놓고 경쟁하는 관문부터 굉장히 어렵습니다.

강양구　개개인의 문제로 환원되지 않는 구조적인 문제가 있네요.

이명현　개개인의 문제라고 하려면 풀이 넓어야 하잖아요. 그래서 그들끼리의 경쟁도 있어야 하는데, 그런 경쟁조차 없으니까요.

황정아　그렇지요. 제 경우는 특히 운이 좋았다고 생각하는 것이, 저는 자연 과학을 연구하잖아요. 공학 분야는 문제가 훨씬 더 심각하거든요. 기계나 재료, 무기를 연구하는 여성들은 자연 과학 분야보다도 갑절로 큰 어려움을 겪고 있다고 보시면 됩니다. 일이 힘들면 여성을 받지 않아요. 그나마 자연 과학 분야는 여성이나 남성이나 펜만 있으면 된다고 생각하기 쉽잖아요.

이명현　공학 분야는 더 심각한가요?

황정아　에. 여성은 공학 분야에서 살아남기가 너무 어렵습니다. 한번 둘러보세요. 공학자 중에서 최고까지 올라간 여성이 누가 있는지 한번 꼽아 보시지요.

이명현　맞아요. 자연 과학자는 그래도 몇 있는데요.

황정아 　수학이나 화학, 물리학, 생물학 같은 자연 과학은 자신의 연구만 꾸준히 해서 결과를 내놓기가 그나마 쉽습니다. 그런데 공학을 하면 계속 큰 프로젝트에서 남성 연구자들을 보조해야 하는데, 그렇게는 절대 자신의 이름으로 결과를 낼 수 없습니다. 앞으로 나서는 일을 여성에게 주지 않기 때문이지요.

강양구 　정적이 여러 차례 흐르네요.

황정아 　제가 밝고 긍정적인 이야기를 하지 못하고 우울한 이야기만 하네요.

김상묵 　너무 답답해서 말이 안 나오네요.

이명현 　주변의 동료들에게 많이 들으면서도, 들을 때마다 답답해지는 이야기이네요.

"나는 여성이 겪는 불평등을 잘 모르겠다."

강양구 　「히든 피겨스」에서 세 주인공은 여성으로서 연대합니다. 한편 연대의 폭을 관리자들, 더 나아가 뜻을 함께하는 남성 과학자들까지 넓히면서 변화를 만듭니다. 우리의 현실도 그렇게 바꿀 수밖에 없지 않을까요?

이명현 　사실 「히든 피겨스」는 굉장히 미화된 영화이지요. 실제 인물들의 사이도 안 좋았어요.

김상묵 　사이가 안 좋았다고요?

이명현 　각자가 아쉬울 것 없는 사람들이었어요. 세계 최고의 자리에 있던 사람들이니까요. 그렇게 굳이 연대하지 않아도 혼자서 버틸 수 있는 사람들을 캐릭터로 만든 겁니다.

강양구 살아남을 역량이 있는 사람들이었군요.

황정아 맞아요. 실로 대단한 역량을 갖추고 있던 사람들의 이야기를 미화한 겁니다. 힘들게 헤쳐 나오지 않아도 될 사람들을 미화한, 사실은 동화 같은 영화이지요.

이명현 물론 그들 각자는 황정아 선생님처럼 제 역할을 했습니다. 하지만 실제로 영화 같은 아름다운 연대는 있기 어렵지요.

황정아 또한 여성 과학자들의 가장 큰 문제가 있습니다.

강양구 여성 과학자들끼리도 경쟁해야 하잖아요?

황정아 바로 그 문제를 이야기하려 합니다. 물론 일차적인 문제는 여성의 능력을 인정하지 않으려 하는 사회 분위기나 구조에 있습니다. 이공계에서는 그 문제가 더욱 심각합니다. 여성의 수학적·과학적 역량이 일반적으로 남성에 비해 열등하다는 편견이 있지요. 여기에 현재의 여성에게 불평등하게 고착된 사회 구조를 무비판적으로 받아들이는 여성과의 의견 차이 또한 더해집니다.
저는 그렇게 생각하지 않습니다만, 간혹 국가적 수준의 여성 과학자 중에서는 "나는 그런 고통을 겪은 적이 없는데."라는 분이 있습니다. 능력이 있으면 그냥 뚫고 올라오면 되지, 군이 구조 핑계를 대면서 불평한다고 여기는 겁니다. "나는 여성이 겪는 불평등을 잘 모르겠다."라면서 오히려 연대에 반대하고요. "나는 할당제에 반대한다. 평등하게 경쟁해야지, 여성이라고 미리 점수를 확보하는 할당제가 말이 되나. 능력이 있으면 스스로 뚫고 나와라."라고 말하는 고위 여성 과학자가 몇몇 있습니다.

강양구 "내가 해 봐서 아는데, 그거 다 못난 사람들이나 하는 소리다."라는 말이네요.

황정아 정확히 그렇게 이야기하는 분들이 있습니다. 저는 그런 말씀들이 말도 안 되고, 오히려 여성들의 정당한 권리를 합리적인 수준까지 끌어올리지 못하게 하는 데 한몫한다고 생각합니다. 잘 모르는 사람들에게는 그분들의 말이 언뜻 합리적이고 객관적으로 들리잖아요.

이명현 또 그렇게 말하는 분들이 롤 모델로 보이기도 하고요.

황정아 그러면 "아무것도 주지 않아도 여기까지 잘 올라오는 여성들도 있는데 너는 왜 그렇게 불만이 많아?"라고 비난받을 여지를 주게 됩니다. 여성 과학자에게 할당되는 연구비는 한국 연구 재단에도 아주 조금이나마 정해져 있어요. 최근 몇 년간은 아니지만, 전에는 공공 연구 기관에도 있었습니다. 이때도 "나는 필요 없다. 그런 데 관심이 없다. 지원 없이 '평등하게' 싸우게 하라."라는 여성 과학자들이 있습니다. 이렇게 높은 자리에 있는 훌륭한 여성들이 내는 반대 목소리가, 여성 과학자의 사회 구조적 문제를 해결하는 데 또 하나의 걸림돌이 되는 것이 사실입니다.

그럼에도 불구하고 모두에게 과학을 권한다

이명현 어려운 문제이네요. 구조와 개인이 얽혀 있다 보니까요.

강양구　앞에서 황정아 선생님께서 멘토링을 하신다고 말씀하셨지요. 주로 후배 여성 과학자, 혹은 여성 과학자로서 경력을 시작하려는 분들 내지는 여성 과학자를 꿈꾸는 학생들을 상대로 멘토링을 하시지요? 어떻게 멘토링을 하십니까? 황정아 선생님의 이야기를 듣다 보면 앞으로 헤쳐 나가야 할 장애물이 만만치 않음을 깨닫고 다들 과학자가 되기를 포기하겠는데요. 그럼에도 불구하고 여성들에게 과학계로 오라고 권할 의향이 있으신가요? "여성들이여, 과학으로 오라."

황정아　사실 여성뿐만 아니라 모든 사람에게 권하고 싶어요. 세상이 나아지기를 바라는 사람이라면 과학을 하셔야지요. 기왕이면 능력 있는 분들이 왔으면 좋겠고요.

김상욱　일단은 숫자가 중요하지 않을까요?

이명현　기본적으로 과학을 하는 사람이 많아야 해요.

황정아　그렇지요. 저희가 지지하는 세력이 많아야 하는데, 일단 이공계 과학자의 숫자 자체가 너무 적어요. 그중에서도 여성은 더욱 적고요.

세상이 나아지기를 바라는 사람이라면 과학을 하셔야지요.

김상욱　따지고 보면 차별은 이기심의 발로 잖아요. 물론 여성을 낮게 봐서 차별하기도 합니다. 하지만 경쟁 상황에서 상대가 소수자인 것을 이용한 배제는 나쁘지만 효과적인 전략으로 통합니다. 많은 독일인이 유대 인

탄압에 협력한 이유 중 하나도, 유대 인을 쳐내서 그들의 재산과 자리를 차지하려던 것도 있고요.

여성도 차별을 받지만, 다른 소수자들도 마찬가지로 차별을 받을 거예요. 예를 들어 과학계에는 외국인이 별로 없어요. 국내에서 학위를 받고 한국어를 쓰더라도, 외국인으로서 한국에서 과학자로 살아남을 가능성 자체를 생각할 수 없기 때문에 모두 외국으로 나갑니다. 당연한 일은 아니거든요. 마찬가지로 그동안 과학계에 여성의 숫자가 적고, 여성을 기용하지도 않았습니다.

강양구   일본만 하더라도 외국 출신의 연구자나 외국인 연구자가 꽤 많거든요.

김상욱   우리나라 사람들도 일본에서 교수가 되기도 하니까요. 그런데 우리나라에는 경쟁이 격화되면 상대에게 여성이라는 딱지를 붙여서 경쟁에서 일찌감치 배제하는 나쁜 의도가 있어요. 일단은 여성의 숫자가 많아질 필요가 있습니다.

황정아   맞습니다. 그래서 이공계에 여성이 많이 왔으면 좋겠습니다.

김상욱   그것이 병행되지 않으면 소수로 남게 되니까요.

이명현   뛰어난 소수로 국한되어 버리고요.

황정아   그렇지요. 일단 수가 많아야 살아남든가 할 것 아니에요? 애초에 몇 명 안 되는 상황에서 필터링까지 되면, 여성이 이공계에 남아날 리가 없잖아요. 이제 우리나라 이공계 학부는 여성이 차지하는 비율이 40퍼센트까지 된다고 해요.

이명현   최근에 굉장히 많이 늘었지요.

황정아　대학원으로 가면 20퍼센트, 10퍼센트로 점점 줄기는 하지만요. 하지만 그 여성들이 자기 전공과 경력을 유지하면서 사회에서 제 역할을 하기가 너무 어렵지요. 산업체나 연구 기관에서 이공계 출신 여성을 뽑지 않으니까요.

여성 과학자의 현실, 공정한 기회에 대하여

강양구　앞에서 황정아 선생님의 연구 분야를 살펴보는 한편, 한국에서 여성 과학자로 산다는 것에 대해 이야기를 나눴습니다. 여성 과학자로서의 이야기는 수다라기보다는 황정아 선생님께서 열정적으로 강연하시고 남자 셋이서 경청하는 시간이었는데요.

이명현　죄책감을 느꼈어요.

김상욱　너무 미안했어요.

강양구　다들 두 손을 모으고 황정아 선생님의 말씀을 듣고 있습니다. 게다가 밴앨런대 전문가이면서 화성의 우주 환경 연구도 해야 하는 한국 과학계의 현실 또한 앞에서 이야기하셨지요. 각 분야에 수백 명씩 있는 외국 연구진을 혼자서 상대해야 한다고도 하셨고요. 한국 과학계의 열악한 현실을 보여 주는 대목인데, 게다가 여성이라는 정체성이 우리나라에서는 장벽이 되었습니다.

　이 열악한 현실을 뚫고 힘들게 자신의 연구를 하는 과학자로서 삶을 개척해 오신 황정아 선생님께서 정부에 바라는 점이 있으셨다고요. 이 이야기를 해 보는 것은 어떨까요? 어디에서부터 해결책을 찾아야 할까요? 앞에서 더 많은 여성들이 과학계의 문을 두드렸으면 좋겠다는 바람까지 이야기하셨습니다. 「과학수다 시즌 2」의 독자 중에서 과학자를 꿈꾸는 여성이라면 분명 황정아 선생님 같은 과학자가 되어야겠다고 희망을 가질 것 같은데, 어떻습니까?

황정아 여성 과학자로 살기란 우리나라뿐만 아니라 미국에서도 마찬가지로 힘듭니다. 미국에 있는 친구들도 많지만, 미국인이라고 해서 그렇게 처지가 낫지는 않아요. 제가 추천사를 쓴 『랩걸』의 저자 호프 자런도 여성 과학자로 살아남으려고 참 치열한 삶을 살았더군요. 능력을 인정받았음에도 불구하고, 여성 과학자가 안정적인 궤도에 오르려면 남성 과학자보다 훨씬 더 치열한 삶을 각오해야 합니다.

강양구 제가 「과학 수다 시즌 2」에 출연하신 송기원 선생님께 『랩걸』을 드렸습니다. (송기원 선생님과의 수다는 『과학 수다』 4권에서 확인하실 수 있어요.) 송기원 선생님께서도 재미있게 읽으셨다고 말씀을 주셨어요. 그런데 『랩걸』만 해도 그 안에 주인공이 고생한 이야기가 많은데, 송기원 선생님께서는 "참 운이 좋은 분이시다."라고 한마디 평을 하시더라고요.

이명현 처음에는 『랩걸』 추천사 청탁이 제게 왔습니다. 제가 황정아 선생님을 출판사에 소개하고, 저와 함께 각자 여성 과학자와 남성 과학자의 입장에서 추천사를 쓰기로 계획했거든요. 그런데 책을 읽고 나니 도저히 추천사를 못 쓰겠더라고요. 과학을 공부한 남자로서 이 책에 추천사를 쓴다는 것이 죄악으로 느껴졌습니다.

　저도 아내가 (과학자는 아니지만) 치과 의사이고, 딸아이도 자연 과학을 전공하겠다고 합니다. 제 어머니는 네 아이를 낳으신 사회 과학자셨고요. 주인공인 자런에게서 이들이 겹쳐 보였습니다. 그러다 보니 제가 추천사를 쓰기 너무 힘들더라고요. 결국은 황정아 선생님의 추천사만 단독으로 나가게 되었습니다.

강양구 책을 보면 자런도 굉장히 힘든 삶을 살았음을 알 수 있습니다. 그런데도 이를 "운이 좋았다."라고 말씀하신 데에는, 결국 과학계에서 인정받아서 책을 낼 만한 위치에 오르는 것조차 여성 과학자에게는 쉽지 않다는 뜻이 담겨 있잖아요?

이명현　그럼에도 불구하고 책의 서문을 보면 "나는 한 과학자로서 다른 과학자에게 이야기를 건네고 싶다."라는 문장이 있지요. 울컥합니다.

황정아　앞에는 "내가 쓰는 모든 글은 어머니께 바치는 것이다."라는 헌사도 있지요. 그래서 울컥했어요. 제 딸이 이공계로 진학한다고 하면 저는 적극 지지할 겁니다.

이명현　저도 제 딸을 지지해요.

황정아　더욱 합리적이고 상식이 통하는, 제대로 돌아가는 사회가 되려면 과학이 바로 서야 한다고 생각합니다. 그런데 현재 기득권을 장악하고 있는 남성 과학자들만의 조직으로 과학이 제 역할을 하는 데는 한계가 있는 것이 분명합니다.
　여성 과학자들이 과학계 내에서 더 중요한 역할을 맡고 중요한 과제를 해내서 능력과 성취로 인정받고, 정당하게 경쟁할 수 있는 사회가 되었으면 좋겠습니다. 일단은 여성에게도 기회가 공정하게 주어졌으면 좋겠고요.

강양구　제가 황정아 선생님의 말씀에 토를 달아 보겠습니다. 황정아 선생님께서는 내용, 연구 방향, 연구 방법론 등을 포함해 여러 문제가 있는 과학계가 개선되지 않는 중요한 이유 중 하나로, 과학계의 큰 부분을 차지하는 이들이 남성인 점을 꼽을 수 있다고 생각하시나요?

황정아　그것이 큰 이유 중 하나라고 생각합니다. 의사 결정을 내리는 주요 기구들은 이미 남성들이 장악하고 있어요. 인위적인 조치를 취하지 않는 이상 그 자리들은 여성에게 돌아오지 않을 테고요. 여성을 동등하게 생각하기가 남성에게는 굉장히 큰 개혁 정신이 필요한 일이어서, 여성을 동등하게 생각하는 사람이 주요 위치에 오르거나 그런 세대가 부상하지 않는 이상은 여성에게 공정한 기회가 오기 어렵지요.

여성을 동등하게 생각하기가 남성에게는 굉장히 큰 개혁 정신이 필요한 일입니다.

현 정부의 키워드는 공정입니다. 모두에게 공정한 기회를 주는 정의로운 사회가 되려면 과학이 바로 서야 한다고 생각하고요. 사실 과학자 집단이 사회에서 가장 합리적일 것이라고 기대되잖아요. 과학자가 내리는 결정은 어쩐지 맞을 것 같고요.

강양구 하지만 과학자 중에서도 합리적이지 않은 분들 많잖아요.

황정아 저는 과학에 합리성과 객관성이 담보되는 곳이 우리 사회이기를 바랍니다. 현 정부에 거는 기대가 크고요.

강양구 어떤 것을 기대하고 계십니까?

황정아 이번 정부가 전면에 내건 기치가 공정, 정의잖아요. 현 정부 취임 초기 정부 인선도 이런 기치에 맞게 능력 있는 인물들이 적재적소에 배치되고 있습니다. 아직 과학 기술계의 인선이 발표되지 않아서 모두 숨죽이고 쳐다보고 있거든요.

이명현 약간 불안한 면도 있지요.

황정아　미래 창조 과학부는 그대로 유지될지도 의문입니다. 현재 이곳에서 함께 관리하는 과학 기술 부문과 정보 통신 기술 부문이 앞으로도 함께일지, 아니면 조직이 개편되면서 분리될지 불분명하지요. 그래서 산하 기관의 인선도 되지 않고 있거든요. 위에서 쭉 내려와야 하니까요. 전부 대기하고 있습니다. (미래 창조 과학부는 이 수다 직후인 2017년 7월 26일 과학 기술 정보 통신부로 개편되었습니다.)

어느 기관이나 누가 리더이냐에 따라 분위기가 많이 달라집니다. 저희가 선택할 수 있는 입장도 달라지고요. 정부도 마찬가지이지요. 리더 하나 잘 뽑아서 세상이 이렇게 변할 줄 몰랐잖아요.

저는 여성에게 더욱 공정한 기회를 주는 리더가 뽑혔으면 좋겠습니다. 최근 정부가 인사 수석, 외교부 장관 같은 주요 보직에 여성을 임명했지요. 능력과 책임이 필요한 자리입니다.

강양구　과거에 여성은 환경부나 여성 가족부 장관 정도로 만족해야 했잖아요. 이 자리들이 중요하지 않다는 뜻은 아니지만, 정부 구조에서 힘없는 자리이기는 합니다. 보통 그런 곳에 여성을 배치했어요.

황정아　단적으로 힘없고 욕먹는 자리이지요. 여성의 비율을 얼마간 맞춰야 하니까요. 그렇게 구색만 갖출 것이 아니라 실제로 권한과 책임이 주어지는 비중 있는 자리에 여성을 배치했으면 좋겠고요. 조직이 어떻게 바뀔지는 모르지만 과학 기술계의 수장도 정부 기조에 걸맞은 사람이면 참 좋겠습니다.

여성 위원이 두 명뿐인 여성 위원회와 여성 할당제

강양구　여성 과학자 관련 정책 중에서 가장 중요하게 거론되는 것이 앞에서도 나온 여성 할당제입니다. 황정아 선생님께서는 여성 할당제의 취지에 공감하고 도입에 찬성하는 입장이시지요?

황정아 예. 3년 동안 미래 창조 과학부 산하의 여성 과학 기술인 육성 위원회 위원으로 활동하면서 여성 단체들을 재정적으로 지원하고, 각 기관에서 여성 인력 할당제가 잘 지켜지는지 감시하는 일을 했습니다. 그런데 그 위원회 소속 위원 10명 중에서도 여성은 저를 포함해서 단 두 명이었거든요.

강양구 진짜요? 여성 위원회인데 여성 위원이 두 명밖에 없었다고요?

황정아 예. 4~5급 당연직 공무원이 5명 있고, 나머지는 민간에서 위촉된 전문직인데 그중 여성은 저 혼자인 식이었어요.

그럼에도 불구하고 여성 할당제가 있어야 한다는 주장에는 찬반이 반으로 나뉘었어요. 이분들은 나이가 있으신 편이었는데, 그래서인지 지금 세상이 훨씬 더 좋아졌는데 무슨 소리냐고 하더라고요. 이미 눈에 보이는 것이 '여성 천지'인데 여성 할당제로 여성을 더 뽑아야 하느냐고도, 헌법 정신에 위배되는 불공정이라고도 하고요. 여성만 권리를 너무 많이 보장받으니 오히려 남성의 권리를 보장해 달라는 분들이 굉장히 많았어요.

이명현 제가 대학교 입시를 준비할 때에는 교대에 남성 할당제가 있었어요. 초등학교에 남성 교사를 늘리자는 취지로 입학 정원의 30퍼센트를 남성에게 할당하면서 병역 의무도 면제받는 혜택을 줬습니다. 제 고등학교 동기 중에도 많은 수가 교대에 들어가서 교사가 되었어요. 문제는 졸업할 때 임용 고시에서 다 떨어지는 거예요. 재수, 삼수를 해서 겨우 교사 임용되고요.

황정아 어쨌든 그 남성 교사들이 살아남지요.

강양구 공립 학교에 여성 교사가 너무 많아서 문제라는 이야기를 많이들 하지요. 그래서 이명현 선생님께서 말씀하신 대로 남성 할당제가 있기도 했고요.

하지만 이 현상의 근본적인 원인은 따로 있다고 생각해요. 저는 사회의 다른 영역에서 여성들이 정당한 목소리를 내며 책임 있는 자리를 맡기가 너무나 어렵기 때문에 상대적으로 많은 여성들이 교직을 택했다고 봐요. 그래서 여성의 숫자가 늘어난 것이고요.

여성 교사가 많음을 문제 삼기보다는 역으로 과학계를 비롯한 다른 영역에서 여성들이 충분히 사회 참여하고 능력에 맞는 대우를 받으면서 경력을 쌓을 수 있게끔 사회를 바꿔야겠지요. 그때 자연스럽게 해소될 문제라고 생각합니다.

> 여성 교사가 많음을 문제 삼기보다는 여성들이 충분히 사회 참여하고 능력에 맞는 대우를 받으면서 경력을 쌓을 수 있게끔 사회를 바꿔야겠지요.

이명현 그 물꼬가 트이지 않고 있지요. 그래서 여성들이 특정 분야에 몰릴 수밖에 없고요. 공무원이 되려면 실력으로 시험을 통과해야 하니까 여성들이 공무원 쪽으로 많이 진출합니다.

많은 남성이 여성 할당제를 두려워하지요. 그럴 필요가 없다고 봅니다. 능력이 있는 여성들이 사회로 진출할 수 있게끔 인위적으로라도 물꼬를 틀 필요가 있어요.

황정아 여성 할당제는 여성에게 용기를 주고, 도전할 기회도 줍니다. '여성을 이 정도 뽑겠다.'라는 공고에서 여성들은 기회와 희망을 보고 지원 자체를 많이 하게 되지요.

강양구 황정아 선생님께서는 이번 정부가 해야 할 중요한 일 중 하나로 미래 창조 과학부 장관부터 각 기관의 기관장까지를 여성에게 의미 있는 수준으로 할당하고, 더 나아가 아예 여성 과학자 할당제를 둬서 채용 인원의 30퍼센트 이상을 여성에 할당해야 한다고 보시는 것이지요?

황정아　할당제를 어느 정도 유지할 필요가 있다고 생각합니다. 한국 천문 연구원도 2015년과 2016년에는 여성 할당제가 있었습니다. 여성들이 많이 들어왔고요. 전에는 열 손가락 안에 꼽히던 여성 연구원들이 이제는 눈에 보이게 늘어났습니다. 그래도 아직 여성이 한 명도 없는 그룹도 많고요.

강양구　남성 과학자들은 여성이 너무 많다고 이야기하지요.

이명현　천지예요.

황정아　천지에 여성이 깔렸네요. (웃음) 그런데 여성들이 속한 그룹의 실적이 객관적으로 훨씬 더 좋습니다.

김상욱　그것이 중요하겠네요.

황정아　실적을 보여 줘야 해요.

이명현　앞에서 황정아 선생님께서 말씀하셨듯이 자신의 성과로 승부를 봐야 하기 때문에, 성과가 나오지 않으면 굉장히 힘들어지겠지요.

김상욱　여성 기관장이 여성에게 더 좋은 정책을 편다는 보장이 있나요?

황정아　현재 정부 출연 연구소가 대전에 20여 곳 있는데, 그중 기관장이 여성인 곳이 둘입니다. 그곳들은 모든 정책이 여성 친화적이에요. 모성 보호실이나 수유실, 여성 휴게실이 갖춰져 있는 등 직장 환경도 다르고, 의사 소통 방식도 다릅니다.

여성이 승진이나 보직 배정 등에서 불공정하게 배제되는 문제도 있지만, 직장 내 성희롱처럼 여성이 약자여서 겪는 다양한 스트레스도 있습니다. 그런데 기관장이 여성인 곳에서는 그런 문제가 생기지 않아요. 여성이 리더이면 다른 여성 직원에게 함부로 대할 수 없습니다.

강양구　그런데 우리나라도 한때 여성이 대통령이었잖아요.

황정아　그 이야기는 하지 말아 주세요. (웃음)

이명현　그것은 한 사례였을 뿐이에요.

한 여성 과학자가 다른 여성 과학자에게

강양구　독자 여러분께서도 황정아 선생님께서 어떤 문제 의식을 갖고 계신지, 어떤 제도가 시급히 도입되어야 한다고 강조하시는지를 충분히 확인하셨을 텐데요. 앞에서 여성들의 롤 모델이 되고 싶다는 이야기를 하셨지요? 그렇다면 과학자 황정아의 롤 모델은 누구입니까? 어떤 과학자로 기억되고 싶으십니까?

황정아　제가 박사 학위를 받은 지는 만 11년, 대학에 입학한 지는 22년 되었어요. 그동안 쭉 이공계에 몸담고 있는 사람으로서, 성공하는 방법을 몸소 보여 준 롤 모델을 저도 찾고 싶었어요. 그런데 지금까지는 본 적이 없어요.

김상욱　지금도 없나요?

황정아　그런데 최근에 찾았어요. 강경화 외교부 장관이요.

김상욱　장관급이 되어야 황정아 선생님의 롤 모델이 될 수 있군요.

이명현　황정아 선생님께서 속내를 드러내셨습니다. (웃음)

황정아　그런 것은 아니고요. 《여성신문》에서 강경화 장관을 기사로 소개하면서 삼남매를 키우며 일을 병행했다는 부제를 달아 놓았더라고요. '삼남매인데 워킹맘이라니, 나랑 똑같네.'라고 생각하면서 기사를 읽기 시작했어요.

이명현　그런 공통점은 위안이 되지요.

황정아　그럼요. 강경화 장관이 아이들을 데리고 외국 생활을 한 이야기에 절절히 공감했어요. 아이를 키우는 동시에 경력을 유지하며 장관이 되기까지 얼마나 많은 난관을 헤쳐 왔을지, 어떻게 실력으로 인정받았을지를 생각했어요. 그것이 마음에 들었습니다. 민낯으로 사회 생활을 하는 것도 마음에 들고요.
　제 롤 모델은 그렇고요. 저는 다른 사람들에게 이런 롤 모델이 될 수 있다면 좋겠습니다. 한국 천문 연구원에도 학생 신분으로 연구를 하는 분들이 많아요. 카이스트를 비롯해서 여러 대학교 학생들이 저희 연구실의 연구 지도를 받으면서 연구를 하고 학위 과정을 지속합니다. 그 학생들 또한 '여성 연구자도 저기까지 오를 수 있구나.'를 보여 주는 마땅한 롤 모델을 찾고 싶을 겁니다.

이명현　그런 것을 보고 싶은 것이지요.

황정아　능력을 인정받고, 정당한 대우를 받는 여성을 보고 싶은 것이지요. 그래야 자신들에게도 희망이 보이잖아요. '나도 일을 잘 하면 잘 되겠구나.' 하고요. 그런데 과학자는 지난한 과정을 거쳐야 해요. 단기적으로 1~2년 해서 성과를 얻는 직업이 아니잖아요. 경력을 포기하지 않게끔 누군가가 내 이야기를 들어 주고 "이렇게 더 하면 되겠다."라는 조언도 받으면서, 사소한 생활 문제까지 의논할 수 있으면 좋잖아요. 그것을 직장 내 남성 동료에게 바라기는 어려워요.

저도 어느 고위 여성 과학자처럼 방문을 닫고 "나는 내 연구만 하면 돼, 1년에 논문 몇 편을 쓰는 정도면 충분해."라면서, 자리를 지키는 데 필요한 연구만 해도 됩니다. 그렇게만 해도 월급이 나오니까요. 적당히 살면 된다고 생각하는 분들이 태반이에요.

이명현　사실 그것만 해도 대단한데요.

황정아　그런데 제가 방문을 열고, 대화할 상대가 필요하면 언제든 제게 와도 좋다고 대학생들과 대학원생들에게 이야기합니다. 그러면 그들은 정말 제게 찾아와서 다른 곳에서는 하지 못할 이런저런 이야기를 들려줘요. 연구 이야기도 있지만 사적인 이야기도 있습니다. 인간 관계 문제는 조직 내에서 정말 함부로 말을 꺼내기 어렵잖아요. 금방 말이 퍼질 수도 있고요. 사람이 얼마 안 되는 조직에서 나쁜 말이 나오기 시작하면 오래 있기 어렵습니다.

강양구　특히 여성의 경우에는 더 큰 불이익을 받을 수 있지요.

황정아　그럼요. 말을 못 하고 속으로 삭이는 경우가 많아요. 그래서 문을 열고 이야기를 들어 줬다는 사실만으로 감사하다고, 한 학생이 장문의 편지를 제게 써 주기도 했어요. 지금은 스위스로 유학을 떠난 학생인데, 그 학생의 편지를 벽에 붙여 놓았어요. '이런 멘토가 되어야지, 이 학생이 스위스에서 공부를 마치고 성공해 돌아오면 이 편지를 보여 줘야지.' 하고 되새김질하려고요.

저 정도의 지위에 오른 과학자가 문턱을 낮추고, 이제 막 경력을 시작하려는 학생 연구자들에게 이렇게 말해 줄 수도 있습니다. "이런 길을 내가 걸어 보니 이렇더라, 네게는 이런 길이 있다. 네가 이것 하나만 보고 이것 아니면 죽는다고 생각할 필요는 없다. 눈앞에 놓여 있는 것이 사실 시간이 지나고 나면 아무것도 아닐지 모른다."라고요. 제게는 훨씬 더 많은 정보가 있으니까요.

이명현 맞아요. 그때는 참 절박하잖아요.

황정아 혼자서 해결하기에는 굉장히 큰 문제거든요. 그런데 자신보다 조금 더 많이 알고, 조금 더 많은 정보를 가진 사람이 이야기를 들어 주는 것만으로도 도움이 된다고 하더라고요.

우리 모두 평등하게, 마음껏 과학을 할 수 있도록

김상욱 대학에 입학하는 여성의 비율은 과거에 비해서 많이 늘었지요?

황정아 그렇지요. 학부생의 40퍼센트가량 됩니다. 그런데 대학원으로 진학하는 학생 중 여성의 비율은 20퍼센트 미만이고요.

김상욱 대학원에 입학할 때부터 확 줄어드나요?

황정아 그중에서도 박사 학위를 받을 때까지 살아남는 여성은 전체의 5퍼센트 이하입니다.

김상욱 입학한 후에 박사로 졸업할 때까지도, 남성에 비해서 확 줄어드네요. 여성 과학자여서 받는 불이익은 어느 단계에서 가장 심각한가요?

황정아　대학원을 통과해 나갈 때가 제일 어려운 것 같습니다. 일단은 과정이 길잖아요.

김상욱　6~7년은 해야 하지요.

황정아　박봉인 데다, 미래는 불안정하고요.

이명현　게다가 이 시기에는 결혼 문제가 생기지요.

황정아　예. 24세부터 30세까지인데, 결혼과 출산이 겹치다 보니 생각할 문제가 많고 변수도 너무 많습니다. 결혼을 할 것인가, 말 것인가부터 학업을 병행할 것인가, 아이는 언제 낳을 것인가, 아이를 낳으면 누구에게 맡길 것인가, 공부를 1년 쉴 것인가, 박사 학위는 언제 받을 것인가, 박사 후 연구원은 어떻게 할 것인가, 아이를 데리고 외국으로 나갈 것인가 등이 있지요. 선택지가 너무 많아요.

　　그런데 의논할 만한 마땅한 사람이 주위에 없습니다. 그것들을 뚫고 나가려면 주변에서 도움을 줄 사람이 절실해요.

김상욱　그렇다면 대학원생들에게 집중하는 것이 여성 과학자 문제를 해결하는 가장 효과적인 방법이겠군요?

그렇다면 대학원생들에게 집중하는 것이 여성 과학자 문제를 해결하는 가장 효과적인 방법이겠군요?

황정아　그렇지요. 학부를 졸업하고 대학원에 진학했다는 것은 공부를 계속하겠다는 의지가 있다는 뜻이니까요. 이들에게는 생활과 연구 차원 모두에서 안내가 필요해요. 그런데 일반 회사에 취직한 주변 친구들에

비하면 급여 수준이 매우 낮거든요. 그때쯤 차이가 나기 시작해요. 얼마 받지 못하는 돈으로 가장 빛나는 시기를 실험실에서 보내야 하는 겁니다. 그것을 감당하려면 길을 제시해 줄 사람이 필요해요.

김상욱 여성 대학원생들을 전국적인 조직으로 아우르는 일이 가치 있을까요?

황정아 실제로 조직이 있어요. WISET에서 그 목적으로 펀드를 운용하고 있고요. 그곳에서 제가 활동을 시작하면서 전국의 중·고등학생들에게 멘토링을 하게 되었습니다. 중·고등학생이나 대학생, 대학원생 들이 여러 문제를 놓고 의논할 상대가 곁에 없을 때 저를 찾을 수 있게끔, 웹사이트 게시판에 글도 썼습니다. 비록 학생은 서울에 있고 저는 대전에 있어서 물리적으로는 서로 멀리 떨어져 있더라도요.

김상욱 지도 교수가 있어도 남성이라면, 여성이어서 겪는 문제를 상의하기는 힘들다고 보시는 것이지요?

황정아 그렇지요. 수직적인 관계에서 대화하기 어려우니까요.

김상욱 저도 이제 지도 교수를 하거든요. 여학생들이 남성 교수를 대하기 어려워한다는 점을 남성 교수들이 잘 모릅니다.

황정아 대부분 자신은 합리적이라고, 객관적이고 공정하게 여성을 대우한다고 생각합니다. 그런데 실제로는 그렇지 못해요. 예를 들어 제 지도 교수님이셨던 카이스트 물리학과의 민경욱 교수님께서도 몇 년 전에 제게 이런 이야기를 털어놓으시더라고요. "내가 지금까지 잘못 생각했다. 여학생은 여학생으로 대해야 했는데, 그냥 학생으로만 봤구나." 여학생은 별도로 관리해야 했다면서 제게 사과를 하시는 거예요. 이제 곧 정년 퇴임을 앞두고 계시고, 저도 박사 학위를 받아 대학원을 졸업한 지 이미 10여 년이 지났는데 말이에요.

김상욱　이 이야기를 남성 교수들에게 어떤 방식으로든 전달한다면 조금 바뀌지 않을까요?

황정아　효과가 있을까요?

김상욱　여성 교수가 더 많아지기 전까지는 해결하기 어려운 문제이겠지만요. 못 믿으실 수도 있지만, 정말 그러려던 것은 아닌데 잘 모르고 행동해 와서, 이 이야기를 듣고서 마음과 행동을 바꿀 교수들도 의외로 꽤 있을 것 같거든요.

강양구　구조적이고 근원적인 한계가 있지 않을까요?

김상욱　물론 그렇지요. 당장 해결이 안 되고 시간이 걸리니까요.

이명현　이를 해결하려면 여러 단계에서 일을 병행해야 하잖아요. 예를 들어 어디를 다쳤으면 지혈부터 하고 나서 다른 병원을 들러 진찰을 받아야 하듯이 말입니다. 앞에서 말씀하신 것들도 당연히 현장에서 병행해야겠지요.

김상욱　효과가 없지는 않을 것 같아요.

강양구　지금 이야기를 들으면서 떠오른 아이디어가 두 가지 있습니다. 하나는 김상욱 선생님께서 말씀하신 대로 여성 대학원생들의 멘토링에 집중하는 것이고요. 다른 하나는 지도 교수들을 상대로 교육을 하는 겁니다.

김상욱　지도 교수는 1년에 몇 번 교육을 받게끔 의무화하는 방법이 있을 것 같아요.

이명현　실제로 성희롱 예방 교육은 필수 아닌가요? 교육의 범위를 넓힌다면 좋겠네요.

강양구　그런데 실제로 성희롱 예방 교육은 "여학생과 면담할 때는 꼭 문을 열어 놓고 하라."처럼 금지 위주로 이뤄지지요.

김상욱　적극적으로 무엇을 하라는 이야기는 없었어요.

강양구　오히려 남성 지도 교수와 여학생 사이의 거리를 만들 수도 있겠네요. 그것이 남성 교수 입장에서는 안전한 조치라고 생각할 수도 있잖아요. 오늘 수다에서 나온 문제들을 잘 해결해서, 여성이 마음껏 과학을 하는 사회가 되면 좋겠습니다.

과학해서 행복한 사람들

강양구　APCTP에서 기획하고 사이언스북스에서 2006년에 출간한 『과학해서 행복한 사람들』이라는 책이 있습니다.

이명현　정재승 교수가 APCTP에서 과학 문화 위원회 일을 할 때 기획했지요.

강양구　예. 과학자를 지망하는 여성 대학생, 대학원생이 우리나라뿐 아니라 전 세계적으로 대가 반열에 오른 여성 과학자들에게 직접 찾아가 인터뷰해서 낸 책이었어요. 그런데 나중에 사이언스북스 측의 이야기를 들어 보니, 당시에 인터뷰어이자 멘토로 참여한 학생들 중에서 과학자가 된 분이 단 한 명도 없었다고 하네요.

황정아 우울한 이야기이네요.

김상욱 대학생, 대학원생인데도 그런 결과가 나왔다는 말이에요?

이명현 거기에는 다른 문제가 있을지도 몰라요. 10여 년 전에 강양구 선생님과 정재승 교수, 전중환 교수, 장대익 교수까지 1박 2일로 철원과 화천 등지에서 강연을 한 적이 있습니다. 고등학생을 대상으로 했는데, 막상 강연을 들은 학생들이 "저렇게 열정적으로 연구하는 과학자들을 보니, 나는 과학자가 못 되겠다."라는 뜻밖의 반응을 보이더라고요. 그런 부작용도 있지 않았을까요?

황정아 과학자의 실체를 봤기 때문인가요?

이명현 예. 저희가 기대한 것과 정반대의 결과가 나와서 이상했어요.

황정아 과학자의 길이 너무 험난해 보여서인가요? 아니면 대가처럼 보여서인가요?

이명현 어떻게 해야 과학자가 될지 모르겠다는 반응이었어요.

강양구 지방의 중·고등학생들은 과학자를 만날 기회가 없으니, 텔레비전에 나오는 과학자들이 직접 지방으로 찾아가서 학생들을 만나 보자는 것이 그 강연의 취지였어요. 좋은 기회라는 생각에 선생님들이 강연료도 받지 않고 의욕적으로 했습니다. 저도 당시에 막내로 참여했고요. 당시 분위기 자체는 좋았는데, 나중에 학교 측에서 강연 준비를 담당한 교사들이 학생들에게서 "과학자는 진짜 특별한 사람들만 되는 것 같아요."라는 피드백을 받았다더라고요.

김상욱　오히려 벽을 느끼게 되었군요?

이명현　우리가 의도한 바와 다른 결과가 나올 수 있어서, 좀 더 신중하게 접근해야 한다는 생각이 들었어요.

강양구　그래서 저는 앞에서 김상욱 선생님께서 좋은 질문을 던지셨다고 생각했습니다. 이공계 대학원에서 석사, 박사 과정을 밟고 있는 여성들은 이미 과학자의 길을 걷겠다고 결심한 상태잖아요. 물론 중간에 이탈해서 취직을 할 수도 있지만요. 갈등하고 고민하고 있을 그들에게 롤 모델과 적절한 선택지, 방향을 제시하는 것이 초·중·고등학생들, 또는 대학생들을 상대로 하는 멘토링보다 더 효과적일 수 있겠다는 생각이 들었습니다.

황정아　매우 유효할 것 같습니다. 자원은 한정적이고, 모두를 아우를 수는 없으니까요.

이명현　현실을 냉정히 이야기해 주는 동시에 용기를 북돋아 주는 것이 굉장히 중요하지요.

강양구　대학원에 진학했다면 각오가 어느 정도는 되어 있을 테니, 이들에게 멘토링을 하는 것이 굉장히 중요하지 않을까 생각합니다.

김상욱　또한 지도 교수들을 상대로 교육을 진행하는 것도 작은 노력으로 큰 결과를 얻는 방편이라고 생각해요. 그중 몇 사람만 바뀌더라도 효과가 클 것이라고 봅니다. 그리고 『과학해서 행복한 사람들』의 이야기를 들으면서 생각해 봤는데, 그런 인터뷰에 참여할 정도로 적극적인 분들이라면 과학이 아니더라도 다른 분야에서 적극성을 잘 발휘하고 있지 않을까 하는 생각도 들어요. 사실 과학은 조용히 자신과의 싸움을 벌이는 일이기도 하니까요.

여성 천지 과학계를 기대하며

강양구　오늘은 제 자랑스러운 동기, 한국 천문 연구원의 황정아 박사를 모시고 수다 아닌 수다를 떨어 봤습니다. 이야기를 듣다 보니 저 나름의 꿈이 생겼어요. 황정아 선생님을 강경화 장관 같은 고위직에 오르게 한 다음에 황정아 선생님의 비서가 되는 것인데요.

김상욱　그러려면 처음에 황정아 선생님을 기억하셨어야지요. (웃음)

강양구　오늘은 황정아 선생님께서 해 오신 연구를 들어 봤고요. 또한 여성 과학자로서 산다는 것이란 무엇인지, 우리의 현실이 바뀌려면 어디서부터 손봐야 할지를 이야기해 봤습니다. 앞에서도 이야기하기는 했지만 한 여성 과학자의 열정적인 말씀을 들을 수 있는 시간이었어요.

이명현　다음에 다시 모셔야겠어요.

강양구　좋습니다. 오늘의 주요 주제인 여성 과학자 이야기도 굉장히 중요하지만, 황정아 선생님의 연구 이야기에 대해서도 하실 말씀이 많았을 것 같아요. 10분의 1도 풀어내지 못한 것은 아닌가 하는 생각이 듭니다.

이명현　앞에서도 말씀하셨지만 우주 환경 연구는 앞으로 계속 뻗어 나갈 수밖에 없는 분야입니다. 이 분야의 미래 지향적인 전망도 다음에 해 주시면 좋겠습니다.

강양구 알겠습니다. 오늘 휴가를 내고 녹음하러 오셨지요?

황정아 예. 그래서 마음먹고 수다를 떨 수 있었어요.

강양구 쉬시는 날 녹음하러 오셨으니까요. (웃음) 앞에서 이런 말씀도 하셨습니다. 기관장이 좋은 사람이어야 한다고요.

황정아 곧 지명되기 때문이지요. 가장 높은 곳에 있는 사람이 바뀌는 것이 굉장히 중요하다는 것을 우리 모두 깨달았잖아요.

이명현 전체적인 기조와 배경이 변하니까요.

황정아 아무리 작은 조직이라도 모든 것은 리더가 결정합니다. 리더가 누구인가에 따라 제대로 굴러가는구나 하고 생각하기 때문이지요. 과학계도 그랬으면 좋겠습니다.

강양구 알겠습니다. 오늘은 독자 여러분께서 미처 생각하지 못한 과학계의 한 단면을 들여다보는 시간이었습니다. 또한 우주 환경 연구는 독자 여러분의 입장에서는 생소한 분야였으리라 생각합니다. 그런데 그것이 우리의 삶과 얼마나 밀접한지도 새롭게 살펴보는 시간이었어요. 귀한 시간 내 주신 황정아 선생님, 고맙습니다.

황정아 감사합니다.

강양구 친구야, 고맙다.

황정아 고맙다, 친구야. (웃음)

더 읽을거리

● 『**랩걸**』(호프 자런, 김희정 옮김, 알마, 2017년)

여성 과학자로 사는 한 가지 방법. 황정아 박사는 이렇게 추천한다.

"여성 과학자들에게 디딤돌이자 징검다리가 되어 줄 뿐만 아니라, 나이와 성별을 뛰어넘어 과학을 사랑하는 사람 모두에게 더 나은 세상을 꿈꾸게 하는 『랩걸』은 사랑스러운 책이다."

● 『**여자, 내밀한 몸의 정체**(*Woman: An Intimate Geography*)』(나탈리 앤지어, 이한음 옮김, 문예출판사, 2016년)

나탈리 앤지어(Natalie Angier)는 『원더풀 사이언스(*The Canon*)』(김소정 옮김, 지호, 2010년)의 저자다. 여성의 몸에 대한 편견과 오해를 과학의 눈으로 파헤친다.

4

페미니즘

진화론은
페미니즘의
적인가

오현미

서울 대학교
여성 연구소
객원 연구원

강양구

지식 큐레이터

김상욱

경희 대학교
물리학과 교수

이명현

천문학자·과학 저술가

진화론과 페미니즘. 이 두 단어의 조합을 보고 떠올리신 첫인상은 무엇이었나요? 아마 많은 분이 적대적 관계를 떠올리셨을 겁니다. 페미니즘은 진화 생물학이 기존의 가부장적 질서, 남성 우월주의를 반영하고 재생산한다고 비판해 온 것으로 알려져 있습니다. 반면 진화 생물학은 이런 페미니즘의 비판을 터무니없는 것으로 일축하곤 했다고 하지요.

  그런데 이런 통념이 과연 진화론과 페미니즘의 관계를 전부 설명할 수 있을까요? 서울 대학교 여성 연구소의 오현미 박사는 그렇지 않다고 대답합니다. 다윈이 『종의 기원(*On the Origin of Species*)』(장대익 옮김, 사이언스북스, 근간)을 발간한 이래로 진화론과 페미니즘에는 100년이 넘는 시간을 함께하며 갈등뿐만 아니라 협력해 온 역사가 있습니다. 그 변천사 안에는 다윈의 진화론을 받아들인 페미니스트가 있는가 하면 에드워드 오스본 윌슨(Edward Osborne Wilson)의 사회 생물학을 거부한 페미니스트도 있습니다. 그리고 오늘날은 생물학적 성차를 탐구하며 기존 학문의 대안적 연구를 수행하고 있는 '진화론적 페미니스트'까지 활동하고 있고요.

그렇다면 진화론의 무엇이 페미니스트들로 하여금 이토록 다양한 반응을 이끌어 냈던 것일까요? 또 갈등만이 전부가 아니라면, 과학이 페미니즘을 겨누고 페미니즘이 과학을 더욱 객관적으로 만드는 동력이 될 수는 없을까요? 페미니즘에 대한 논의가 그 어느 때보다 활발하게 이뤄지는 지금, 오현미 박사와 함께 진화론과 페미니즘의 관계를 톺아보겠습니다.

진화론과 페미니즘, 한 발자국만 건너면 만나는 사이

강양구 사이언스북스와 함께하는 「과학 수다 시즌 2」 이번 장에서는 '진화론은 과연 페미니즘의 적인가?'라는 도발적인 질문을 던지면서 진화론과 페미니즘에 대해서 이야기를 나눠 보려 합니다. 그래서 서울 대학교 여성 연구소 오현미 박사님을 이 자리에 모셨습니다. 오현미 선생님, 반갑습니다.

오현미 반갑습니다. 서울 대학교 여성 연구소 객원 연구원 오현미입니다. 주로 진화론과 페미니즘의 관계에 관심을 갖고 연구하고 있습니다.

강양구 오늘은 오현미 선생님과 함께 '진화론은 과연 페미니즘의 적인가?'라는, 약간은 민감한 질문을 한번 던져 보겠습니다. 오현미 선생님께서는 진화론과 페미니즘의 관계로 박사 학위 논문을 쓰셨다고 들었습니다.

오현미 「진화론에 대한 페미니즘의 비판과 수용」은 제가 2012년에 발표한 박사 학위 논문입니다. 최근에는 페미니즘과 진화론의 관계에 관심을 갖는 사람들이 많이 늘어났지요. 하지만 그 전에는 둘의 사이가 상당히 멀 뿐만 아니라 앞에서 강양구 선생님께서 말씀하셨다시피 굉장히 적대적으로 보였습니다. 심지어 많은 페미니스트들은 과학이 여성에게 도움이 되는가, 현대 과학은 남성의 과학이 아닌가 하는 의문도 갖고 있어요. 과학이 여성에 대한 억압 같은 문제를 외면하거나 심지어는 여러 과학적 사실을 갖고 억압을 영속시키려는 의도를 갖고 있지 않나 의심을 많이 하는 편이거든요.

그런데 과학은 현대 사회에서 가장 중요한 지식의 한 분야잖아요. 여성의 현실을 바꾸기 원한다면 과학을 버리거나 적으로 돌리기보다는 과학의 자원을 페미니즘이 적극적으로 가져와서 여성의 현실을 바꾸는 도구로 써야 하지 않나 생각했습니다. 페미니즘이 가장 비판적으로 보는 과학을 오히려 적극적으로 껴안을 필요가 있다는 취지에서 이 주제에 좀 더 깊이 들어가 보고 싶었어요.

과학 중에서도 특히 생물학은 한 발짝만 건너면 바로 인간의 문제로 연결돼요. 그렇기 때문에 페미니스트들은 생물학의 이야기에 가장 긴장하고, 생물학의 성과를 인간의 삶에 연결할 때 굉장히 예민하게 반응합니다. 물리학도 많은 페미니스트들이 비판하지만, 페미니즘의 의제와는 거리가 멀어서 '이런 일이 벌어졌나 보다.'라고 비교적 중립적으로 생각하기도 합니다.

강양구　또 페미니즘의 주요 주제 중 하나가 여성의 몸이지요. 당연히 여성의 몸과 관련해서 생명 과학의 여러 성과나 해석을 들여다볼 수밖에 없으니, 다른 분야보다는 생물학과 페미니즘 사이에 긴장감이 있는 것은 분명하겠네요.

사회 변혁 운동에서 페미니즘과 진화론 공부로

강양구　말씀을 본격적으로 하시기 전에 질문 하나를 드리겠습니다. 애초에 과학을 전공하셨나요?

오현미　아니요. 학부 때는 국문학을 전공했어요.

강양구　그러면 대학 선후배 중에 등단한 작가도 있겠네요.

오현미 예. 작가가 주변에 많아요. 현재 열심히 작품 활동을 하시는 분들도 많고요. 저도 한때는 시인 지망생이었는데, 국어국문학과를 와 보니 제 습작 시가 유치하다고요. 일찍 깨닫고, 쓰기도 전에 붓을 꺾고 시 쓰기를 접었습니다.

강양구 저도 생물학자가 되려고 생물학과를 갔는데 훌륭한 분이 너무 많아서 생물학이 아닌 다른 것으로 밥벌이를 해야겠다고 생각했어요.

오현미 자아 인식을 빨리 해서 문학에서는 일찍 손을 씻은 셈이지요. 현재는 사회학을 전공하고 있습니다.

강양구 학부 때는 국문학을 전공하셨지만 대학원에서는 사회학을 공부하신 것이군요? 그런데 학부를 졸업하시고 본격적으로 사회학을 공부하시기 전에는 다른 일을 하셨다고 들었습니다.

오현미 제가 좀 늦게 대학원에 진학했어요. 제가 대학을 다니던 1980년대부터 1990년대 초까지 시대가 시대인 만큼 여러 사회 활동, 사회 운동을 했습니다. 그러다 사회를 바꾸려면 좀 더 깊이 있는 공부가 필요하다고 생각하게 되었습니다. 현실 사회주의가 1980년대 후반과 1990년대 초반 사이에 무너지는 것을 지켜보면서 인간 세상을 바꾼다고 했지만 인간에 대한 이해가 너무 부족하지 않았나 자문하게 된 겁니다.

사회주의 유토피아 실험이 실패로 돌아간 것은 인간을 너무 몰랐기 때문이라고 생각하셨군요.

강양구 사회주의 유토피아 실험이 실패로 돌아간 것은 인간을 너무 몰랐기 때문이라고 생각하셨군요.

오현미　그렇지요. 당시에 나온 여러 이야기 중에서 리영희 교수는 "우리가 인간의 이기심을 너무 가볍게 평가했다."라고 했습니다. 저도 그 지점을 두고 많이 고민했어요. 대학원에 진학하던 당시에 진화론을 생각하지는 못했지만요.

　우리는 사회를 좀 더 나은 방향으로 바꾸려고 여러 상상력을 동원하지요. 그런데 인간에 대한 과학적 이해 없이 머릿속에 떠오르는 희망 사항만을 갖고 이렇게 저렇게 설계한 유토피아는 의도와 다른 아주 비극적인 결과를 가져올 수도 있습니다. 그래서 처음에는 이기심이나 이타심처럼 인간의 내면에 있는 여러 본성을 잘 이해할 때에만 한발 더 나은 사회로 갈 수 있지 않나 하는 생각을 막연하게 품고서 대학원에서 공부를 시작했어요.

　당시에는 페미니즘 공부를 하리라고는 전혀 생각하지 않았고 자연 과학을 주제로 글을 쓸 것이라고는 더욱더 상상도 못 했어요. 알고 싶다는 마음에서 출발해 왔는데 지금 생각해 보면 결국은 모두 진화론과 연결되는 것 같습니다.

강양구　진보적 사회 운동을 하시다 사회학을 전공하셨군요. 그런데 사회학에서 진화론 같은 과학에 관심을 갖기에는 여러 진입 장벽이 있지 않나요? 주변에서 '왜 진화론을 공부하니?'라고 묻는 것은 물론이고 누구에게 조언을 받고 어떤 책을 읽을 것인지를 놓고 많은 시행착오를 겪으셨을 것 같습니다. 혹시 진화론을 접하신 결정적 계기가 있을까요?

오현미　사회학을 전공하면서 나름대로 세세 체체론 공부도 하고 사회학에서 많이 이뤄지는 연구를 따라 역사가 어떻게 흘러왔는지 살펴봤습니다. 폭넓고 다양하게 공부하다가 페미니즘 공부도 하게 되었어요. 공부는 우리 모두의 문제를 다루는 과정이기도 하지만 내가 직면한 나의 문제에 대한 답을 찾는 과정이기도 합니다. 그 답이 없다면 다른 사람들에게 진정성 있게 이야기하기 힘들겠다고 생각했어요.

사실 20대 시절에는 저 스스로를 제가 바라고 희망하는 대로 살 수 있는 한 인간이라고 자신감 넘치게 생각했습니다. 스스로를 여자라고 생각해 본 적이 없다고 말한다면 그것은 거짓말이겠지만 대부분은 그냥 한 인간으로 자신을 봐 왔습니다. 그런데 시간이 흐르면서 여성으로서 여러 장벽과 장애를 자각하고 느끼게 되었습니다.

그렇지만 그 느낌을 설명할 언어가 제게는 부족했어요. 이 문제를 본격적으로 풀어 보려고 대학원에서 페미니즘을 공부하게 되었어요. 한편으로는 인간을 알고 싶다는 마음과, 다른 한편으로는 페미니즘 공부가 제게 진화론으로 향하는 문을 열어 주는 통로가 된 셈입니다.

페미니스트는 과학을 두려워하는가?

강양구　진화론과 페미니즘의 여러 주제가 있지요. 진화론에도 여러 주제가 있고 페미니즘에도 여러 주제가 있습니다. 어떻게 둘의 관계를 고민해 보자는 생각을 하셨습니까?

오현미　저는 과학 중에서도 생물학이, 또 그중에서도 진화론이 여성 문제에 훨씬 더 많이 발언해 왔다고 봅니다. 그래서 원하든 원하지 않든 페미니즘과 가장 뜨거운 접점과 쟁점을 만들어 온 분야가 생물학 중에서도 진화론 분야라고 생각해요. 찰스 다윈은 1859년에 『종의 기원』을 통해 진화론을 발표하고 1871년에는 『인간의 유래와 성 선택(The Descent of Man, and Selection in Relation to Sex)』을 발표했습니다. 『인간의 유래와 성 선택』은 진화론을 근거로 성차 문제에 대해 발언함으로써 당시에도 엄청난 반향을 불러일으켰습니다.

또한 잘 아시다시피 1975년에는 에드워드 오스본 윌슨의 『사회 생물학(Sociobiology)』이 발간되었어요. 이 책은 동물 연구를 인간으로 확장했고, 특히 성차 문제에 대해 발언하면서 당시 많은 페미니스트의 격렬한 관심과 반발을 끌었습니다. 에드워드 윌슨이 테러 위협에 시달릴 정도였지요. 1990년대에도 진화 심리학 분야에서 데이비드 버스(David Buss)가 『욕망의 진화(*The Evolution of Desire*)』(전중환 옮김, 사이언스북스, 2007년)를 펴내며 남성과 여성의 다양한 측면을 진화론적으로 접근한 바 있습니다.

강양구 진화 심리학 책 중에는 랜디 손힐(Randy Thornhill)과 크레이그 파머(Craig Palmer)의 『강간의 자연사(*A Natural History of Rape*)』도 있지요. 강간의 기원을 진화론적으로 다루면서 파문을 일으키기도 했습니다.

오현미 진화론 연구자들이 인간에 대해 발언하지 않을 수는 없다고 봅니다. 그런데 이들이 발언하는 순간 그 발언이 갖는 의미가 무엇인지를 둘러싸고 굉장히 다양한 반응이 만들어져 왔어요.

페미니즘은 그런 발언이 과학이라는 이름으로 막강한 권위를 갖는다고 봤습니다. 그래서 어떤 형태로든 관심을 갖고 발언의 진위나 파장을 따져 보지 않을 수 없다고 보고요. 물론 이때 페미니스트들이 그렇게 단순하게 접근하지는 않지만, 뜨겁고 복잡한 이 영역을 "문제가 있다."라는 한마디만으로 결론 내리지 않고 좀 더 찬찬히 살펴보면서, 진화론에서 긍정적으로 건질 것이 있다면 건지고 잘못된 것이 있다면 정확하게 비판하는 과정이 필요하지 않을까요? 제가 진화론에 좀 더 구체적으로 관심을 가진 이유입니다.

강양구 욕할 때는 욕하더라도 알고 욕하자는 것이었군요. 과학이 과학이라는 이름으로 가부장제와 같은 기존의 위계 질서를 유지하는 데 복무하고 있다는 인식은 페미니즘 진영 내에 많았지요. 지금도 그렇게 생각하는 페미니스트가 많고요.

이명현　앞에서 말씀하신 대로 오현미 선생님께는 '진화론을 어떻게 수용할까?'가 화두로 떠올랐던 것 같아요.

오현미　저는 비판해야 할 부분이 진화론에 분명히 있다고 봅니다. 진화론 연구자들은 대부분 남성이잖아요. 남성 과학자가 보지 못하는 부분이 있다고 생각해요. 남성의 시각을 통해서 진화론을 이해할 때 그 시대의 통념을 많이 투사하니까요. 그렇지만 저는 우리가 과학을 적극적으로 수용하고 활용하고, 페미니즘의 시각을 반영해서 진화론에서 남성적 시각을 걷어 내며, 페미니즘에 좀 더 도움이 되는 방향으로 견인해야 한다고 보는 입장입니다.

강양구　그러면 제가 앞에서 드린 말씀보다 좀 더 호의적인 시선으로 진화론과 페미니즘의 관계를 들여다보기 시작하신 것이군요.

오현미　제가 이중적인 입장을 취하고 있는 것 같아요.

강양구　오현미 선생님께서 「과학 수다 시즌 2」에 나오신다는 이야기를 듣고 오현미 선생님을 인터넷에 검색해서 다른 곳에서 하신 강의도 들어 보고, 강의 공고문도 살펴봤습니다. 그런데 밑에 '악플'이 많이 달렸더라고요.

　제가 본 악플에는 두 종류가 있었어요. 하나는 "사회학 전공자가 진화론을 이야기해?"라거나 "페미니스트가 진화론을 이야기한다고? 엉터리 아냐?"라고, 심지어는 "『캠벨 생물학(Campbell Biology)』도 안 읽어 본 사람이 진화론을 이야기해?"라고 이야기하는 진영의 반응이었습니다. 『캠벨 생물학』은 생물학 교과서의 대표격이지요. 수업 시간에 생물학 공부를 했다고 해도 진화론 책을 안 읽은 사람이 많다고 알고 있지만요.

　다른 하나는 "페미니즘에 여러 문제를 야기하는 진화론을 호의적으로 해석하는 것이 과연 의미가 있나?"라거나 "페미니즘이 진화론에 포섭되는 것이 아닌가, 무리한 시도는 아닌가?"라고 이야기하는 진영의 반응이었습니다. 앞에서 말씀하신 대로 양쪽에서 비판을 받으셔서 골치 아프시겠다는 생각이 들었습니다.

오현미 양쪽에서 지지를 해 주거나 어느 한쪽에서도 편을 들어 주지 않는 상황이지요. 한국도 그렇지만 외국에도 이 문제에 관해서는 페미니즘과 진화론 진영이 이분법적으로 대립하는 구도가 있는 것으로 보여요. 페미니즘 진영은 진화론을 비판하고 사이비 과학이라 주장하며, 반대로 진화론 진영은 자신의 연구가 갖는 과학성을 옹호하면서 페미니즘의 비판을 잘 수용하지 않습니다.

저는 둘 다 일리가 있다고 봅니다. 진화론에는 남성 편향적인 측면이 일부 있어요. 그런 측면을 페미니즘이 비판합니다. 그렇지만 인간사를 진화론적으로 접근하는 연구도 필요합니다. 학문이 발전하려면 일차원적인 시각이 아니라 양쪽 모두를 종합하는 시각을 갖고 많은 사람들이 가지 않은 길을 개척해 볼 필요가 있지 않을까 생각했습니다. 그래서 이 주제를 밀고 나갔어요.

처음에는 강양구 선생님의 말씀대로 학계의 많은 분이 "왜 갑자기 이런 주제를 다뤘나요?"라고 의혹의 눈길을 보내왔어요. 특히 함께 페미니즘을 공부한 동료들은 진화론에 거부감을 보였습니다. 진화론과 페미니즘의 관계 연구가 과연 사회적으로 의미가 있는지 회의적인 시선을 보낼 뿐 아니라 (아무도 제게 말하지는 않았지만) 적에 투항하는 것이 아니냐는 의혹 어린 눈길을 제게 많이 보내오기도 했던 듯합니다. 제가 박사 학위 논문을 준비하던 2000년대 중후반까지의 분위기였어요. 그런데 최근에는 많이 바뀌었습니다. 이제는 진화론과 페미니즘의 관계를 좀 더 알고 싶어 하는 것 같습니다.

김상욱 참 재미있는 것이, 저는 물리학자잖아요. 물리학자는 대부분 남성이고, 여성 물리학자는 아예 없지는 않지만 상당히 적은 편이에요. 특히 이론 물리학 쪽은 여성 물리학자가 굉장히 많지 않고요.

그런데 저는 물리학을 연구하는 동안 '물리학이 남성 중심적인 학문일까?'라는 질문을 해 본 적이 없습니다. 또 과학자로서 훈련을 받을 때 일관되게 개성을 시우려는 연습을 많이 해요. 과학은 객관성을 최대한 추구하려는 학문이라고 생각해 왔거든요. 그런데 진화 생물학에서 젠더와 관련한 논쟁이 벌어진다는 것이 제게는 충격이었습니다. 하지만 곰곰이 살펴보니 진화 생물학이 다른 분야와는 달리 그렇게 보일 수 있겠다는 생각이 들었어요.

남성의 과학, 과학의 남성성을 생각하다

강양구　제가 김상욱 선생님과 이명현 선생님께 도발적으로 여쭤 보겠습니다. 두 분은 '남성의 천문학'이나 '남성의 물리학'이란 수사로 물리학과 천문학의 경향을 비판한다면 이를 수긍하실 수 있나요?

김상욱　마침 물리학에도 남성적이라 할 만한 지점이 있는지를 생각해 보고 있었습니다.

강양구　물론 연구자 중에 남성 연구자가 많고 여성 연구자가 적다는 것과, 연구의 내용이나 속성 자체가 남성적이라는 것은 그 학문이 남성적인지를 고려할 때 다른 차원의 문제로 구별해야겠지요. 이때 과연 후자의 차원에서 전파 천문학이나 양자 물리학에 남성적 속성이 있다면 어떤 것일까요?

이명현　천문학도 물리학에 가까운 학문입니다. 앞에서 오현미 선생님께서 말씀하셨다시피 천문학이 인간 자체나 인간의 관계를 탐구하는 학문은 아니기 때문에 남성적인 속성이 덜할 것 같습니다. 또 천문학의 연구 대상은 온 인류에게 공통적으로 해당하지요. 달은 그저 달일 뿐이니까요.
　　물리학도 마찬가지라고 생각합니다. 학문 자체가 지닌 남성성과 여성성을 따지기는 힘들다고 봅니다. 반면 생물학은 연구 대상만 하더라도 굉장히 다양한 종이 있는 데다 인간이라는 종도 인종이나 젠더 등으로 다양하게 나뉘지요.

강양구 　그렇다면 비슷한 맥락의 질문을 드리겠습니다. 예를 들어 천문학계나 물리학계에 여성 연구자가 적어서, 여성 연구자가 있었다면 도달했을 질문이나 연구 주제가 누락된 채로 천문학과 물리학이 지금까지 성과를 쌓아 왔을 가능성이 있을까요?

김상욱 　처음에는 '우리는 객관적이니 당연히 그런 일은 없었을 것이다.'라고 생각했어요. 하지만 진화 심리학도 처음에는 주로 남성 연구자들이 연구했을 테고, 그들도 저처럼 '그런 일은 없었다.'라고 생각하지 않았을까 싶네요. 남성 진화 심리학자 중에 의도적으로 여성을 비하하거나 남성 중심적인 학문을 하자고 할 사람이 전혀 없다고는 말할 수 없겠지만, 대부분은 아니었을 것이라고 생각합니다. 연구를 하고 보니 남성이기 때문에 놓친 지점이 있었을 겁니다. 물리학도 현재 여성 연구자가 적다 보니, '그런 일이 없었을 것이다.'라고 상상을 하지만 자신은 없어요.

이명현 　천문학에서는 2017년 한국에서 개봉한 영화 「히든 피겨스」처럼 초창기에 현대 천문학의 기틀을 다지는 데 기여한 여성 과학자들과 그들의 연구를 복원하는 작업이 활발하게 이뤄지고 있습니다. 지금도 데이바 소벨(Dava Sobel)의 『유리 우주(*The Glass Universe*)』라는 책이 번역되고 있어요.

　이 책은 1900년대 초 하버드 대학교 천문대에서 활약한 여성들의 이야기를 다룹니

천문학에서는 현대 천문학의 기틀을 다진 여성 과학자들과 그들의 연구를 복원하는 작업이 활발하게 이뤄지고 있습니다.

다. 그런데 당시에 이들은 천문학자가 아닌 컴퓨터(computer)라고 불렀습니다. 현재 우리가 쓰는 컴퓨터라는 단어가 당시에는 사람을 가리켰거든요. '계산하는 사람'이라는 뜻이지요.

예를 들어 허블의 우주 팽창을 증명하고자 세페이드 변광성을 이용해서 은하 간 거리를 측정하는 중요한 연구 작업이 있어요. 이 작업을 한 사람이 헨리에타 스완 리비트(Henrietta Swan Leavitt)라는 '컴퓨터'였습니다. 리비트의 삶을 다룬 조지 존슨(George Johnson)의 『리비트의 별(*Miss Leavitt's Stars*)』(김희준 옮김, 궁리, 2011년)이라는 책도 나와 있어요. 또한 윌리어미너 플레밍(Williamina Fleming)이라는 1세대 여성 천문학자는 별의 분류 같은 기초 작업을 했습니다.

그런데 저는 이 업적이, 또 이 업적들을 복원하는 일이 천문학의 여성성이라 평가될 수 있는지는 고민됩니다. 리비트가 발견한 성과가 여성적일까요? 또 설령 이 성과가 여성적이었다고 하더라도, 여성적이라는 이유 때문에 우리가 이 성과를 외면했을까요? 시대가 바뀌면서 사람들이 천문학에도 여러 의문을 던집니다. 그런데 진화 생물학처럼 천문학도 우리와 직접 관련을 맺는 문제로 나타날 수 있을까요? 저는 자신이 없어요.

김상욱 저는 물리학의 이론 자체에 남성 편향성이 있기는 쉽지 않다고 생각해요. 100퍼센트 확신은 못 하겠지만요. 이론 자체에 남성성이나 여성성이 있다고는 생각하지 않지만, 물리학계의 문화가 남성 중심적이어서 여성들이 남성 중심적인 문화를 강요받는다는 생각을 한 적은 있습니다. 이 부분은 분명히 여성 연구자들이 더 오셔서 검증해 주셔야 합니다.

오현미 저도 물리학이 주된 관심사가 아니라서 그렇다, 아니다를 말씀드리기는 어렵습니다. 다만 저는 동의하지 않지만, 과학을 비판하는 일부 페미니스트 이론가들은 물리학에도 남성적인 시선이 투사되어 있다고 주장합니다. 모든 것을 사물화하고 객관화하며, 주체와 대상으로 나누는 근대적인 이분법 또한 남성적이라고 주장하는 이론가도 있어요. 또한 여성적 과학은 대상화보다는 공감을 중시하거나, 주체와 대상의 거리를 없애야 한다는 이야기도 나옵니다. 하지만 이러한 시각에 대한 제 입장은 유보적입니다.

앞에서 김상욱 선생님께서 말씀하신 대로, 여성이 물리학계에 더욱 많이 진출하면 지금까지 보이지 않던 뭔가가 보이지 않을까 생각합니다. 관행뿐만 아니라 지금까지 자연스럽게 여겨진 많은 내용 중에서 남성 연구자가 주목하지 않은 것을 여성 연구자가 다르게 보거나 주목할 수도 있다는 가능성을 열어 둘 필요가 있겠지요.

이명현 2017년에는 『랩걸』도 출간되었지요. 저는 이 책에서 여성적인 관점을 생각해 봤습니다. 우리는 나무가 가지를 뻗고 잎과 꽃을 틔우는 것을 봅니다. 그런데 저자인 호프 자런은 나무의 뿌리를 봤어요.

나무의 뿌리가 뻗어 나가는 한편, 곁에는 씨가 떨어져서 다시 새로운 나무가 자랍니다. 부모와 자식과도 같지요. 부모가 자식을 보호하듯 큰 나무가 어린 나무를 보호해 주고, 더 깊이 뿌리를 내린 큰 나무가 미네랄 같은 영양분을 깊은 곳에서 끌어올려 줌으로써 어린 나무가 살 수 있게 만든다고 자런이 말하거든요. 그러고는 이렇게 말합니다. "어떤 부모도 자식들의 삶을 완벽하게 만들어 줄 수는 없다. 그러나 우리는 모두 최선을 다해 그들을 돕는다." 저는 이것이 여성적인 관점으로써 과학에 새롭게 접근하는 방법이지 않나 생각해 봅니다.

강양구 큰 나무 아래 어린 나무가 있으면 큰 나무가 그늘을 만들어 직사광선을 가려 주기 때문에 어린 나무가 말라죽지 않게 하기도 하고, 큰 나무가 깊은 곳에서 물을 끌어올리면 어린 나무들이 얕은 땅에서 잔뿌리로 물을 흡수하게끔 하는 식으로 공생을 한다는 것이군요.

진화론과 페미니즘, 협력과 갈등의 변천사

강양구 「진화론에 대한 페미니즘의 비판과 수용」이라는 박사 학위 논문을 쓰시면서 어떠한 방식으로 연구를 하셨나요?

오현미 저는 역사적인 차원에서 비교했어요. 생물학이나 진화론에 대한 페미니스트들의 관념은 주로 1970년대 사회 생물학 논쟁을 통해 형성되어 있기 때문입니다. 당시 논쟁을 거치면서 페미니스트들은 생물학이 여성에 대한 억압을 정당화한다는 인상을 강하게 가지게 되었습니다. 즉 생물학이 여성의 현실은 변화하지 않을 것이라고 주장한다는 생각을 갖게 된 겁니다. 그래서 많은 페미니스트가 지금도 '바이오포비아(biophobia)'라 할 만큼 생물학에 공포를 느낍니다.

이 공포감은 1970년대에는 진실일 수 있습니다. 하지만 어떤 측면에서는 과장되기도 했어요. 또한 모든 생물학, 진화론이 1970년대의 사회 생물학으로 한정되지는 않잖아요. 과학이나 생물학, 진화론에서 고정 관념을 넘어서고 긍정적 자원을 발견하려면 1970년대의 밖으로 나갈 필요가 있습니다. 과거로는 다윈의 시대까지 가 보고, 현재로는 1990년대 진화 심리학이나 진화론적 페미니즘의 시대까지 가 보면서 역사적으로 비교해 보자는 겁니다.

그래서 저는 19세기 다윈과 페미니스트들의 관계를 보고, 1970년대 사회 생물학 논쟁을 통해서 사회 생물학자와 페미니스트들의 관계를 보며, 1990년대 들어서 사회 생물학에 대한 반성으로 출발한 진화 심리학과 진화론적 페미니즘이 맺은 관계를 비교했습니다. 그럼으로써 '아, 우리의 트라우마는 특정 시대의 산물이구나. 그렇다면 이제 트라우마에서 벗어나 다른 시각을 통해서, 진화론과 페미니즘이 우리 시대에는 어떠한 관계를 맺을 것인가를 놓고 새로운 상상력을 발휘해 볼 수 있겠다.'라고 생각했어요.

강양구 굉장히 흥미로웠던 것이, 저도 진화론과 페미니즘의 관계를 생각할 때면 1978년에 에드워드 윌슨이 강연을 앞두고 한 여성에게 물벼락을 맞은 일화를 먼저 떠올리거든요. 진화론과 페미니즘의 사이가 좋지 않다는 인식도 있습니다. 한편 다윈이 진화론을 발표한 당시에는 여성 참정권 운동 또한 활발히 전개되었지만, 오현미 선생님의 연구 성과를 접하기 전까지는 당시 여성 운동가들과 여성 지식인들이 진화론을 어떻게 수용했을지 관심이 없었어요.

진화론과 페미니즘의 관계를 생각할 때면 1978년에 에드워드 윌슨이 강연을 앞두고 한 여성에게 물벼락을 맞은 일화를 먼저 떠올리거든요.

최근 사이언스북스를 비롯한 여러 출판사에서 진화론과 페미니즘의 관계를 다룬 몇몇 책들을 선구적으로 국내에 소개하기는 했어도, 이에 대한 관심은 미미한 수준이잖아요. 이 책들을 종합해 보면 재미있겠다는 생각을 했는데 그 작업을 오현미 선생님께서 이미 해 놓으셨더라고요.

이렇게 진화론과 페미니즘의 관계를 역사적으로 비교하고 종합하는 100년짜리 역사책 한 권을 박사 학위 논문으로 쓰면서 겪으신 어려움은 없었나요?

오현미 100년이 넘는 시기를 다루다 보니 진화론과 페미니즘을 굉장히 포괄적인 사회 상황과 연결하는 작업이 어려웠습니다. 사회상은 시기마다 다르잖아요. 그래서 페미니스트들도 시기마다 다르게 반응했고요. 19세기에는 종교와 과학의 첨예한 대립 속에서 진화론과 페미니즘이 거의 같은 편에 서 있었다고 봅니다. 그런데 19세기의 사회상을 현재의 감각으로 보면 우리의 가치관을 과거에 투사하게 되지요. 그래서 19세기 사람들의 가족 관념, 과학을 둘러싼 고민과 쟁점을 19세기의 감각으로 봐야 한다고 생각해요. 19세기로 들어가서 파헤쳐야 합니다.

한편 1970년대는 자연 과학과 사회 과학의 분리가 학계 내에서 굉장히 명확해진 것이 특징입니다. 또한 19세기와는 달리 주된 쟁점이 종교와 과학의 대립에 있지 않아요. 다른 쟁점들이 등장하거든요. 가족이나 여성을 둘러싼 시선도 1970년대에는 많이 달라집니다. 새로운 페미니즘 운동이 등장하고요. 1990년대는 또 다릅니다.

그래서 단지 진화론과 페미니즘만 보지 말고, 100년에 걸친 시대의 흐름을 읽으면서 진화론과 페미니즘을 둘러싼 여러 사회적 상황과 성 관념, 과학에 대한 태도 등을 함께 봐야 합니다. 저도 당시의 관점을 복원하는 연구를 하면서 당시 사람들은 무슨 생각을 했는지, 왜 이런 태도를 취했는지, 왜 이들은 다윈의 진화론에 호의적이었는지 등을 밝히는 과정을 겪었습니다.

게다가 저는 과학 전공자도 아니기 때문에 당연히 『캠벨 생물학』부터 읽어야 했지요. 경제학도라면 누구나 『맨큐의 경제학(Principles of Economics)』을 읽듯이 말입니다. (웃음) 물론 참고 문헌으로 『캠벨 생물학』을 달 필요는 없었어요. 읽은 책을 전부 참고 문헌으로 달지는 않으니까요.

진화론이 주된 관심사이기는 하지만 뇌과학도 굉장히 많이 참고했어요. 뇌과학이 1990년대 이후로 굉장히 많이 다뤄지기 때문에 생물학 전반에서 여성과 남성을 어떻게 보는가, 왜 성차가 있다고 보는가를 이해하려고 전두엽이나 뇌 전체가 나온 도판도 많이 봤습니다.

강양구 연구하시면서 지속적으로 상호 작용을 할 만한 지도 교수나, 가이드를 해 주실 만한 선생님도 마땅히 없어서 힘드셨을 것 같아요.

오현미 한국에도 좋은 책이 많이 나와 있습니다. 책의 도움을 많이 받았어요. 제 지도 교수님께서는 주로 페미니즘을 연구하셨지만 제게 정서적으로 많은 도움을 주셨습니다. 최재천 교수나 장대익 교수와 같은 진화 과학자들과도 필요할 때마다 일정한 교류를 했어요.

강양구　논문 심사 교수 중 한 분이 최재천 이화 여자 대학교 석좌 교수이시더라고요.

오현미　이전부터 최재천 교수는 진화론과 페미니즘에 관심을 갖고 계셨습니다. 호주제의 생물학적인 모순을 밝혀서 2008년 호주제가 폐지되는 데 기여하시기도 했지요.

강양구　일상에서도 성 평등을 실천하려 노력하는 분이지요.

오현미　최재천 교수는 일찍부터 진화론이 여성 문제에 도움이 되는 학문이라는 신념을 강하게 갖고 계셨어요. 그런 확고한 신념도 제게는 든든한 버팀목이 되었습니다.

강양구　지금은 페미니즘뿐 아니라 인문학 전체가 진화론에 고개를 갸우뚱하잖아요. 그런데 다윈이 진화론을 발표하던 당시에 페미니즘 진영과 진화론 진영이 한편이었다는 말씀을 앞에서 하셨습니다. 말씀하신 대로 20세기 초에 우생학에서 비롯된 홀로코스트처럼 끔찍한 사건들을 거치고 나서 진화론과 페미니즘의 관계가 틀어졌는데요. 우리나라에서도 소설가 복거일이나 자유 기업원 등이 '적자 생존'이나 경쟁을 많이 이야기하면서 사회 다윈주의를 연상시킵니다. 그러한 발언들이 한국 사회에 영향을 주지 않았을까 하고도 생각했습니다.

오현미　복거일 씨가 대표적이지요. 2009년에 국립 과천 과학관에서 다윈 탄생 200주년 기념 연합 학술 대회가 열린 적이 있습니다. 당시에 오랫동안 사회 다윈주의를 주장해 온 자유 기업원 소속의 한 경제학과 교수를 초청했어요. 그런데 그분이 20세기 진화론은 이기심이나 경쟁, 적자 생존보다는 협력을 많이 연구하고 있으며 자신은 20세기 진화론은 우파 진영에 도움이 안 된다고 본다는 말을 하더군요. 저는 당시에 이 점이 상당히 흥미로웠습니다. 왜 좌파 진영에서는 20세기 진화론의 협력 연구를 활용해서 복지를 정당화하는 논리를 펴지 않는지 이해가 안 된다고도 이야기하더라고요.

이명현 처음에는 우파가 다윈주의를 점령했어요. 하지만 좌파 다윈주의 운동도 있습니다. 과거로 거슬러 올라가면서 다윈주의 좌파 운동을 복원하려는 시도도 있는데, 오현미 선생님께서 하신 작업과 비슷해 보이네요.

오현미 진화론도 강조점이 역사적으로 변해 왔어요. 아시다시피 19세기에는 다윈을 적자 생존으로 포장한 영국의 사회학자 허버트 스펜서(Herbert Spencer)식의 논리가 사람들에게 큰 호응을 얻으면서 사회 다윈주의가 퍼져 나갔지요. 그래서 사회 과학 분야에서 다윈주의의 이미지는 흔히 사회 다윈주의나 우생학으로 고착되어 있습니다. 20세기 초 파시즘 같은 정치적 소란을 거치면서 다시 한번 오명을 뒤집어쓰기도 했고요.

그런데 실제로 19세기 다윈주의를 연구하다 보니, 이명현 선생님의 말씀대로 우파 진영보다는 좌파 진영에서 다윈주의를 훨씬 더 많이 받아들였습니다. 마르크스와 엥겔스도 『종의 기원』 출간을 환영하기도 했어요. 당시에는 진화를 진보로 받아들였기 때문에 다윈주의를 진보에 대한 옹호로 이해한 것이지요.

또한 20세기 들면서 진화론 진영은 협동, 협력, 이타성 연구에 초점을 맞췄습니다. 19세기와는 강조점이 많이 달라졌기 때문에 더 나은 사회를 지향하게끔 진화론의 협력 연구를 활용할 가능성도 있습니다. 그래서 피터 워런 싱어(Peter Warren Singer)는 『다윈주의 좌파(*Darwinian Left*)』(최정규 옮김, 이음, 2012년)라는 책도 낸 바 있어요. 좀 더 진보적인 관점에서 진화론을 볼 가능성이 많이 열렸다고 봅니다.

강양구 제게는 좌파와 우파의 차이로 보여요. 우파는 도움이 된다 싶으면 악

THAT TROUBLES OUR MONKEY AGAIN.

Female descendant of Marine Ascidian: "REALLY, MR. DARWIN, SAY WHAT YOU LIKE ABOUT MAN; BUT I WISH YOU WOULD LEAVE MY EMOTIONS ALONE!"

착같이 받아들이는데, 좌파는 '저들이 정말 우리 편일까?'라면서 의심하니까요.

19세기의 페미니즘, 진화론은 우리 편

강양구　지금부터는 오현미 선생님께서 그간 의심하고 따져 보신 연구 결과를 듣겠습니다. 선생님께서는 진화론과 페미니즘의 사이가 과거에는 좋았을 수 있다고 생각하시지요? 그렇게 보신 근거가 있나요?

오현미　다윈이 출간한 『종의 기원』과 『인간의 유래와 성 선택』에 대해 19세기 당시 페미니스트들은 어떤 관점을 가졌을지 궁금했습니다. 이 시기는 여성에게도 투표권을 달라는 참정권 운동이 격렬했어요. 특히 1870년대에는 진화론 논쟁과 여성 문제를 둘러싼 논쟁이 교차했습니다. 이렇게 뜨거운 두 논쟁이 교차하는데 서로 아무 관련이 없었다고 보기는 힘들다고 생각했습니다. 그래서 당시 사람들이 쓴 글에 대한 2차 문헌들을 쭉 살펴보니 페미니스트들이 진화론을 굉장히 적극적으로 수용하고 있었습니다. 저도 연구를 하면서 상당히 놀란 부분입니다.

다윈의 진화론을 여성적 시각에서 다시 쓰고자 시도한 여성들은 자신들의 책을 출간했어요. 앤트와넷 브라운 블랙웰(Antoinette Brown Blackwell)이 쓴 『자연계에서의 성(The Sexes throughout Nature)』, 그리고 일라이자 버트 갬블(Eliza Burt Gamble)이 쓴 『여성의 진화(The Evolution of Woman)』 같은 책들이 대표적입니다. 당시 여성들이 대학에서 과학 공부를 본격적으로 하기는 힘들었어요. 그래도 미국은 유럽보다는 여성의 대학 진학률이 높은 편이었거든요. 그래서 미국에서는 여성과 진화에 관한 논쟁도 과학 저널에서 활발했고 관련된 책도 출판된 것으로 보입니다.

특히 앞서 『자연계에서의 성』을 쓴(제 논문에서도 소개한 바 있는) 블랙웰은 기존의 생물학 연구 중에서 성 문제를 다룬 것들을 검토하고, 다윈의 진화론에 대해서도 문제점을 비판하고 여성적 관점으로 진화론을 다시 쓰며, 그 논리를 여성의 참정권 운동을 정당화하는 데까지 발전시킵니다. 즉 진화론을 거부하지 않고 적극적으로 수용하면서 여성의 시각으로 재구성한 다음 참정권 운동의 논리로 활용한 겁니다.

김상욱 어떤 논리로 활용했나요?

오현미 당시에 여성 참정권 반대론자들은 반대의 근거로 기독교를 들었습니다. 당시에는 기독교가 사고의 강력한 틀이었잖아요. 기독교에 따르면 여성 이브는 남성 아담의 갈비뼈에서 나왔으니 남성과 여성은 한 몸입니다. 따라서 남성 가장이 참정권을 갖고 여성까지 대표할 수 있다고 봤어요. 일심동체인데 왜 여성이 따로 참정권을 가져야 하는가, 갈비뼈에는 굳이 참정권을 줄 필요 없다는 겁니다.

또한 예수는 남성이니, 여성은 남성에 복종할 의무가 있다고도 봤습니다. 이런 까닭에 기독교라는 틀 안에서 여성 참정권 논쟁을 하다 보면 여성의 독자적 권리가 정당화되지 못했습니다. 여성과 남성이 한 몸이고 본래적으로 같으니, 남성이 여성을 대표할 수 있다는 논리가 나오니까요. 따라서 당시에는 기독교의 틀 안에서 남성과 여성이 똑같다는 논리로 여성 참정권 논쟁을 하면 여성들이 궁지에 몰렸습니다.

이런 논쟁 상황에서 여성들은 대부분 기독교인이었지만, 과감하게 기독교의 틀에서 벗어나서 남성과 여성에는 진화된 차이가 있다는 다원주의를 받아들입니다. 여성과 남성은 완전히 다르다는 겁니다. 오랜 세월을 서서면서 여성성과 남성성이 완전히 다르게 진화했으며, 따라서 여성과 남성의 욕구와 이해 관계, 필요 모두가 다르다고 할 때에만 남성 가장이 대의할 수 없는, 남성이 대신할 수 없는 여성의 이해 관계를 대변할 여성의 독자적 참정권을 주장할 수 있었습니다. 이런 식으로 여성들은 자신의 독자적 참정권을 정당화하는 논리를 다원이 말하는 '타고난 차이'라는 생각에서 발견했습니다.

남성 가장이 대의할 수 없는 여성의 독자적 참정권을 확보하려면 여성과 남성이 다르다는 것을 증명해야 했어요.

강양구   다윈의 진화론을 통해서, 생물학적인 차이에 근거해서 여성의 생물학적인 독자성을 주장했군요.

오현미   그 생물학적 차이가 당시에는 굉장히 중요했습니다. 남성 가장이 대의할 수 없는 여성의 독자적 참정권을 확보하려면 여성과 남성이 다르다는 것을 증명해야 했어요. 그런데 몸도 다르고 정신도 다르다는 과학의 주장은 이에 대한 가장 강력한 증명일 수 있었어요.

그렇게 주장한 것이 바로 다윈이었습니다. 성 선택을 통해 몸도 다르게 진화했고, 성 역할도 다르게 진화하다 보니 여성성과 남성성 역시 달라졌다고 봤거든요.

이 차이는 대립적이지만 상호 보완적인 것으로 이해되었습니다. 남성과 여성은 근본적으로 종류가 같고 완전성의 정도에서만 다르다고 본 기독교의 틀과는 다르지요. 그래서 여성과 남성이 완전 반대이고 상보적이라는 진화론의 논리를, 여성은 다르기 때문에 참정권이 필요하다는 주장을 뒷받침하는 근거로 삼은 겁니다.

김상욱   다르다고 말하는 것만으로도 충분할 만큼 좋지 않은 상황이었군요.

강양구   그런데 심지어 당대 가장 뜨거운 과학 스타와 과학 이론인 다윈과 진화론이 다름을 옹호했네요.

오현미　게다가 수천 년간 진화된 차이라는 것이 얼마나 막강해요. 절대 반박할 수 없는 논리이기 때문에 가능했습니다.

이명현　뒤집을 수도 없이 고착화된 것이지요.

김상욱　그런 논리가 주로 유럽이 아니라 미국에서 나왔다고 하셨는데, 미국이 더 종교적이지 않나요?

오현미　물론 이런 논리는 유럽의 많은 페미니스트에게도 있었어요. 페미니스트들이 체계적인 진화론 다시 쓰기를 저서의 형태로 시도하지 않았을 뿐입니다. 그런데 상당히 놀라운 점이, 미국은 실제 여성 참정권 운동이 복음주의 운동에서 출발했거든요. 많은 여성이 복음주의 운동에서 금주 운동과 같은 사회 개혁 운동을 하다가 노예 해방을 계기로 여성 참정권 운동에 눈을 뜹니다.

　그래서 실제로 많은 여권 관련 집회들이 교회에서 벌어져요. 종교적인 분위기에서 운동이 벌어지다 보니 오히려 한계를 뼈아프게 느끼게 됩니다. 처음에는 성경 다시 쓰기를 해요. 애초에는 존경받을 만한 여성을 성경에서 발굴하자는 것이 이들의 전략이었습니다. 이를테면 "여성은 이브가 아니라 성모 마리아다."라고 쓰기도 하고요.

　그렇지만 기독교라는 틀이 일종의 통렬한 한계라는 생각에 이릅니다. 그래서 성경에서 과학으로 넘어갑니다. 대표적인 여성으로는 앞에서 말한 블랙웰이 있어요. 블랙웰은 미국 최초의 여성 목사이기도 합니다.

강양구　여기서 잠시 맥락을 설명해 드리자면, 당시 미국에서 목사가 되려면 박사 학위를 받을 정도로 교육을 많이 받아야 했다고 해요.

오현미　블랙웰은 철두철미한 목회 활동을 한 사람인데, 그런 블랙웰이 기독

교를 떠나 다윈의 진화론으로 돌아서는 사건
은 상징적이었습니다. 여성과 남성은 한 몸이
아니며 완전히 다르다는 논리가 여성 참정권
운동에 적극적이었던 블랙웰에게 필요했던
겁니다.

다윈 진화론의 핵심은
바로 종은 끊임없이
변화한다고
밝힌 점입니다.

당시 페미니스트들이 진화론을 받아들인
데는 또 다른 이유도 있습니다. 당시 사람들
은 진화를 진보로 이해했어요. 실제 다윈은
진화가 목적도 방향도 없는 과정이라고 봤어
요. 즉 다윈에게 진화는 진보가 아닌 겁니다.
단지 변화한 환경에 대한 적응일 뿐이지요.
지금은 진화가 진보가 아니란 점은 상식이 되고 있습니다. 그러나 당시에 이들
은 진화를 진보로 이해했던 거예요.

이는 시대적인 배경을 감안하면 이해됩니다. 그 시대의 기독교적 사고 안에
서 종은 한 번 창조되면 영원불변했습니다. 다윈 진화론의 핵심은 바로 이에 대
항해서 종은 끊임없이 변화한다고 밝힌 점입니다. 종에 대한 다윈의 개념은 당
시 진보주의자들에게 '세상은 변화한다.'라는 논리로 수용되었습니다. 즉 당시
진보적인 입장을 취하던 페미니스트들이나 참정권 찬성론자들은 여성의 삶을
변화시키는 논리로 진화론을 수용했던 겁니다. 이 두 가지 요소가 진화론을 환
영하는 결과를 만들지 않았나 생각합니다.

강양구 19세기 후반과 20세기 초반에 많은 좌파가 다윈의 진화론에 열광한
것과 같은 맥락이겠네요. 여성의 지위를 향상하고 참정권을 획득하며 성 평등
사회로 나아가는 점진적 변화의 과정에서 다윈의 진화론이 긍정적인 역할을
하리라 본 것이군요. 그렇다면 아마 당시에는 페미니스트의 주적이 종교였겠어
요. 그래서 진화론이 유효했다고도 볼 수 있겠고요.

오현미　진영 구도가 지금과 많이 달랐어요. 종교와 과학의 논쟁에서 종교가 낡은 세계를 견고하게 수호하는 편이라면 다윈은 종교의 대척점에 서 있는 편이었습니다. 페미니스트들도 참정권 문제를 둘러싸고 "여성에게 참정권을 줄 수 없다. 왜 갈비뼈가 참정권을 달라고 주장하는가?"라는 목사들의 주장에 맞섰습니다. 따라서 진화론과 페미니즘이 같은 진영에 있었다고 볼 수 있습니다.

1970년대, 페미니즘과 진화론의 불화

강양구　그렇다면 시대를 건너뛰어 볼까요? 19세기에는 진화론과 페미니즘이 한편이었습니다. 그런데 1960년대부터 유럽이나 미국에서는 본격적으로 여성 해방 운동이 등장해서 오늘날 우리가 아는 여러 여성 운동의 원형을 이뤘습니다. 한편 결정적으로 1970년대 들어서는 진화론과 페미니즘이 불화를 겪습니다. 불화의 근거가 무엇이었다고 생각하시나요?

오현미　저는 불화가 일어난 현실에는 이유가 있었다고 생각합니다. 그런데 먼저 짚고 넘어가야 할 지점이 있어요. 다윈과 1세대 여성 참정권 찬성론자 사이에는 불화할 이유가 없었을까요? 이 부분이 흥미롭습니다. 사실 『인간의 유래와 성 선택』을 읽다 보면 뜨악할 만한 부분이 있거든요.

　　이 책에서 다윈은 "여성은 남성보다 열등하다."라고 해요. '맨(man)'이라는 영어 단어가 남성과 인간 둘 다를 나타낸다는 사실에서 알 수 있듯이, 당시 사람들은 남성과 인간을 똑같은 것으로 봤습니다. 따라서 인류의 진화도 남성 중심적으로 설명했습니다. 특히 당시에 유행한 골상학까지 다윈이 받아들여서 남성과 여성의 뇌 크기를 비교해요. 남성의 두뇌가 여성의 것보다 좀 더 크기 때문에 여성은 뇌 크기에서도 남성보다 열등하다는 여성 혐오(misogyny)를 보여 줬습니다. 다윈 또한 남성 과학자였기 때문에 당대에 유행하던 사고를 무비판적으로 수용한 겁니다.

페미니스트들은 다윈의 편견을 알았지만, 진화론의 강력한 논리가 여성 참정권 운동에 필요했기 때문에 적극적으로 다윈을 수용합니다. 물론 수용하면서도 비판을 거두지 않았습니다. 앞에서 소개한 블랙웰도 다윈을 철저하게 비판합니다. "다윈과 스펜서는 남성적 시각에서 자연을 봤고, 따라서 진화의 주된 동력을 남성에게서 찾았다. 하지만 실제로 자세히 보면 진화의 동력을 여성에게서 찾을 수 있다. 원시 시대에 아이를 기르고 노동을 하며 텃밭을 일궈 온 사람들은 여성이었다. 따라서 여성을 중심으로 진화의 역사를 다시 써야 한다." 이러한 주장을 적극적으로 펼칩니다.

또한 여성은 열등하지 않고 남성과 다를 뿐이며, 여성과 남성의 가치는 똑같다는 공정한 입장을 제시합니다. 다윈의 편견을 걷어 내고 진화의 역사를 재구성하는 다윈 다시 쓰기를 한 것입니다. 유럽에서도 존 스튜어트 밀(John Stuart Mill)과 해리엇 테일러 밀(Harriot Taylor Mill) 같은 여권론자들은 다윈주의를 받아들이지 않았지만 많은 여성 사회주의자가 다윈주의를 받아들입니다. 밀리센트 포셋(Millicent Fawcett)이라는 유명한 참정권 운동의 지도자가 있는데, 이 사람도 생물학적 차이를 수용합니다.

하지만 1970년대에는 사회적인 상황이 달라졌어요. 1970년대의 페미니스트들이 진화론에 격렬하게 저항했는데, 이를 이해하려면 관련된 지적 환경의 변화를 볼 필요가 있습니다. 사실 남성적인 편견을 따지자면 1970년대의 사회 생물학은 다윈의 진화론보다 훨씬 더 온건해요. 다윈은 골상학을 인용하면서 여성이 남성과 유아의 중간에 있다고도 합니다. 그에 비하면 사회 생물학자 에드워드 윌슨은 "남성은 능동적이며 여성은 수동적이다."라고 합니다. 성별 분업을 말하면서도, "남성은 밖에서 돈을 벌어 오고 여성은 집에서 살림을 하는 것이 인간의 보편적인 가족 형태이다."라고 합니다. 요즘에도 많은 남성이 고수하는 생각이지요.

이명현 그것이 윌슨의 경향 같습니다. 윌슨은 토를 달듯이 부연 설명하면서 보편적인 이야기를 하는 편이지요.

김상욱　100년이라는 시차가 있어서 그런 것 아닐까요? 진화론을 통해서 일단 여성이 인간이 되는 것이 첫 번째 목표이니까요. 우열을 가리는 문제는 그다음에 해결해야 할 문제였으리라고 생각해요.

이명현　그렇지요. 당시에는 다윈의 이론이 여성을 인간으로 만들어 줬다는 것 자체가 충격이지 않았을까 싶어요.

오현미　표면적인 수사만 놓고 보면 19세기의 페미니스트들은 오히려 다윈을 거부해야 하지 않았을까요? 물론 윌슨도 마찬가지로 비판받아 마땅한 수사를 썼지만, 다윈에 비해 윌슨의 사회 생물학에 대해 더 격렬한 저항을 한 데는 설명이 필요하다고 봤어요. 그래서 박사 학위 논문을 쓰면서 여기에는 표현보다 더욱 크고 근본적인 쟁점이 있었다는 생각을 하게 되었습니다.

강양구　무엇을 더 크고 근본적인 쟁점이라 보셨나요?

오현미　사회적인 맥락이에요. 다윈은 당시에 진보적인 사상가로 이해되었습니다. 그래서 "종은 끊임없이 변한다. 앞으로도 변할 것이다."라는 『종의 기원』의 내용을 사람들이 '세계가 변화한다.'로, 따라서 진보에 대한 지지로 수용했습니다. 그런데 에드워드 윌슨의 『사회 생물학』은 변화보다는, 변화에 대한 생물학적 제약을 훨씬 더 강조하거든요.

　윌슨이 생물학적 제약을 강조한 데는 나름의 시대적 배경이 있는 듯합니다. 1970년대 무렵에는 세상을 유토피아로 바꾸려는 엄청난 움직임이 1968년 프랑스에서 일어난 '68 운동'을 계기로 서구에서 쏟아져 나왔습니다. 비틀스(The Beatles)의 「이매진(Imagine)」이 대변하는, 우리가 상상하는 대로 세상을 만들 수 있다는 1960년대와 1970년대의 진보주의적 열망이었지요.

하지만 윌슨은 다르게 생각했습니다. 윌슨은 모든 것이 우리가 상상하는 대로 되지는 않으며, 현실적으로 생물학적인 제약이 있다고 봤습니다. 당시에 이뤄진 다양한 실험들, 예를 들어 미국 네바다 주 사막에 공동체를 만들어서 가족을 해체하는 실험 등이 실패하기도 했지요. 다윈이 변화를 강조한 것으로 사람들에게 받아들여졌다면, 윌슨은 변화에 대한 제약을 강조한 것으로 받아들여집니다.

진보주의자나 페미니스트에게는 변화에 대한 제약을 강조하는 윌슨의 주장이 변화를 가로막는 강력한 보수주의적 담론으로 들렸어요. 따라서 이들이 윌슨을 수용하기는 어려웠으리라고 생각합니다. 다시 말해 페미니즘과 진화론의 불화를 더 깊이 파헤쳐 보면 '변화인가, 불변인가?'라는 쟁점이 자리하고 있었음을 알 수 있습니다.

강양구　1970년대에 에드워드 윌슨을 가장 강력하게 비판하고, 페미니스트들에게 윌슨 비판의 근거를 제공한 과학자로 리처드 르윈틴(Richard Lewontin)과 스티븐 제이 굴드(Stephen Jay Gould)가 있습니다. 이들은 굉장한 골수 좌파 생명 과학자들이었어요. 이들 또한 윌슨을 보수 이데올로그로 지적했지요. 더구나 윌슨의 『사회 생물학』이 생물학적 제약을 강조하고, 인간이 변화하기보다는 정체할 수밖에 없는 요인들이 우리 안에 있음을 강조하다 보니 '가만히 놓아두면 위험하겠구나.'라고 경계하게 되었겠지요.

오현미　그렇지요. 게다가 생물학적 결정론으로 의심받을 만한 수사들을 윌슨 자신이 『사회 생물학』에서 많이 썼다고 생각해요. 결정론에는 한 번 결정되면 변하지 않는다는 함의가 있잖아요.

또한 생물학과 사회의 복합적 상호 작용을 너무 단순하게 사고했다는 점도 윌슨을 비판하는 또 다른 지점이라고 봅니다. 당시 동물 행동학, 특히 사회성 동물에 대한 연구 성과들이 상당수 축적된 결과, 생물학으로 인간 사회 또한 전부 설명할 수 있다는 과도한 자신감이 사회의 복잡성을 평면화했다고 생각해요. 이는 사회 과학 연구자나 페미니스트에게 생물학 환원주의로 읽힙니다. 윌슨의 사회 생물학은 변화를 가로막는, 사회 운동이 끼어들 여지가 없는 변경 불가능성으로 사람들에게 인지되었던 것 같습니다.

이명현 　우선 에드워드 윌슨은 근대적 계몽주의자이기도 하지요. 그래서 당시 사회 변화에 불안을 느꼈을지도 모르겠네요. 앞에서 하신 말씀과 같은 맥락에서, 한계와 제약을 체계화하려는 노력을 많이 했을 것 같습니다.

강양구 　또 크게 시대상을 보면 여러 가지가 보입니다. 1970년대는 신보수주의나 신자유주의의 원형이라 할 만한 움직임이 등장하던 때잖아요. 예를 들어 경제학에서는 우리가 오늘날 신자유주의자라고 부를 법한 이들이 목소리를 높였어요. 이러한 움직임은 1980년대에 만개하고요.

즉 전후와 1960년대 사이, 복지 국가가 만들어지고 사회 운동이 분출하는 한편으로는 반동이 서서히 시작되는 바로 그 시기에 『사회 생물학』이 태어난 겁니다. 윌슨이 원했든, 원하지 않았든 간에 말이에요. 이러한 맥락이 앞에서 오현미 선생님께서 하신 말씀처럼 진화론과 페미니즘의 불화를 낳는 중요한 요인이 되었을 수 있겠다는 생각이 듭니다.

즉 복지 국가가 만들어지고 사회 운동이 분출하는 한편 반동이 서서히 시작되는 바로 그 시기에 『사회 생물학』이 태어난 겁니다.

이명현 　오히려 지금 『사회 생물학』이 출간되었다면 시시하게 느꼈겠지요?

김상욱　어떤 점에서는 안됐네요. 윌슨도 어떤 의미에서는 다윈과 마찬가지로 인간을 보는 새로운 틀을 제시했다고 볼 수 있잖아요. 그전까지는 동물의 행동을 통해서 인간을 이해한 적이 없었을 텐데, 사회적 맥락 때문에 다윈은 박수를 받은 반면 윌슨은 낙인이 찍혔다는 점이 안타깝다고도 생각해요.

저는 개인적으로 생물학은 제약이자 잠재력이라고 말해요.

오현미　저는 개인적으로 생물학은 제약이자 잠재력이라고 생각해요. 굴드도 제약만을 강조하는 글을 비판하면서 같은 이야기를 합니다. 우리에게는 굶어서도 안 되고 잠을 자지 않을 수도 없는 생물학적 한계가 있지만, 다른 한편으로 변화 가능성과 잠재력 또한 있어요. 두 가지 측면을 동시에 갖고 있습니다. 윌슨은 아마 그 시대에 과도하게 끓어오른 유토피아적 열정을 보면서, 우리가 제약 요인을 놓치는 데 안타까움을 느꼈던 것이 아닐까요? 그래서 제약을 강조했는데, 당시의 진보적 열정이 지배했던 시대상과는 상극이었던 것이지요.

강양구　식상한 비유이기는 하지만 컵에 절반만큼 차 있는 물을 보고 "반이나 찼네."라고도, "반만 남았네."라고도 할 수 있잖아요. 인간이 지닌 생물학의 제약과 가능성도 마찬가지인데, 당시에는 굉장히 심각한 갈등으로 생각한 것 아닐까요?

김상욱　배가 고플 때 보는 것과, 배가 부를 때 보는 것이 다른 것처럼요.

진화 심리학과 페미니즘의 대화가 시작된 1990년대

강양구　그러면 다시 한번 시기를 옮겨서 이제는 1990년대를 이야기해 보겠습니다. 사회 생물학 이후에 에드워드 윌슨의 유산을 받은 많은 사람이 자신들의 학문 이름을 진화 심리학으로 싹 바꿉니다. 그리고 체계를 훨씬 더 업그레이드해서 여러 연구 성과를 1980년대부터 1990년대까지 내놓기 시작하지요. 이 시점에 페미니즘에도 변화가 있지 않나요?

오현미　사실 일찍부터 페미니즘에는 다양한 노선이 있었어요. 19세기에도 주로 여성 참정권 운동을 펼친 자유주의 페미니즘, 노동하는 여성들의 페미니즘, 유토피아적인 페미니즘 등이 있었고요. 20세기에도 마찬가지입니다. 자유주의도 있고 급진주의도 있고, 노동을 더욱 강조하는 계보도 있었습니다. 이처럼 페미니즘은 계속 성장하고 발전해 왔으며, 진화 심리학이 나올 무렵에는 다양성이 더욱 심화되었어요.

한편으로는 이때 페미니즘 운동의 활동성이 가라앉기도 했습니다. 1970년대까지 만개한 페미니즘 운동이 여러 성취를 내면서 주류가 되고, 1980년대를 거치고 1990년대에 들어서면서 더욱 이론적이거나 학술적으로 변모해서 학계에 자리를 잡습니다. 또한 포스트모더니즘을 많이 받아들여서 여성과 남성의 차이뿐 아니라 여성들 내부에서 여성 사이의 차이를 강조하는 페미니즘도 등장합니다.

진화론과 페미니즘을 화해시키려는 새로운 시도들도 1990년대에 나오기 시작합니다. 스스로를 '진화론적 페미니스트'라고 부르는 여성들이 등장합니다. 또 생물학과 페미니즘을 연결하려는 시도를 하면서 스스로를 '바이오소셜 페미니스트'라고 부르는 여성들 또한 등장합니다. 1990년대를 분화의 시기라고 할 법하지요.

이명현 에코 페미니즘도 비슷한 맥락에서 볼 수 있지요? 1980년대에 본격적으로 등장한, 생태 운동과 페미니즘을 화해시키는 시도였지요.

오현미 맞아요. 페미니즘 운동의 활동성이 조금 가라앉던 1970년대 후반에 문화주의 페미니즘이 등장했거든요. 그 페미니스트들이 여성과 자연을 연결해서 탐구하는 에코 페미니스트의 계통을 이룹니다.

1990년대의 변화를 이야기하면서는 진화 심리학 이야기를 더 하는 것이 좋겠네요. 1990년대에 진화 심리학이 등장하면서 데이비드 버스 같은 진화 심리학자들이 다양한 활동을 하고 스티븐 핑커(Steven Pinker)의 『빈 서판(*The Blank Slate*)』(김한영 옮김, 사이언스북스, 2004년)과 같은 책들도 출간되면서 국내에도 대중적으로 많이 소개되었습니다. 흥미로운 점은 영국 공영 방송(BBC)이든 우리나라 방송국이든, 텔레비전 다큐멘터리 등 다양한 방식으로 인간과 동물의 성과 관련한 진화 심리학의 연구 내용을 다루는데 왜 1970년대처럼 사람들이 길거리로 나와서 진화 심리학에 대항해 시위를 하지 않는가 하는 점이었어요. 정자와 난자의 수정부터 시작해서 인간을 진화론적으로 논하는데 왜 1970년대만큼은 열렬히 반대하지 않을까요?

강양구 지금이 반동의 시대여서 사람들이 진화 심리학에 반대하지 않는 것 아닐까요?

오현미 저도 여러 설명을 시도해 봤어요. 저 나름대로 그 이유를 고민하면서 처음에는 페미니즘이 활동성이 떨어졌기 때문일까 생각했습니다. 하지만 19세기 다윈과 페미니즘의 관계, 1970년대 윌슨과 페미니즘의 관계를 살펴보면서 진화 심리학이 변했기 때문일 수 있겠다는 생각을 했습니다. 저는 사회 생물학이 1970년대에 경험한 아픈 논쟁을 반성 혹은 수용한 결과로 진화 심리학이 나왔다고 보거든요.

사회 생물학 논쟁에서 주요한 지점 중 하나가 본성-양육 논쟁이었습니다. 본성이 모든 것을 결정하는가, 아니면 양육과 사회화가 인간을 변화시킬 수 있는가를 두고 이때 논쟁했습니다. 이 논쟁을 거치면서 진화 심리학이 적어도 본성과 양육의 이분법을 넘어섰다고 저는 봤습니다.

많은 진화 심리학자가 유전적으로 타고난 성향은 있지만, 환경에 따라 유전자가 표현되는 양상이 상당히 다양할 수 있다고 봅니다. 이제 결정론을 주장하는 진화 심리학자들이 많지 않기 때문에 진화 심리학을 변화를 가로막는 논리로 보기에는 힘들어요. 그렇기 때문에 페미니스트들은 여전히 생물학에 대해 결정론이 아닌가 하는 의혹을 갖기는 하지만, 현재 진화 심리학이 변화를 가로막는 강한 주장을 하지 않기 때문에 강한 저항도 표출되지 않는 것 같아요.

강양구　그렇지만 실제로 제가 접한 많은 페미니스트는 진화 심리학을 이름만 바꾼 사회 생물학이라고 생각하면서 여전히 거부감을 느끼더라고요. 저도 진화 심리학을 비판적으로 보는 편이지만요. 때로는 이 분야의 책을 읽어 봤을까 싶을 정도로 진화 심리학을 매도하는 페미니스트도 봤습니다.

김상욱　저도 페미니스트들은 대부분 진화 심리학을 여전히 아주 싫어한다고 알고 있습니다. 그런데 온도 차가 있다는 말씀을 듣게 되어 놀랐어요.

오현미　물론 변화에 대한 태도 문제는 나아졌다고 해도, 아직도 진화 심리학에 여러 문제가 있다고 봅니다. 사회 생물학도 의도했든 의도하지 않았든 연구자의 남성적 시선을 갖고 있잖아요. 진화 심리학도 마찬가지로 데이비드 버스와 같은 대표적인 연구자들이 남성이지요. 남성적 편견의 문제는 여전히 많습니다.

『욕망의 진화』를 보면 남성의 미적 기준으로 여성의 보편적인 아름다움을 정의합니다. 이상적인 여성의 미의 기준이라고 여겨지는, 허리 대 엉덩이 비율(waist-to-hip ratio, WHR)이 0.7인 여성을 가장 아름다운 여성으로 남성들이 선호한다는 진화 심리학의 주장은 전형적으로 서구 남성의 미적 기준으로 아름다움을 정의하고 연구를 한 예입니다. 많은 페미니스트가 이에 대해 서구 남성의 취향과 생가을 인간 본성으로 보편화하는 문제가 있다고 생각해요.

이런 예에서 볼 수 있듯이 진화 심리학에는 우리가 꼼꼼히 살펴보고 비판할 남성적 편견이 투사된 지점이 많다고 봅니다. 하지만 '변화를 가로막는가?'라는 점에서 진화 심리학의 논조가 달라졌기 때문에, 사회 생물학에 대한 페미니스트들의 강한 거부감에 비해 진화 심리학에 대해서는 그만큼 적극적으로 저항 행동을 하지는 않는 것 같아요. 변화에 대한 반대와 남성적 편견이라는 두 요소가 페미니스트들의 진화론에 대한 태도에 영향을 주는데, 제가 보기에 결정적인 점은 변화에 대한 진화론 진영의 태도였던 것 같습니다.

진화 심리학의 재구성을 제안하며

강양구 예를 들어 사이언스북스에서 『오래된 연장통』(2010년)과 『본성이 답이다』(2016년)를 낸 우리나라의 대표적인 진화 심리학자인 경희 대학교 전중환 교수가 있지요. 전중환 교수가 글을 쓸 때마다 비판적인 댓글이 달리고 페미니스트들에게 구제 불능의 적처럼 간주됩니다.

이명현 전중환 교수는 건조하고 팩트 위주로 논문을 요약하는 글을 쓰지요. 오히려 다른 사람들이 전중환 교수의 글에 가치를 많이 부여한다고 생각합니다.

김상욱 저도 전중환 교수의 글에 대한 반응을 보면서, 페미니스트들이 전중환 교수를 정말 싫어하는구나 하고 생각했거든요.

오현미 저는 페미니스트들이 전중환 교수를 비판하는 근거가 분명 있다고 봅니다. 그리고 그런 비판과 논쟁이 반드시 필요하다고 생각해요. 비판을 통해서 진화 심리학이 좀 더 객관적인 결과에 가까워져야 하니까요.

그런데 저는 다른 부분에 주목했습니다. 1970년대였다면 진화 심리학자들은 대학에 자리를 잡기도 힘들고, 설령 잡더라도 (이를테면 대학교 앞에서 1인 시위를 하는 식으로) 곧장 많은 페미니스트의 강렬한 저항에 맞닥뜨렸을 겁니다. 그런데 지금은 과거와는 분명 온도 차이가 있어요. 저는 어느 것이 옳은지, 그른지를 따지기보다는, 과연 이러한 온도의 차이를 만들어 내는 부분이 무엇일까를 주목하고 있습니다.

페미니스트들의 비판을 통해 진화 심리학이 좀 더 객관적인 결과에 가까워져야 하니까요.

강양구 그 원인 중 하나로 진화 심리학 자체가 좀 더 세련되어진 점을 드신 것이지요?

오현미 그렇지요. 저는 페미니즘은 세상을 바꾸려는 운동이라고 봅니다. 따라서 남성 중심적인 세상을 바꾸는 데에 걸림돌이 되는 주장인지, 아니면 세상을 바꿀 가능성을 열어 두고 있는 주장인지가, 표면적인 쟁점보다 더욱 심층에 있는 민감한 쟁점이라고 봅니다.

예를 들어 다윈은 여성을 열등한 존재로 봤고 이런 시각을 말하는 데 거리낌이 없었지만, 그럼에도 불구하고 페미니스트들은 다윈의 이론이 변화에 개방적이라고 봤기 때문에 이를 받아들였잖아요. 사회 생물학은 다윈의 이론보다는 좀 더 온건해졌지만, 핵가족을 보편적이고 불변하는 것으로 봤고 성별 분업을 자연화하는 방식으로 생물학적 제약을 이야기했어요. 따라서 페미니스트들은 사회 생물학을 변화를 가로막는 이론으로 봤고, 그렇기에 열 일 제쳐 두고 사회 생물과 결전을 벌였던 겁니다.

그런데 진화 심리학은 사회 생물학과는 다릅니다. 예를 들어 유전형과 표현형의 관계니 본성과 양육의 관계 등에서 여러 가능성을 열어 두고 있어요. 따라서 페미니스트들이 진화 심리학에 반대하는 것을 최우선 과제로 삼겠다는 결단까지 하게 할 만한 요소가 진화 심리학에서 많이 약화되지 않았나 생각합니다. 실제로 1970년대만큼의 격렬한 대결 국면으로는 이어지지 않았고요.

그렇지만 진화 심리학에는 여전히 남성적인 편견이 있고, 이에 대해 사람들이 비판을 하고 있습니다.

강양구 앞에서 제가 농담처럼 "지금은 반동의 시대"라는 말을 했지만, 저는 개인적으로 시대 분위기도 한 원인이 아닐까 하는 생각을 했습니다. 1970년대에만 하더라도 변화를 외치는 1960년대의 분위기가 강하게 남아 있었기 때문에 에드워드 윌슨이 강조한 생물학적 제약에 페미니스트들이 훨씬 더 큰 경각심을 갖고 있었지요. 반면 오늘날에는 과거에 비해서는 페미니즘 운동 자체의 활동성이 조금 약해져 있습니다. (현재의 한국 사회는 많이 다르기는 합니다.)

1990년대는 전 세계적으로, 우리나라는 물론이거니와 유럽과 미국까지 신보수주의 내지는 신자유주의 보수 정권이나, 보수 정권과 크게 다를 것 없는 자유주의 정권이 집권하면서 더는 사회를 획기적으로 바꿀 전망을 많이들 잃어버린 시기였습니다. 이러한 상황이, 좀 더 세련되어진 진화 심리학과 맞물리면서 격렬한 논쟁이나 반발이 없었던 것 아닐까 하는 생각을 했습니다.

오현미 그 점을 무시하기 어렵다고 생각해요. 그런데 역사의 전체 흐름을 보면, 진화론의 표면에 드러나는 성차별적 수사나 내용보다는 변화에 대한 진화론의 관점이 페미니즘의 반응을 이론과 실천 두 차원에서 결정했다고 봤습니다. 다윈은 여성에 대한 수사에서는 문제가 많았지만 어쨌든 페미니스트들이 받아들였잖아요. 19세기부터 100년이라는 역사를 관통하면서 어떤 결정적인 요인이 페미니스트들의 태도를 결정하는지를 보면서, 여성에 대한 남성적 편견을 드러내는 수사의 강약만으로는 이들의 태도를 설명하기 어려웠다는 생각이 들었습니다. 물론 1990년대도 더 깊은 분석이 필요하기는 하겠지만 결국 변화의 가능성을 열어 두는지, 그렇지 않은지가 결정적인 요인이 아닌가 생각한 겁니다.

이명현　즉 변화를 지향하는 페미니즘이 동행할 수 있는 이론인지가 중요하다는 말씀이시군요.

진화론적 페미니스트가 나타났다

김상욱　제가 전문가가 아니어서 섣불리 단정하기는 어렵지만, 물리학자로서는 진화 심리학이 항상 너무나 많은 현상을 쉽게 설명한다는 느낌을 받습니다. 그것이 상당히 불안해요. 진화 심리학이 이미 정해진 결론대로 아주 잘 짜여 있는 그럴듯한 '이야기'가 아닌가 하는 의심이 들 때가 있습니다. 심하게는 '코에 걸면 코걸이, 귀에 걸면 귀걸이'라고 이야기할 수도 있겠네요. 전중환 교수는 싫어할 이야기일 테지만요.

같은 연구 결과를 놓고도 해석의 방향을 어디로 하는가에 따라서 페미니즘과의 동행 여부가 달라질 수 있겠다는 생각이 듭니다.

그러다 보니 같은 연구 결과를 놓고도 해석의 방향을 어디로 하는가에 따라서 페미니즘과의 동행 여부가 달라질 수 있겠다는 생각이 듭니다. 긍정적으로 보면 우리 편으로 보일 수도 있고, 부정적으로 보면 적으로 보일 수도 있는 이론이 아닌가 하는 생각이 들 때가 있어요.

오현미 　그래서 저는 진화 심리학 자체보다는 이후에 페미니즘의 문제 의식을 갖고 등장한 진화론적 페미니스트들을 이야기하려 합니다.

강양구 　실제로 진화론을 연구하는 과학자 중에서도 페미니즘의 문제 의식을 갖고 연구 성과를 내는 과학자들도 있지요.

오현미 　진화 심리학은 사회 생물학보다는 나아졌다는 생각이 듭니다. 하지만 앞에서 이야기한 대로 남성 과학자들이 연구를 하면서 객관성을 추구한다고 하는데 남성 스스로는 어디에 문제가 있는지 없는지를 판단하기는 어렵잖아요.
　저는 시대의 통념이 일종의 무의식과 같다고 봅니다. 너무나 익숙하고 당연한 것이기 때문에 우리는 통념을 의식조차 하지 못한 채 따르기도 합니다. 통념은 일종의 프레임이고, 이 프레임을 통해서 우리는 세상을 보고 서술합니다. 저는 진화 심리학이 완전히 틀렸다는 이야기를 하려는 것은 아닙니다. 다만 진화 심리학에도 우리 시대의 통념이 녹아 있다는 겁니다. 그래서 진화 심리학 책을 읽다 보면 모든 논리가 너무나 익숙하고, 당연하게 보입니다.

이명현 　그렇지요. 진화 심리학이 사실은 우리가 아는 이야기들을 과학적으로 설명하려는 노력이니까요.

오현미 　그런데 우리 시대의 통념 중에서도 많은 것이 바뀌어야 합니다. 여성과 남성에 대한 고정 관념부터 아주 교묘한 형태의 편견에 이르기까지 모든 것을 낱낱이 들추고 비판하는 과정이 필요한데, 비판뿐만 아니라 기존의 통념을 갈아치울 수 있는 대안적인 연구가 중요하다고 생각해요. 그래서 이 학문이 생산적인 이론이 되려면 여성 과학자들이 대거 진화 심리학뿐만 아니라 진화론 분야에 뛰어들어야 합니다. 생물학이란 특히 관찰의 대상과 방법에, 또 관찰 결과의 해석과 서술 방식에 민감한 학문이기 때문이지요.

여성 연구자들이 영장류학이나 인류학 등의 학계에 진입해서 여성의 시각으로, 진화론적 접근을 다시 봐야 합니다. 기존의 학문적 관행도 비판하고요. 우리가 정치적 목적 때문에 과학을 연구하는 것은 아니지만, 결과적으로 연구를 통해서 여성의 삶에 도움이 되게끔 이론적 성과를 만들어 내는 것이 진화론적 페미니즘이라고 생각합니다.

강양구 진화론적 페미니즘에는 대체로 어떤 연구 성과가 있고, 어떤 분들이 대표 주자입니까?

오현미 대표적으로는 우리나라에 가장 많이 소개된 세라 블래퍼 허디(Sarah Blaffer Hrdy)가 있습니다. 『어머니의 탄생(*Mother Nature*)』(황희선 옮김, 사이언스북스, 2010년)을 쓴 분이에요. 허디 또한 1970년대 페미니즘 운동의 세례를 받았습니다. 허디는 기존의 영장류 연구나 인류학 연구가 관행적으로 수컷, 남성만 관찰해 온 점을 간파합니다. 저는 이 점이 흥미롭다고 봤어요. 암컷 영장류가 무엇을 하는지는, 수컷 영장류를 관찰한 결과를 토대로 미뤄 짐작할 뿐이었던 겁니다.

영장류 암컷은 수컷이 하지 않는 이상 행동을 합니다. 암컷은 통념상 순종적이고 수동적일 텐데, 어떤 암컷은 자기 새끼를 죽이는 영아 살해를 합니다. 또 암컷은 통념상 경쟁보다는 협동을 할 텐데, 암컷들이 서로 자리를 차지하려고 격렬하게 싸웁니다. 과거에는 수컷을 중심으로 관찰했기 때문에, 암컷이 스트레스를 받아서 이러한 비정상적인 행동을 벌이는 것이라고 치부했습니다.

허디가 보니 이런 연구 관행에는 심각한 문제가 있었습니다. 그래서 허디는 학계 내부에서 이러한 관행에 문제 제기를 합니다. 학계의 관찰이 그동안 수컷에 편중되어 있었기 때문에, 사실 우리는 온전하게 한 종의 실체를 파악하지 못했다고 말입니다. 한편 허디는 관찰 대상을 수컷에서 암컷으로 바꿉니다. (물론 남성 학자들은 여전히 수컷을 관찰하겠지만요.) 그리고 관찰 결과에 따라서 암컷에 대한 기존의 전형적인 관념을 비판합니다. 암컷은 경쟁심도 없고 성적으로도 수동적인 존재가 아니며, 굉장히 복잡한 이해 관계에 따라 움직이는 능동적인 행위자라는 것이지요.

허디는 암컷을 연구해서 새로 얻은 성과를 쭉 누적함으로써 기존의 관점을 비판하고 교정하는 작업을 해 왔습니다. 그 결과를 엮은 책 중 하나가 『어머니의 탄생』입니다.

능동적인 전략가 여성의 조건적 모성

강양구　『어머니의 탄생』이 가진 중요한 문제 의식은 무엇인가요? 왜 이 질문을 드리는가 하면, 이 책에 그다지 달갑지 않은 반응을 보이는 페미니스트들이 많이 있는 것으로 알고 있어서 그렇습니다.

이명현　생물학적 본성을 이야기하기 때문이 아닐까요?

오현미　오늘날에도 1970년대의 관념이 남아 있어서 본성이란 이미 결정된 것이라고들 생각하게 마련이지요. 이러한 거부감은 사회 생물학 논쟁의 후유증으로 보입니다. 그런데 저는 1970년대에 갇혀 있지는 말자는 말씀을 드리고 싶어요. 생물학을 결정론보다는 변화를 옹호하는 관점으로 제기했던 19세기 다윈의 관점을 복원할 필요가 있다고 봅니다.

또한 현재 본성-양육 논쟁은 진화 심리학의 본성-양육 상호 작용론으로 이미 대체되고 있다는 점도 생각해야겠지요. 본성은 환경에 따라 다양한 표현형을 나타내기도 하고, 환경에 따라 다양한 변이를 만들어 내기도 합니다. 그런데 본성의 가능성 측면을 고려하지 않고 여전히 제약 측면만 생각하기 때문에 『어머니의 탄생』 또한 '안 봐도 비디오다.'라고 생각하는 경우도 있어요. 그렇지 않다고 책에서 아무리 이야기해도, 사람들에게는 고정 관념이 있으니까요.

『어머니의 탄생』을 보면 여성에 대해 몇 가지 주장을 합니다. 하나는 여성이 수동적인 존재가 아니라 능동적인 전략가라는 주장입니다. 허디에게 여성은 취약한 존재가 아닙니다. 허디는 여성에게 힘을 불어넣어서 좀 더 적극적인 주체로 복원하지요. 사적이든 공적이든 여성이 남성에 종속되는 존재가 아니라 스스로의 이해 관계와 요구를 갖고 능동적으로 개척하고, 심지어는 남성과의 관계를 통제하고 끌어 나가기도 하는 존재로 재해석하는 자료들을 여러 연구를 통해 보여 주고 있습니다.

이명현　저도 제 지도를 받으며 논문을 쓰고 유학 간 학생에게 『어머니의 탄생』을 결혼 선물로 준 적이 있습니다. 공부하는 여성들은 결혼하면 보통 남편에게 종속되는데, 그러지 말고 독립적으로 나아갔으면 하는 마음이 책을 선물한 이유였습니다. 이 일화는 이 책 서평을 《프레시안》에 기고하면서 소개하기도 했어요.

강양구　2010년 12월 이명현 선생님께서 「세상의 워킹맘이여, 당당해도 괜찮아!」라는 제목으로 '나의 올해의 책'을 꼽아서 서평을 쓰셨지요. 진화론적 페미니스트의 관점에서 모성을 재정의하려 한 이 책에서 여성이자 과학자로서 살아온 허디의 삶을 읽어 내셨다는 글로 기억합니다. 그런데 『어머니의 탄생』을 올해의 책을 넘어서 인생 책으로까지 꼽는 분들도 있더라고요. 여성은 남성에게 종속된 존재가 아니며 여성에게 힘을 불어넣어 주면 충분히 상황을 주도하는 전략가일 수 있음을, 영장류학을 비롯한 과학의 여러 성과와 많은 사례를 통해서 보여 주는 책이기 때문이겠지요?

오현미　허디가 던지는 또 하나의 중요한 메시지는 모성에 관한 겁니다. 현대 여성과도 연결이 되는 주제예요. 우리는 '모성'이라 하면 집에 들어앉아서 오로지 아이만 돌보고 헌신적으로 희생하는, 어머니의 삶에 대한 고정 관념을 갖고 있잖아요.

이명현　그렇시 않은 어머니들은 스스로 죄책감과 부채 의식을 갖고요.

오현미　게다가 사회적으로는 문제 있는 사람으로 낙인찍히기도 합니다. 그런데 그런 모성 관념은 특정한 시대의 산물입니다. 희생적인 모성 관념은 다윈이 활동하던 19세기 영국 빅토리아 여왕 치하에 지배적이었어요. 그 관념이 오늘날에도 남아 있어서 오늘날 많은 여성이 직장과 가정에서 육아까지 병행하면서도 스스로를 비난하고 또 다른 사람들에게 비난받는 근거가 됩니다.

　사실 인류 진화의 역사를 보면 여성은 끊임없이 바깥일과 집안일을 함께해 왔습니다. 예를 들어 감자, 고구마같이 금방 상해서 축적하기 어려운 것들이 주된 생산물인 원예 농업 사회를 연구한 결과를 보면 이 사회에서 남성들은 대부분 떠돌이 수컷 전략을 씁니다. 어차피 물려줄 것도 축적할 것도 없으니 씨를 뿌릴 때나 나타나서 거창한 의례를 하는 것 외에는 경제적 생산에 특별히 기여하는 바가 없어요. 그 외에는 하는 일도 거의 없고요. 반대로 여성의 경우는 아이를 먹이고 길러야 하는데, 남성들이 부양을 하지 않는 상황에서 많은 생산 노동 역시 여성의 몫입니다.

　이렇게 여성은 인류사 초기부터 생계 활동과 육아를 끊임없이 양립시키려는 복합적인 전략을 써 왔어요. 즉 우리가 아는, 경제 활동에서 벗어난 전업 주부 스타일의 모성은 특정 시기의 관념이지 초역사적인 관념이 아니라는 겁니다. 이렇듯 모성에 대한 허디의 연구는 여성을 향한 비난을 걷어 낼 뿐만 아니라 직장과 가정의 양립을 위해서는 무엇

모성에 대한 허디의 연구는 여성을 향한 비난을 걷어 낼 뿐만 아니라 직장과 가정의 양립을 위해서는 무엇이 필요한지를 생각하게 합니다.

이 필요한지를 생각하게 합니다.

저는 허디가 이 책을 통해 조건적인 모성, 맥락 의존적인 모성에 대해 이야기하고 있다고 해석합니다. 즉 어머니는 전적으로 자기를 희생하는 존재라는 사회적 통념과 달리, 생물학적 표현인 자손의 번식이라는 목표를 달성하기 위해 자신이 처한 조건과 맥락을 고려하고 주도면밀하게 전략을 짜는 전략가라는 겁니다.

허디는 원래는 랑구르원숭이의 영아 살해를 연구했습니다. 인간의 경우도 양육을 위한 경제적 자원이 풍부하고, 양육을 도와줄 조력자가 있는 환경에서는 자식을 돌보는 어머니 감정이 드러날 수 있어요. 하지만 자녀 양육을 위한 경제적 자원이 열악하고 양육을 도와줄 조력자가 부족한 상황, 특히 남편 없이 홀로 힘들게 자식을 부양하고 돌봐야 하는 열악한 환경에 처한 여성은 영아 살해를 저지르기도 했습니다. 유럽의 역사를 살펴보더라도 18~19세기 산업 혁명 시기에 엄청나게 많은 아이가 버려집니다. 열악한 환경에서 실제로 영아 살해이든, 영아 방기이든 많은 일들이 일어났어요. 허디는 여러 생물학적인 배경을 통해 이를 설명하고 있습니다.

김상욱　그렇다면 "모성은 조건적이다."라는 허디의 설명에는 어떤 중요한 메시지가 들어 있을까요?

오현미　본성이 환경의 단서에 따라서 좋은 어머니를 만들기도 하고, 가혹한 어머니를 만들기도 한다는 겁니다. 아름다운 이야기는 아니지만 인간의 현실을 냉정하게 보고, 좋은 모성이 발현되기를 원한다면 공동체나 사회가 양육에 대한 지원을 하는 식으로 좋은 환경을 조성해서 인간 내면의 선한 본성을 불러내야 한다는 것이 허디의 메시지라고 생각해요. 본성과 환경의 역동적인 상호작용을 이해해서 육아 지원도 하고, 아이를 기르는 여성들이 심각한 스트레스 상태에 내몰리게 하지 않는 사회적인 환경을 조성하는 것이 목표이겠다는 생각을 했습니다.

이명현　이야기를 듣다 보니, 여성이 과학에 개입해서 여성의 관점으로 과학을 보는 것이 중요하겠네요. 저는 여성의 관점이라는 지점에서 영화 「브루클린(Brooklyn)」(존 크로울리 감독, 2015년)을 떠올렸습니다. 이 영화에는 아일랜드에서 미국으로 이민 온 등장 인물이 나옵니다. 그런데 보통 이민이라 할 때는 가족 단위 내지는 남성의 개척으로 생각하잖아요? 그런데 이 영화는 한 여성이 미국인과 결혼해 미국에 정착해 나가다 결국은 다시 아일랜드로 돌아가는 모습을 그리면서, 당시 여성들의 이민은 어떠했는지를 보여 줍니다. 잔잔한 영화인데, 당시의 생활상을 보면서 큰 충격을 받았어요.

강양구　일제 강점기의 독립 운동사도, 독립 운동가로서 상하이나 간도로 떠난 남성의 이야기만 있지, 남아서 자식을 부양하고 생활을 이어 간 여성의 이야기는 없잖아요.

이명현　여성의 관점으로도 보면 입체적인 시각을 갖는 계기가 되겠네요.

김상욱　전쟁도 마찬가지지요. 전쟁이 일어났을 때도 전선에 나가서 싸우는 남자들 이야기만 나오지, 사실 후방에서 그 나라를 지탱했던 여성들의 이야기는 사실 많이 안 다루지요.

이명현　그렇지요. 지금까지의 역사 연구는 민초를 다루는 민중주의적 역사관에 입각해서 많이 복원해 왔잖아요. 영화 또한 이 역사관을 반영해서 역사를 재현했고요. 반면 여성에 초점을 맞춘 연구나 영화는 아직까지는 상당히 부족한 것 같아요.

차이와 동일성을 결합하라

강양구 앞에서 진화론적 페미니스트의 대표 주자로 허디를 말씀하셨습니다. 혹시 함께 소개해 주실 만한 다른 분이 있을까요?

오현미 허디는 영장류학 연구자이지요. 인류학에서는 낸시 태너(Nancy Tanner)나 에이드리엔 질먼(Adrienne Zihlman) 같은 여성 인류학자들이 남성 중심적 인류사를 비판하고 여성적 시각을 반영해서 인류사를 재구성합니다.

이전에는 인류사를 살필 때 주류적 관점은 남성 사냥꾼 가설이었어요. 남성이 사냥을 하면서 인류가 사냥에 적합한 형태로 인류의 몸과 마음이 진화했다는 논리로 인류 진화사를 구성해 왔습니다. 그런데 1970년대 초에 새로운 여성 인류학자들이 "남성 사냥꾼 가설은 인간과 남성을 같은 것으로 보면서 여성의 역할을 삭제했다."라고 주장하면서 여성의 채집 활동이 인류 진화의 동력이라고 보는 '여성 채집가 가설'을 제시합니다. 남성 사냥꾼 가설을 전복하는 주장이지요.

실제로 현존하는 수렵 채집 부족들을 연구하면서 여성과 남성 중 누가 가족의 생계에 더 큰 기여를 하는지 살펴봤더니, 여성의 채집이 생계에 훨씬 더 크게 기여했다고 합니다. 남성의 사냥은 그 자체로 드문 일인 데다 실패할 가능성 또한 컸어요.

이명현 그래도 사냥에 성공하면 임팩트가 크지 않았을까요?

오현미 임팩트는 컸겠지요. 간혹 큰 사냥감을 잡게 되면 온 마을에서 나눠 먹는데 그것이 실제로 가족의 생계에 크게 기여하지는 않았다고 합니다. 오히려 남성의 지위 경쟁에서 큰 의미를 차지했다고 해요. 이 논의는 나중에 여성 채집가, 남성 사냥꾼이라는 성별 분업 구도 자체가 극복되어야 한다는 견해로 발전

됩니다. 남성 사냥꾼 가설이 폐기되는 이 과정만 봐도, 남성 연구자들이 기존에 전개한 연구에서 비어 있던 공간을 진화론적 페미니스트들이 가시화하고 종합 직으로 인간 진화를 새구성하고 있음을 알 수 있습니다.

강양구　지금도 마찬가지인 것 같아요. 지인 중에 꽤 유명한 여성 저널리스트가 올린 글을 봤는데 다음과 같았습니다. "우리 집은 대체로 작은 일은 다 자신이 결정한다. 집을 사거나 이사하는 일, 아이가 다닐 학교를 고르는 일들은 자신이 하고, 남성은 지구의 평화나 한반도의 긴장 같은 큰일을 생각한다."

이명현　즉 아무것도 안 한다는 말이지요.

강양구　실제로 현대 사회에서도 집안의 여러 큰일을 여성이 주도하고 결정하는 일이 훨씬 더 많잖아요.

오현미　그렇지요. 19세기에도 루이스 헨리 모건(Lewis Henry Morgan)이나 요한 바흐오펜(Johann Bachofen) 같은 인류학자들은 원시 공산주의 사회가 모계제였다고 주장했어요. 실제로 인류사 초기 연구나 많은 부족 연구를 보면 여성의 계보를 중심으로 가족이 전승되는 모계제였음을 볼 수 있는데, 이러한 여성 중심의 사회가 남성과의 경쟁에서 세계사적인 패배를 겪고 지금의 가부장제 사회가 되었다는 주장입니다. 물론 이 주장은 현재 전적으로 지지되고 있지는 않습니다. 그렇지만 많은 사회에서 여성이 생계뿐만 아니라 부족의 대소사를 결정하는 큰 어머니의 이미지는 여전히 남아 있습니다.

강양구　즉 진화론적 페미니스트로 불리는 학자들이 인류사를 재구성하려는 연구에 노력을 기울이고 있다는 것이지요?

오현미　초기에는 여성 연구자들이 주로 인류학과 영장류학에서 연구를 시작했습니다. 하지만 여성 연구자들의 수도 늘고 그들이 진출하는 영역도 다양해지면서, 다양한 분야에서 남성 중심적으로 진행되어 온 연구를 비판하고 대안적 가설을 제시하는 식으로 확장되어 가는 것 같아요.

강양구　그러면 선생님께서는 앞에서 소개하신 진화론적 페미니스트들의 연구 성과가 진화론과 페미니즘의 행복한 만남을 보여 주는 한 본보기라고 생각하시나요? 아니면 거기에서도 좀 더 나아갈 지점들이 있다고 생각하시나요?

오현미　하나의 긍정적 본보기라고 보는 것이지요. 그러나 진화론과 페미니즘의 동행이 지금 완성되었다고 생각하지는 않습니다. 현재는 일종의 시도, 접근을 하고 있다고 생각해요. 제가 진화론을 공부해 보니 이 분야는 일종의 역사과학 같습니다. 이미 진화는 일어났으니 인간의 과거에 대한 가설을 놓고 실험을 할 수 없잖아요. 여러 가설을 놓고 이 가설이 맞는지, 저 가설이 맞는지를 계속 다양한 방식으로 존재하는 증거들, 어느 정도 검증된 이론들과 맞춰 가는 것이기 때문에 아직은 100퍼센트 확고부동한 진리를 말하기는 어려운 측면이 많은 것 같아요.

현재 여성적 관점에서 수행한 다양한 연구 성과가 축적되고 있습니다. 또한 이 성과가 남성 연구자들과의 논쟁을 통해 전복되기도 하고, 수용되기도 하면서 이 분야의 발전을 이끈다고 보거든요. 현재까지는 진화론적 페미니스트들이 적극적으로 흥미로운 몇 가지 중요한 지점을 제기해 왔다는 생각이 들어요. 저는 현재까지 진화론적 페미니스트들의 연구 성과를 만족스럽게 봅니다.

다만 하나 덧붙이고 싶은 것은, 진화론적 페미니스트들의 연구가 여성성과 남성성을 사고하는 방식에서 새로운 모형을 이야기하고 있다는 점입니다. 저는 이 점이 흥미로웠어요. 19세기에는 여성과 남성을 전혀 다른 존재라고 봤습니다. 차이를 강조한 것이지요. 남성은 이성적이고 경쟁적이며, 여성은 감정적이고 협동을 중시한다고 했습니다. 20세기에는 여성과 남성이 평등해야 한다는 논리 때문에 여성과 남성은 본성에서 다르지 않고, 성차는 후천적으로 학습된다고 봤습니다. 시몬 드 보부아르(Simone de Beauvoir)는 "여성은 만들어진다."라고도 했지요. 어릴 때 여성에게는 분홍 옷을 입히고 인형을 쥐여 주고, 남성에게는 장난감을 쥐여 주면서부터 만들어진다는 것입니다. 즉 같음과 다름을 놓고 논쟁이 계속되어 왔거든요.

여성과 남성은 같기도 하고 다르기도 하다는 진화론적 페미니스트의 시각이 정답에 가깝지 않나 생각합니다.

그런데 진화론은 다윈 이후로 일관되게 여성과 남성의 성적 차이를 이야기해 왔어요. 성 선택을 통해서 여성과 남성이 달라진다는 것이지요. 그런데 페미니스트들은 많은 경우 평등을 강조합니다. 진화론적 페미니스트들은 진화론과 페미니즘이라는 두 뿌리를 갖고 연구하기 때문에 이들의 연구를 보면 여성과 남성은 같기도 하고 다르기도 하다는 시각이 담겨 있습니다. 저는 이것이 정답에 가깝지 않나 생각합니다.

이명현　이를 인식하고 받아들이는 것이 굉장히 중요하겠네요.

오현미　차이와 동일성을 양자택일하는 문제를 놓고 역사가 계속 진동해 왔다면, 이제는 진화론적 페미니스트들이 차이와 동일성을 함께 보고 있다고 생각합니다. 성 선택으로 인해 발생하는 차이와, 같은 인간으로서 선택압을 겪기 때문에 나타나는 동일성이지요. 차이와 동일성을 결합하는 새로운 모형을 만들어 내고 있다는 것이, 페미니즘의 관점에서는 흥미로운 지점 같아요.

진화론적 페미니즘이 한국을 구원할 수 있을까?

강양구 최근 한국 사회에서는 여성 혐오가 이슈가 되고 있고, 페미니즘을 둘러싸고 사회적 논쟁이 격렬하게 벌어지고 있습니다. 많은 사람이 페미니즘에 열광하지만 한편으로 어떤 사람들은 불편함을 느끼는 것이 사실입니다. 이런 상황에서 진화론과 페미니즘 연구 혹은 진화론적 페미니스트들의 대안적인 연구성과가 우리에게 어떤 통찰을 줄 수 있을까요?

오현미 저는 여성과 남성에게는 진화에서 비롯된 차이가 있다고 봅니다. 아시다시피 몸도 다르고, 다윈이 이야기했듯이 생물학적인 차이에서 비롯되는 정서적·인지적 차이도 있다고 봅니다. 물론 동일한 점도 굉장히 많지요.

그런데 최근에 뜨겁게 달아오르는 여성 혐오 문제는 그 차이를 이해하지 못하는 데서 발생한 문제가 아닌가 생각합니다. 예를 들어 성폭력 사건에서 여성과 남성의 관계를 바라보는 방식이 여성과 남성 사이에 굉장히 달라요. 성폭력 사건의 피해자는 주로 여성들입니다. 따라서 관계에 대한 남성의 감각과 느낌, 해석이 전부가 아니며 또 상당히 주관적일 수 있고, 여성은 다르게 볼 수 있음을 알 필요가 있습니다. 때로는 관계에 대한 남성의 시각이 여성에게는 폭력일 수 있음을 알아야 해요.

물론 고의적으로 폭력을 행사하는 남성도 있지만, 잘 모르기 때문에 어떤 미묘한 지점에서 경계를 넘어서는 행동을 하는 남성도 있어요. 하지만 성차에 대한 뿌리 깊은 몰이해가 상대에게 고통을 주는 결과를 낳는다면 이 차이를 이해하는 것이 중요하다고 생각합니다.

강양구 오현미 선생님과의 수다를 관통하는 열쇳말이 차이였으니, 현재 우리나라의 상황 또한 차이에 대한 몰이해라고 하신 말씀이 와 닿네요. 그렇다면 오현미 선생님께서 생각하시는 해법으로는 무엇이 있을까요?

오현미 우리는 각자의 경험을 바탕으로, 각자의 시각으로 세상을 봅니다. 저는 여성들이 세상을 살면서 느껴 온 두려움을 남성들이 이해하지 못한다고 생각해요.

2016년 5월에는 강남역 살인 사건이 발생했습니다. 강남역 인근 상가의 화장실에서 한 남성이 일면식 없는 여성을 흉기로 살해한 사건이었습니다. 그가 "여성들이 나를 무시했다."라고 자신의 범행 동기를 진술함으로써 이 사건은 한국 사회에 만연한 여성 혐오를 드러낸 단적인 사례가 되었고, 많은 여성의 분노를 불러일으켰습니다. 사건이 있은 후에는 많은 여성이 화장실 가기를 더욱더 두려워하고요. 남자들도 화장실 가기를 두려워하나요?

강양구 아니요.

오현미 그렇지 않지요. 저는 이것이 여성과 남성의 차이에서 비롯된 문제라고 봅니다. 이 차이를 이해하지 못할 때 '호들갑을 떤다, 과민 반응을 보인다.'라고 반응하는 것이라 생각해요. 차이에서 비롯된 고통을 가볍게 치부하고 고통을 호소하는 말들이 짜증난다고 이야기하는 겁니다. 저는 그렇게 차이를 이해하지 않고 가볍게 넘어가는 것이 갈등의 골을 깊게 한다고 보거든요.

여성과 남성의 사이에는 진화해 오면서 뿌리 깊게 만들어진 차이가 있어요. 물론 사회에 따라서는 차이의 정도가 어느 정도 바뀌기는 합니다. 그렇지만 근저에 존재하는 차이를, 특히 여성을 취약하게 만드는 차이를 남성이 더 잘 이해할 수 있게끔 교육이 이뤄지면 좋겠다고 생각합니다. 흔히 배려를 이야기하지만, 무엇이 다른지를 모르면 배려할 수 없거든요. 물론 배려받고자 하는 것이 아니라 다른 성의 사람들이 이 사회에서 무엇을 느끼는지에 대한 이해가 필요한 것이지요.

여성이 폭력에 얼마나 위협을 느끼는지 모르기 때문에, 강남역 살인 사건에 대한 여성들의 추모 열기를 남성들은 과민 반응이라고 말하곤 합니다. 그것이 여성 혐오에 의한 살인인가, 정신 질환자에 의한 살인인가를 논하기에 앞서, 여성들이 늘 실질적으로 살인의 희생자가 될 수도 있다는 위협과 두려움에 노출된다는 사실이 그런 추모 열기의 주요 배경이었던 겁니다.

그래서 진화론적인 관점이나 다양한 관점을 통해서 시민들이 이러한 차이를 충분히 이해하게끔 돕는 교육이 필요하다고 생각합니다. 평등도 중요하지요. 하지만 평등을 내세울 때 숨겨지는 차이, 여기에서 빚어지는 갈등을 걷어 내야 진정한 평등이 온다고 봅니다.

김상욱　그렇게 하면 차이가 변하거나 없어질 수 있다는 말씀이신가요?

오현미　아니요. 진화된 차이는 분명히 있어요. 예를 들어 살인 사건의 피해자는 대부분 여성입니다. 남성과 여성 간에 물리적인 근력 차이가 분명히 있기 때문에 여성이 피해자가 되고 남성이 가해자가 됩니다. 이때 여성이 잠재적 피해자로서 느끼는 공포가 있어요. 이것은 아무리 여성에게 근력 운동을 시킨다고 해도 사회적이고 후천적인 교육만으로는 넘어설 수 없습니다.

김상욱　이를 주장하기 위해서 진화론을 살펴봐야 하는 이유가 있나요? 어떤 면에서 진화론을 통해 이 생각을 강화하거나 뒷받침할 수 있을까요?

오현미　실은 성차가 없다는 주장을 하는 페미니스트들이 많습니다. 이들은 노력하면 성차를 극복할 수 있다고 보거든요.

이명현　여전히 구성주의적 관점이 많이 남아 있으니까요.

강양구　여성과 남성은 다르지 않고 사회적으로 구성될 뿐이라는 20세기 주요 페미니스트들의 주장입니다. 진화론은 이를 강하게 반박하는 틀이 될 수 있지요.

김산묵　특히 진화 심리학은 과거에 만들어진 인간의 사고 방식이 현대인에게 여전히 남아 있다는 주장을 하지요. 그렇다면 오현미 선생님께서도 성차의 근원을 먼 옛날로 소급해서 이야기하시나요?

오현미　맞습니다.

이명현　그 차이는 이미 생겨난 것이니, 차이를 인식하고 받아들여야 이것을 어떻게 다룰지 이야기할 수 있지 않을까요?

김상묵　여성을 이해하려면 과거 시대에 대한 연구를 더 많이 해야겠네요.

평등주의의 함정에서 빠져나오려면

강양구　이것은 사실 진화론이 인문학 또는 사회 과학과 어떤 식으로 결합해야 할지를 이야기하는 한 가지 통찰이기도 합니다. 인간이 원래 어떤 요소들을 어떻게 갖고 있는지, 윌슨식으로 말하자면 인간의 생물학적 제약이 무엇인지를 정확히 알면 이런 제약을 다룰 수 있는 사회적 장치나 합의를 마련할 수 있으니까요.

인간의 생물학적 제약을 알면 이를 다룰 수 있는 사회적 장치나 합의를 마련할 수 있으니까요.

　예를 들어 근력 등의 차이 때문에 여성은 남성에게 살해될 가능성이 컸고, 따라서 여성에게는 이에 대한 본능적인 공포가 있습니다. 실제로 강남역 살인 사건이 발생했잖아요. 이것들을 염두에 둔다면 당연히 연장선상에서 여성의 안전을 보장하는 사회 기반 시설이 필요하다는 이야기를 할 수 있습니다. 사회적 합의를 이끌어 낼 근거가 되고요.

오현미   또한 사회 구성주의나 평등주의 관념이 만연하다 보면 다음과 같은 의문이 생기기도 해요. '남성과 여성은 똑같은데, 일터에서 여성들은 왜 남성들과 똑같이 하지 않아?' 저는 이것이 평등주의가 가져올 수 있는 잘못된 생각이라고 봅니다. 이런 평등주의는 남성을 기준으로 한 평등이며, 남성 중심의 문화와 노동 관행에 따라 차이를 지우고 남성으로 동화될 것을 여성에게 요구합니다.

그런데 앞에서 『어머니의 탄생』을 이야기하며 말씀드린 대로, (모든 여성이 다 결혼하지는 않지만) 많은 기혼 여성들이 직장과 가정의 양립 때문에 힘들고 어려운 상황에 처해 있어요. 여성은 밖에 나와서는 돌봐야 할 아이도 없고 가족도 없는 존재처럼, 남성처럼 행동해야 합니다. 저는 이것이 성차를 지우고 여성과 남성은 똑같은 인간이라고만 말할 때 생기는 함정이라고 생각합니다. 우리가 생각하는 인간의 기준이 남성이기 때문이지요. "왜 이것도 못 하지? 무능해서 그런 것 아니야?" 같은 이야기들은 평등주의의 함정 같아요.

여성과 남성이 평등한 권리를 갖지만 여성과 남성이 똑같은가, 차이가 있는가는 다른 문제라고 봅니다. 성별과 나이, 인종 등의 차이가 있다고 해서 권리가 동등하지 않은 것은 아니니까요. 권리의 평등을 실현하기 위해서도, 존재하는 성차를 잘 이해하고 사회적으로 잘 다뤄야 한다고 봅니다. 사회가 성차를 어떻게 존중하고 다룰 것인가를 고민해야 해요. 그런데 현재는 개인이 알아서 극복해야 일 문제로 버님서신 상황이시요.

이명현   저는 개인의 문제로 여기는 것이 가장 큰 문제라고 생각해요. 아이들이나 노인들을 다룰 때에도 다름을 인정하고 균형을 맞추기 위한 노력을 사회적으로 해야 하잖아요. 그런데 강남역 살인 사건도 개인의 일탈이라고 규정해 버리면 그 개인만 사회에서 격리하면 되는 것으로 여겨지게 됩니다. 그렇게 여기지 않고, 성차를 인정하고 균형을 맞추는 합의가 필요하지 않을까 생각합니다. 물론 너무 당연한 이야기이고, 사실 실제로도 합의를 이끌어 내고자 성 평등도 주장하고 있지요.

강남역 살인 사건도 개인의 일탈이라고 규정해 버리면 그 개인만 사회에서 격리하면 되는 것으로 여겨지게 됩니다.

오현미　만약 여성이 처한 현실적 차이를 우리가 무시한다면 여성은 큰 압박을 받습니다. 직장에서는 아이를 돌봐야 하는 힘겨운 부담을 말할 수 없고, 개인이 해결하기에는 감당하기 힘든 상황이 때때로 발생할 수 있어요. 극단적인 경우에는 『어머니의 탄생』에서 허디가 말했듯 어머니가 아이를 방치하거나 학대하는 등의 결과로 이어질 수 있고요.

현재 우리 사회는 여성이 감당하고 있는 모성, 양육을 개인의 문제로만 보고 있습니다. 최근에 아동 학대나 방치와 관련된 사건들이 자주 발생하곤 하잖아요. 그러면 흔히 사람들은 '요새 왜 이렇게 이상한 부모가 갑자기 늘어나서 사회 분위기가 흉흉해졌지?'라고만 봅니다. 성차가 얽혀 있는 복잡한 현실을 우리가 세심히 들여다보지 않는다면, 양육해야 하는 여성들에게 남성들과 똑같기를 강요하면서 양육과 육아는 여성 개인이 알아서 할 문제라고 몰아가는 사회가 될 수 있습니다. 사실은 지금 우리 사회가 이미 그렇고요.

김상욱　제 걱정거리는 진화론이 이야기하는 차이가 차별의 근거로서 사회에 수용될 가능성이 크다는 겁니다.

강양구　사실은 그 부분이 차이를 강조하는 진화론에 대해서 페미니스트들이

나 인문학, 사회학 전공자들이 비판하는 지점이지요.

오현미 그 문제는 제가 가장 하고 싶은 이야기 중 하나예요. 진화 심리학을 비판하는 책들의 내용 중에는 타당한 것도 많지만 잘못된 것도 있거든요. 특히 차이를 이야기하는 것을 차별을 옹호하는 주장으로 여겨서 곧바로 비판을 하곤 합니다. 프레임을 씌우는 것인데, 저는 차이를 존재론 수준의 문제, 팩트와 관련된 문제라고 봅니다. 반면 차별은 정치적 수준의 문제이거든요. 사실 판단과 가치 판단, 혹은 사실 판단과 정치적 당위의 문제를 구별할 필요가 있어요. 팩트를 정치적 수준의 문제와 연결해서 전혀 상이한 범주의 문제를 논한다면 자연주의적 오류를 범하는 겁니다.

차이를 차별로 끌고 갈 수도 있지만, 차이가 있기 때문에 오히려 공정이 필요하다고 주장할 수도 있어요. 예를 들어 20세기 미국의 철학자 존 롤스(John Rawls)는 인간이 모두 다르게 태어났기 때문에 공정이 필요하다고 주장하면서 차이를 오히려 공정의 전제로 삼았습니다. 그런데 우리는 흔히 자연주의적 오류나 자연법적인 사상의 전통을 따르곤 하기 때문에 '권리'와 '존재의 상태'를 동일시하고, 차이가 있으면 평등하지 않다고 보게 됩니다. 저는 오히려 이 논리가 위험하다고 생각해요.

김상욱 차이는 과학적 주제라는 것이지요? 차이를 보는 것은 팩트의 문제이고, 차별은 말 그대로 정치적인 수준의 문제라는 것이고요.

오현미 맞습니다. 우리는 층위를 나눠 사고하는 일에 익숙하지 않아요. 그래서 대상을 단순화해서 보는데, 저는 이 사고의 흐름을 버려야 페미니즘이 좀 더 자유로워지고, 평등을 옹호하기 위해 과학적으로 실재하는 차이를 없다고 주장하는 오류를 범하지 않을 수 있다고 생각합니다.

진화론과 페미니즘의 대화는 계속될 겁니다

강양구　점점 달아오르는 시점에서 수다를 마무리해야 할 시간이 되었네요. 처음에 진화론과 페미니즘의 관계를 이야기한다고 했을 때 독자 여러분께서 '도대체 무슨 얘기를 하려는 걸까?'라고 생각하셨을 텐데요. 수다를 따라 읽으시면서 새로 알게 된 사실도 많고, 여러 생각을 하셨으리라 생각합니다.

오현미 선생님, 오늘 이 자리에서는 유일한 여성이셨습니다. 혹시 저희가 차이를 인지하지 못한 점 있을까요?

오현미　전혀 없었습니다.

김상욱　이것도 문제예요. 우리도 여성이 없잖아요.

강양구　대신에 여성 게스트를 열심히 모시려는 노력을 많이 하고 있으니까요. 저희는 이번 수다가 즐거웠는데, 오현미 선생님께서도 즐거우셨나요?

오현미　저도 처음에는 어떻게 이야기하게 될지 짐작을 전혀 못 했는데, 예상보다도 더욱더 재미있었습니다.

강양구　독자 분들께서도 즐겁게 읽으셨으리라 생각합니다. 2012년에 완성하신 박사 학위 논문은 개고 작업을 거쳐서 2019년에 책으로 나올 예정이라고 들었습니다.

오현미　예. 꼭 나올 수 있게끔 하겠습니다.

이명현　그러면 학술서인가요, 대중서인가요?

오현미　논문을 책으로 만드는 것이라 많이 개고하기는 어려워서, 학술서이면서도 가급적이면 대중에게 쉽게 다가갈 수 있는 책을 만들려 노력하고 있습니다.

강양구　후속 연구는 어떤 것을 하고 계신지요?

오현미　한동안은 19세기 연구가 재미있어서 그 시기에 빠져 있었어요. 그런데 최근에는 진화 심리학을 비판하는 페미니스트들의 책이 꽤 나오고 있는데, 앞에서 이야기한 차이와 차별의 문제, 또는 오늘날 진화론을 통해서 사람들이 대체 무엇을 할 수 있을지 답할 수 있는 책을 쓰고자 고심하고 있습니다.

강양구　그러면 후속 연구도 마무리하시는 대로 「과학 수다」에 초대를 하겠습니다. 그때도 꼭 오셔서 즐거운 수다 나눠 주시기를 부탁드리겠습니다. 감사합니다.

더 읽을거리

- 『**어머니의 탄생**』(세라 블래퍼 허디, 황희선 옮김, 사이언스북스, 2010년)
  다윈주의 페미니스트 세라 블래퍼 허디가 밝힌 모성의 비밀.

- 『**진화한 마음**』(전중환, 휴머니스트, 2019년)
  전중환 교수는 진화 심리학의 대가다. 그가 진화 심리학에 대한 오해에 대해
  답하기 위해 쓴 책.

5
초유기체

보라, 초유기체의
경이로운 세계를

상하좌우
모두 이상무!

임항교

메릴랜드 노트르담
대학교 생물학과
교수

강양구

지식 큐레이터

김상욱

경희 대학교
물리학과 교수

이명현

천문학자·과학 저술가

우리는 종종 누군가를 일컬어 "사회성이 좋은 사람"이라는 말을 씁니다. 대인 관계가 원만하고, 처음 만난 사람과도 쉽게 어울리는 등의 특성을 가리키는 말입니다. 그렇다면 오늘 '과학 수다'의 키워드 중 하나인, 사회성도 아닌 진(眞)사회성이란 어떤 개념일까요? 진정한 사회성이라니, 한편으로는 거창하게 느껴지기도 하는데요.

인간은 단일 개체로 살지 않고 거대한 사회를 이루며, 그 안에서 각 개체는 의사 소통하고 이타성을 발휘하기도 합니다. 이제부터 우리가 이야기할 사회성은 이러한 특성을 나타내는 말입니다. 앞에서처럼 일상적으로 쓰일 때와는 그 의미가 비슷한 듯 다르지요? 그런데 사회성은 자연 세계에서는 많지 않은 일입니다. 인간을 제외하고는 개미나 벌 정도가 떠오를 뿐이지요. 오늘의 주제인 『초유기체(Superorganism)』(임항교 옮김, 사이언스북스, 2017년)의 저자 에드워드 윌슨과 베르트 횔도블러(Bert Hölldobler)는 이들이 진사회성을 지니며, 진사회성을 핵심 요소로 하는 초유기체를 이룬다고 봤습니다.

그렇다면 초유기체 사회는 인간 사회와 어떻게 다른지, 인간 사회도 궁극적으로 초유기체 사회로 진화할 것인지, 진사회성은 어떻게 진화한 것인지 자연스럽게 궁금해지셨을 테지요. 오늘 수다에서는 『초유기체』의 옮긴이이자 미국 메릴랜드 주 노트르담 대학교 생물학과 임항교 교수와 함께하면서 초유기체 뒤에 숨어 있는 흥미진진하고 치열한 논쟁의 숨결을 느껴 보겠습니다.

무기도 베개도 아닌 두꺼운 책을 번역하려니

강양구　오늘은 초유기체 특집으로 꾸며 봤습니다. 미국 메릴랜드 주 노트르담 대학교의 임항교 교수를 모시고 초유기체라는 생소한 개념에 대해서 재미있는 수다를 떨어 보려 합니다.

임항교　안녕하세요. 생물학자 임항교입니다.

이명현　한 가지 궁금한 점이 있어요. 오늘은 왜 '특집'이지요?

강양구　녹음 시점으로부터 약 3주 전인 2017년 6월, 「과학 수다 시즌 2」의 공식 스폰서인 사이언스북스에서 출간한 『초유기체』를 임항교 선생님께서 굉장히 고생해 가면서 번역하셨다고 합니다. 그래서 무기도, 베개도 아닌 이 엄청나게 두꺼운 책의 출간을 기념하는 자리를 이렇게 만들어 봤습니다.

임항교 선생님께서는 전에 '과학 수다'를 접하신 적이 있나요?

임항교　「과학 수다 시즌 2」는 모든 편을 다 들어 봤습니다. 팟캐스트에 출연한 경험이 없는데, 다들 말씀도 잘 하시고 내용도 좋아서 제가 하기가 부담스럽네요.

강양구 　약간 어신 것 같아요. (웃음)

임항교 　팟캐스트 출연은 난생 처음 해 봅니다.

강양구 　그래도 책을 번역하시면서 내용을 가족이나 지인에게 들려주시는 일은 종종 있었지요?

임항교 　맨 정신으로는 해 본 적이 없어요. 술자리에서 들려드리면 다들 좋아는 하시더라고요. 이렇게 맨 정신으로 처음 뵙는 분들과 녹음을 하려니 긴장되네요.

김상욱 　술을 준비해야 할까요? (웃음)

강양구 　이제 임항교 선생님을 모시고 본격적으로 수다를 떨 텐데요. 『초유기체』라는 책을 번역하시는 데 시간을 굉장히 오래 들이셨다고 들었습니다.

임항교 　이 책은 미국에서 2008년 말에 출간되었습니다. 출간되자마자 바로 번역을 시작했으니, 햇수로 따지면 꼬박 8년 6개월이 걸렸네요.

강양구 　물론 8년 6개월 동안 다른 일도 하셨겠지요?

임항교 　8년 6개월 동안 이 책 하나만을 번역해서는 생활할 수 없지요. 당시에는 제가 박사 후 연구원 생활을 하고 있었습니다.

강양구 미국에서 박사 학위를 받으셨나요?

임항교 에. 그때는 미국 미네소타 주에서 잉어 페로몬을 연구하고 있었습니다. 그런데 석사 학위는 한국에서 개미를 연구해서 받았거든요. 이 책을 보니 석사 학위를 준비하던 생각도 났고요.

강양구 그러면 지도 교수는 최재천 이화 여자 대학교 석좌 교수이셨나요?

임항교 맞습니다. 석사 학위를 받고 미국에 가서는 나방의 페로몬을 연구해서 박사 학위를 받았습니다. 이후에도 페로몬에 관심이 있어서 잉어 페로몬을 연구했고요. 학위 연구를 하면서 연구 분야가 점차 협소해지고 있다는 느낌을 받았는데, 때마침 번역을 할 기회가 생겼습니다. 게다가 저처럼 동물 행동이나 행동 생태를 연구하는 많은 분이 에드워드 윌슨의 『사회 생물학』을 통해서 연구에 입문하거든요. 저로서는 이 기회가 온 것에 감사했지요. 8년 6개월이 걸릴 줄은 몰랐습니다만.

강양구 처음에는 시간을 얼마나 투자하면 책이 출간되리라고 생각하셨나요?

임항교 제가 초벌 번역을 하는 데 1년 6개월이 걸렸습니다. 매일 2~3시간씩은 번역에 매달렸어요. 그런데 제가 번역을 업으로 삼고 있지 않다 보니, 생소한 용어도 많았고 한국어에는 아예 없는 단어도 많아서 애를 먹었습니다. 개념들을 우리말로 다시 풀어 쓰는 데 시간이 많이 걸린 것이고요. 600쪽이나 되는 책을 번역하려니, 초벌 번역만으로는 처음부터 끝까지 일관성을 유지하기가 불가능하더라고요. 1년 6개월이 지나고 나니, 제가 보더라도 마지막 부분은 첫 부분과 옮긴이가 다르다는 느낌을 받을 정도였습니다. 이 차이를 손보는 데도 시간이 참 많이 걸렸습니다.

강양구　저나 김상욱 선생님은 책을 번역해서 내 본 경험이 없어요. 이명현 선생님께서는 번역해 보신 적이 있지요?

이명현　몇 권 번역했는데, 정말 힘들었어요. 제가 영어를 아주 잘하는 편도 아니고, 한국어를 잘 구사하는 전문 번역가도 아니잖아요. 천문학 책을 번역하기는 했지만, 적합한 표현을 찾기가 너무 힘들더라고요. 책을 바탕으로 강의는 하겠는데 말입니다.

　게다가 다른 일과 병행하다 보니까, 심지어는 이동하는 중에 눈으로는 원서의 문장을 따라 읽고, 입으로는 한국어로 번역된 문장을 녹음기에 대고 읊으면서 녹취한 다음에 녹취록으로 만들기까지 해야 했어요.

강양구　저는 번역가 선생님들을 많이 아는데, 정말 존경스러워요. 대단히 힘들지만 보상이 그렇게 크지는 않은 일이잖아요.

이명현　번역가는 어차피 욕을 듣게 마련이더라고요. 번역을 하면서 매 순간 긴장감을 유지할 수 없거든요. 번역하면서 놓친 부분은 후회로 돌아오지요. 또 어떤 부분은 정확하게 알지 못한 느낌이 드는데도, 번역을 마무리해야 하니 모호한 표현을 써서 넘어가기도 합니다. 그러면 또다시 후회하고 비판을 받아요. 아무리 잘한 번역이라도 허점은 있을 수밖에 없잖아요. 임항교 선생님께서 말씀하셨지만 우리말에는 없는 용어를 풀어내야 하고요. 숙명적으로 욕을 듣고 수세에 몰릴 수밖에 없는 작업 같습니다. 그래서 번역가를 함부로 비판하지 못하겠다는 생각을 했어요.

임항교　알아 주셔서 감사합니다.

윌슨과 횔도블러 콤비가 20년 만에 다시 뭉치다

강양구   10년이면 강산이 변한다는데, 강산이 변하기를 조금 남겨 놓고서 『초유기체』 번역을 임항교 선생님 한 분께서 마무리하셨습니다. 그런데 많은 분께서는 지금 대체 『초유기체』가 어떤 책이기에 이렇게 고생해서 번역하셨을까 생각하실 텐데요.

이명현   초유기체라는 단어도 생소하실 거예요.

강양구   앞에서도 소개되었지만 『초유기체』는 두 저명한 생물학자가 공저한 책입니다. 하버드 대학교의 유명한 생물학자이자 생태학자인 에드워드 윌슨과 개미 연구자 베르트 횔도블러가 이들인데요. 『초유기체』 전에도 이들이 공저한 책이 있지요?

임항교   1990년에 두 분이 『개미(The Ants)』라는 책을 먼저 저술했지요. 그때까지 알려진 개미 생물학의 학술적인 내용을 집대성하면서 『초유기체』보다도 훨씬 크고 두껍고 전문적인 책입니다. 1,000쪽이 넘지만 그중 3분의 1 이상은 개미 분류학을 담고 있기 때문에 일반 대중서는 아니었습니다.

강양구   그런데 저는 이 책이 정말 신기해요. 한국어로 번역되지도 않았을 뿐 아니라 저로서는 원서를 읽어 볼 엄두도 안 나는 책이거든요. 그런데 에드워드 윌슨이 『인간 본성에 대하여(On Human Nature)』(이한음 옮김, 사이언스북스, 2000년)로 1979년에 첫 번째 퓰리처 상을 받고 나서 이 책으로 1991년에 두 번째 퓰리처 상을 받거든요.

이명현   그런데 두 책은 전혀 다른 형태를 띠지요.

강양구　『개미』라는 책이 분명 대작임은 확실하지만, 퓰리처 상을 받기에는 너무 전문적인 학술서라고 생각해요.

임항교　저도 대학원에서 개미를 연구했기 때문에 읽어 본 것이지, 생물학 전공자 중에도 이 책을 들어 보지 못한 분들이 많을 겁니다.

강양구　그런데 대중적으로 큰 권위를 자랑하는 상인 퓰리처 상을, 학술서인 이 책이 받았다는 것이 제게는 아직도 미스터리예요. 어쨌든 에드워드 윌슨과 베르트 휠도블러 콤비가 약 20년 만에 책을 냈습니다. 그 책을 임항교 선생님께서 8년 6개월 동안 고생해서 한국어로 번역하셨고요. 사실 『초유기체』한국어판도 두께가 만만치 않습니다.

임항교　본문이 600쪽입니다.

강양구　오늘은 이 두꺼운 책의 주요 개념과 내용을 함께 확인하는 시간을 꾸려 봤습니다. 그런데 제목부터 굉장히 낯설어요. 초유기체. 제목에 대해 이야기하기 전에, 이 책이 다루는 대상은 무엇인지 소개해 주시지요.

임항교　이 책은 주로 사회성을 가진 곤충들을 다룹니다. 개미, 꿀벌, 말벌, 흰개미 등이 대표적인 사회성 곤충인데요, 생태계에서 사회성을 가진 동물들이 차지하는 위상이 굉장히 특별하면서도 중요합니다. 특히 인간도 사회적 동물이지요. 그런데 이렇듯 중요한 사회성을 가진 동물들이 동물 전체에서 보면 많지는 않습니다. 왜 이렇게 중요한 생물학적 특성이 그토록 희귀하게 진화하고 분포하는지가 궁금해졌습니다.

　사회성 자체와 사회성의 진화 연구는 다윈 이후에 많이 이뤄졌습니다. 에드워드 윌슨과 베르트 휠도블러도 여기에 속하는데, 이들은 반세기 넘게 개미를 전문적으로 연구했어요. 이 책은 개미를 중심으로, 여러 중요한 사회성 곤충들에 대해 본인들이 직접 한 연구뿐 아니라 반세기 넘게 축적된 연구 성과를 집대성했다고 할 수 있습니다.

그렇지만 『초유기체』는 그보다 20년 전에 나온 『개미』와 차별화된 점이 있어요. 『개미』가 순전히 개미 연구에 대한 전문적인 학술서라면, 『초유기체』는 개미뿐 아니라 사회성 곤충을 망라하고, 초유기체라는 새로운 개념을 정의하고 실험적 증거들을 선별해 소개하면서 그 기원과 논쟁의 역사를 집대성한 책입니다.

김상욱　많은 분이 사회성을 들으면서 헷갈려 할 수도 있겠다는 생각이 듭니다. 인간의 사회성을 떠올리잖아요. 그런데 저는 개미의 경우 같은 집단의 개체들은 모두 DNA가 같다고 학창 시절에 배웠거든요. 인간도 몸이 세포로 되어 있는데, 세포들은 모두 핵 안에 있는 DNA가 같잖아요. 이들이 모여서 다세포 생물을 이루고요. 그렇다면 개미가 사회를 이루기는 해도, 어차피 DNA가 같은 개체들이 모여서 만드는 사회이니까 인간 사회와는 다르지 않나요?

임항교　사회성 곤충은 현재 약 2만 종 있다고 알려져 있습니다. 2만 종이면 사실은 알려진 곤충 전체의 2퍼센트가 채 되지 않아요. 그중 1만 4000종이 개미예요. 그런데 개미의 번식 방법이 다양하거든요. 여왕개미가 수개미 한 마리와만 짝짓기를 하면 당연히 그 군락에서 태어나는 모든 새끼들은 친자매이기 때문에 DNA가 아주 비슷합니다. 그런데 어떤 종은 여왕개미 한 마리가 수개미 두 마리, 많게는 열 마리까지 짝짓기를 합니다.

강양구　일처다부제겠네요.

임항교　사람과 다른 점이라면 교미 후에 수개미가 바로 죽어 버린다는 것이겠지요. 어쨌든 수개미가 많은 경우에는 한 군락에서도 일개미의 DNA가 서로 많이 다를 수 있습니다.

김상욱   다른 경우도 있군요?

임항교   예. 어떤 종은 한 군락 안에 여왕개미 여러 마리가 공존하는 경우도 있습니다. 이때도 마찬가지로 군락 내 일개미의 DNA가 서로 많이 다르지요.

1밀리그램의 뇌에서 인간 사회를 볼 수 있을까?

강양구   프랑스 소설가 베르나르 베르베르(Bernard Werber)의 소설 『개미(*Les Fourmis*)』(이세욱 옮김, 열린책들, 2005년)는 우리나라에서 꽤 인기가 많았지요. 또한 철학자나 사회학자 들이 인간 사회를 개미에 많이 비유하고요. 예를 들어 우파는 개미 사회와 같은 위계 질서를 염두에 두고 노동자들에게 제 분수를 아는 것이 중요하다는 훈계를 하기도 합니다. 한편으로 좌파로 분류되는 이들은 개미 사회의 공동체와 협동에 찬사를 보내곤 합니다.

임항교 선생님께서는 어떻습니까? 연구를 하는 과학자의 입장에서, 개미 사회의 특징을 인간 사회에 비유하거나 대비하는 것이 의미 있다고 생각하십니까? 아니면 별개로 봐야 한다고 생각하십니까?

개미 사회의 위계 질서를 염두에 두고 노동자들에게 제 분수를 아는 것이 중요하다는 훈계를 하는 우파 '꼰대'도 있습니다.

임항교   비유적으로 개미 연구에 쓰이는 용어나 방법을 쓸 수야 있겠지요. 하지만 개미 사회를 관찰하고 연구한 결과에서 인간 사회의 문제를 해결할 교훈이나 영감을 얻겠다는 시도는 개인적으로는 어불성설이라고 생각합니다. 저뿐만 아니라 에드워드 윌슨 자신도 개미를 연구해서 인간이 얻을 교훈은 없다고, 이후에 강연이나 저술 등으로 여러 차례 밝힌 바 있습니다.

김상욱 그러면 연구비가 안 갈 텐데요.

임항교 오해를 사기도 하는 지점인데, 실은 개미는 분류군 면에서 인간과는 다릅니다. 인간은 한 종이지만 개미는 알려진 것만 1만 4000종인 과(科)입니다. 개밋과 전체를 인간 한 종과 일대일로 비교한다는 것 자체가 말이 안 되지요.

강양구 수준이 맞지 않는다는 것이지요?

임항교 게다가 각 개미 종을 보더라도, 개미 개체는 질량이 1밀리그램도 안 되는 뇌를 갖고요, 사회성이라고는 하나 개미 사회의 구성 방식이나 생물학적 특징은 인간 사회와 비교할 수 없을 만큼 단순하고 철저히 본능에 지배됩니다. 따라서 우리가 개미 사회를 연구하면서 인간의 문제점을 이해하거나 해결할 영감을 얻는다는 것, 또는 이 연구를 이용해서 인간 사회를 해석하거나 사회 비전을 제시한다는 것은 불가능합니다. 사회성 진화나 생태를 연구하기 위한 과학적 방법론이나 이론을 개발하는 것 이상으로 개미와 인간 사회의 유사성 혹은 연관성을 강조할 필요는 없다고 개인적으로 생각합니다.

김상욱 그렇다면 개미 사회에는 인간의 문화 같은 것은 전혀 없다고 생각해도 되나요?

임항교 문화를 어떻게 정의하는가에 따라 다를 수도 있습니다. 그렇지만 이른바 복잡성이나 조직화 정도를 볼 때 가장 '발전'했다고 할 수 있는 잎꾼개미는 농사를 짓거든요. 농사짓기는 굉장히 복잡한 행동이지요. 종마다 다르지만 잎

꿈개미는 일꾼 수천만 마리가 모여서 버섯 농사를 짓습니다. 인간보다 훨씬 앞서서 농사를 개발한 종이에요.

이를 '농경 문명'이라고 하는 경우도 있지만 그것은 어디까지나 비유입니다. 이 안에 문화적인 요소가 들어 있을까요? 잉여 생산물이 나오거나, 생존과 번식에 직결되지는 않는 행동 특성이 학습을 통해 전달되는지를 봐야겠지요.

강양구　소설 『개미』에 나오듯이 집단 간에 전쟁을 하거나.

김상욱　조약을 맺거나.

임항교　조약은 없지요. 전쟁은 있습니다. 집단 사이의 전쟁은 굉장히 치열해요. 그런데 이들의 전쟁에는 생물학적인 본능을 넘어서서 상대를 정복·파괴하려는 어떤 사전 계획이나 기획이 없어요. 대신에 전쟁을 해서 약탈하거나, 심지어는 상대의 애벌레나 알을 빼앗아 와서 노예로 삼는 종은 있습니다. 그렇다고 이들에게 의도가 있다고 볼 수 있을까요? 각 일개미에게 의도가 있다거나, 어떤 의도가 각 일개미에게 전달되고 이해되어서, 그 의도를 수행할 수단으로 전쟁을 한다고 볼 근거는 없습니다.

강양구　그런데 노예를 만들고 전쟁을 하는 개미 사회의 특징들이 인간 사회·문화의 특정 양상과 비슷하기 때문에, 개미 연구자들은 개미를 의인화해서 인간 사회를 설명하려는 유혹에 시달리겠다는 생각이 듭니다.

이명현　『초유기체』의 서문격인 「독자 여러분에게」에는 미국의 개미학자 윌리엄 모턴 휠러(William Morton Wheeler)의 말이 인용되어 있습니다. "사회성 곤충이 이성을 사용하지 않고도 인류처럼 문명을 건설할 수 있음'을 밝혔노라고 말했다." 저는 이 문장이 지금 하고 있는 이야기의 해답이 될 수 있다고 봅니다.

이성이라는 뇌의 잉여 없이, 본능만으로도 문명을 건설할 수 있다는 사실을 이 야기했다고 보거든요.

고도화된 농업 활동을 우리가 문화라 할 수 있을지는 모르겠지만 문명이라 고는 할 수 있잖아요. 농업을 발명했다고도 할 수 있고요. 그것이 이성에 따른 판단과 기획이 아니라 본능으로도 가능하다는 점이 신비롭지요. 생물학자들이 그런 유혹을 받으면 아마 이 구절을 되새기지 않을까 하는 생각을 해 봅니다.

강양구　이 책이 출간되고서 장대익 교수가 《중앙일보》에 쓴 『초유기체』 서평 이 있습니다. 외계인의 시선으로 지구를 볼 때 가장 흥미로워 보일 종을 꼽으라 면 개미와 사람일 텐데, 외계인들에게 사전 정보가 없는 상태에서는 개미나 사 람이나 하는 짓이 비슷하다고 볼 수 있겠지요. 이성을 쓰는지, 아니면 이명현 선 생님의 말씀대로 본능대로 하는지를 외계인들은 따지지 않을 테니까요. 저도 『초유기체』와 장대익 교수의 서평을 보면서 그런 생각이 들었습니다.

김상욱　유발 노아 하라리(Yuval Noah Harari)의 『사피엔스(*Sapiens*)』(조현욱 옮김, 김영사, 2015년)를 보면 다음과 같은 주 장이 나옵니다. 개미는 같은 무리 내 개체들 의 DNA가 흡사해서 초유기체처럼 움직일 수 있지만 인간은 그렇지 않은데, 아마 인간 은 상상력으로 종교를 만들고 유대감을 만 들어서 사회를 하나의 유기체처럼 구성했으 리라는 거예요. 개미는 그럴 필요가 없기 때 문에 마찬가지로 문화의 필요성도 많이 떨 어졌을 것이라는, 문화가 생존에 필요하지 않을지도 모른다는 이야기입니다. 위험한 발 언을 하고 있는 것 같네요.

아마 인간은 상상력으로
종교를 만들고
유대감을 만들어서
사회를 하나의 유기체처럼
구성했으리라는 거예요.

임항교 개미에게는 문화가 필요하다고 느낄 만한 크기의 뇌가 없어서 그런 것이 아닐까요?

개미가 말을 한다

강양구 개미들이 의사 소통에 페로몬을 쓴다고 하지요. 임항교 선생님께서도 석사 학위로 개미를 연구하시고 나서 현재 전문적으로 페로몬 연구를 하고 계시고요. 그런데 실제로 의사 소통이 페로몬으로 어느 정도 이뤄지나요?

임항교 의사 소통의 정도를 따진다면, 개미는 페로몬으로 종을 구별할 수 있습니다. 같은 군락도 구별할 수 있고, 같은 군락 안에서 특정한 일을 하는 일개미도 구별할 수 있어요.

강양구 개체까지도 식별할 수 있다는 말씀이신가요?

임항교 개체 식별이 가능하다고 말씀드릴 근거는 없습니다만, 특정한 일을 하는 일개미의 계급 정도는 식별할 수 있고요. 알과 애벌레도 당연히 식별할 수 있고, 애벌레가 내는 특정한 냄새 물질, 화학 물질을 감지해서 이 애벌레가 배고픈지도 알 수 있습니다. 또한 이를테면 아픈 개미, 다친 개미, 죽은 개미 들을 구별해서 이들을 쓰레기장에 갖다 버릴 수도 있습니다. 최근에 발표된 논문에 따르면 치료도 해 줄 수 있다고 합니다. 잘 연구된 종의 경우는 제가 말씀드린 정도까지, 화학적인 방법으로 의사 소통할 수 있다고 밝혀져 있습니다.

강양구 그 정도면 전부가 아닌가 하는 생각이 드네요.

임항교 여기에도 오해의 여지가 있어요. 앞에서 말씀드린 대로 개미는 1만

4000여 종이 있거든요. 많은 종을 연구해 밝힌 것들을 뭉뚱그려서 말하다 보면 길에서 흔히 보이는 개미에서도 이런 특징들이 발현된다고 오해할 수 있습니다. 개밋과 전체의 특성은 아니에요.

김상욱 개미는 눈이 있잖아요. 눈으로는 무엇을 하나요?

임항교 개미의 시각은 굉장히 제한적이라고 알려져 있어요. 눈으로 멀리 볼 수는 없고요. 대부분은 빛의 유무와 움직임(초점이 잘 맞지는 않습니다.)을 감지할 수 있습니다. 물론 종에 따라서는 시각이 상대적으로 좋은 것도 있습니다. 그 경우에는 발달된 시각에 맞춰서 몸으로 보내는 행동 신호들이 더 발달하기도 하지요. 그런데 이는 굉장히 드물고요. 개미 대부분은 시각이 굉장히 퇴화되어 있고 눈으로 하는 의사 소통도 굉장히 제한적입니다.

김상욱 땅속에서 사니까 효과가 작을 수도 있겠네요.

임항교 서식지 환경이 땅속이거나 숲 바닥처럼 시각 신호가 멀리 미치지 않다 보니, 시각이 그렇게 발달할 필요가 없었겠지요.

강양구 『초유기체』는 같은 저자들이 쓴 『개미』와는 달리 개미 외에도 말벌이나 벌, 흰개미 등의 사회성 곤충에 초점을 맞추고 있지요. 저희가 개미 이야기는 많이 했습니다만 말벌이나 벌의 사회성 수준은 개미와 비교했을 때 어느 정도입니까? 떨어집니까, 아니면 비등합니까?

임항교 말씀하신 곤충 중에서 흰개미는 이름은 흰개미이지만 분류학적으로는 바퀴벌레의 사촌입니다. 개미와는 전혀 상관이 없지요. 꿀벌과 말벌, 기타 벌들과 개미가 이른바 벌목(目)이라는 분류군에 속합니다. 벌목만 하더라도 알려진 것만 12만 종이 있고요.

이명현 개미, 개미 하는 것이 상당히 불합리하겠군요.

임항교 12만 종 중에서 개미가 1만 4000종이고요. 나머지 10만여 종이 꿀벌과 말벌, 기타 벌들입니다. 그런데 개미를 제외한 분류군에서 개미 수준의 사회성을 보이는 종은 3,000여 종이 채 되지 않습니다. 말벌은 대부분 혼자 사는 독거성 종이거나 기생성 종입니다.

김상욱 나나니벌처럼요?

임항교 예. 이들은 다른 곤충이나 동물에 알을 낳아요. 그런데 개미는 분류군 전체가 고도의 사회성을 보인다는 특징을 보이기 때문에 중요한 연구 대상입니다. 마찬가지로 다른 벌들은 종마다 변이가 굉장히 다양하기 때문에, 사회성의 여러 단계나 변화 과정을 볼 수 있는 또 다른 중요한 연구 대상이 됩니다.

강양구 그렇다면 3,000종 정도 되는 말벌이나 벌의 사회성은 개미와 비교했을 때 어느 수준으로 나타나나요?

임항교 사실 사회성 연구를 통해서 사회성이 가장 발달된 종으로 알려지고 받아들여지는 것은 꿀벌이거든요. 꿀벌의 사회성은 개미 중에서도 사회성이 가장 발달한 잎꾼개미나 베짜기개미에 필적합니다.

가짜와 진짜 사회성을 가르는 조건들

임항교 그런데 제가 처음에 미처 드리지 못한 말씀이 결국은 사회성이 무엇이냐는 것이거든요. 인간의 사회성을 포함해서요. 고도로 발달한 사회성을 대체 어떻게 정의할 것인가라는 문제가 생깁니다.

생존이나 번식이라는 목적을 성공적으로 수행하기 위해서 단순히 같이 사는 것부터 사회성은 시작됩니다. 그것이 가장 느슨하게 연결된 사회성이라면, 극단적인 사회성을 일컬어 진사회성(眞社會性, eusociality)이라고 합니다.

진사회성에는 세 가지 조건이 있습니다. 첫째, 군락 안에서 완전한 번식 분담이 일어나야 합니다. 다시 말해서 알만 낳는 여왕개미와 불임성(不姙性)을 다소 띠는 일개미로 나뉘어야 해요. 둘째, 스스로 번식하지 못하는 일개미들은 새끼를 돌보는 데 협력하고 군락의 성장과 번식을 돕는 역할을 합니다. 셋째, 여왕개미가 여러 계절, 여러 해에 걸쳐서 알을 계속 낳다 보면 군락 안에는 여러 세대가 중첩됩니다. 이 세 조건을 만족하는 사회성이 진사회성, 즉 진짜 사회성이라고 생물학자들이 정의했습니다.

초유기체는 이 진사회성을 가진 일부 곤충에서만 드러나는 특성입니다. 사회성을 가진 곤충이라고 해서 이들을 모두 초유기체라고 부르지는 않습니다. 초유기체라고 불리는 종에서는 이 세 가지 조건이 최소한의 갈등과 마찰만으로 만족됩니다. 실제로 개미 1만 4000종 중 대부분은 이 조건들을 만족하는 과정에서 개체 간에 많은 갈등과 조정이 필요합니다. 번식 분담을 하면서 누가 알을 낳을지, 누가 일을 할지를 정해야 하고요. 혹은 내가 일을 하고 있지만 나도 알을 낳아야겠다는 싸움도, 반역도 일어납니다. 그런 일이 벌어지는 개미 종이 많습니다.

따라서 진사회성이라는 극단적인 특성에 이르기까지 다양한 단계의 사회성이 있는 것이지요. 그렇다면 인간의 사회성은 어느 단계에 있을까요? 그것은 정의의 문제 같습니다.

김상욱 임항교 선생님의 말씀을 들어 보니, 인간은 진사회성 동물이 아니라고 봐야겠는데요?

임항교 실제로 에드워드 윌슨이 『초유기체』를 낸 지 3년 만에 출간한 『지구의 정복자(*The Social Conquest of Earth*)』(이한음 옮김, 사이언스북스, 2013년)에서는 인간도 어떤 의미에서는 진사회성 동물이라는 이야기가 나옵니다.

실제로 『지구의 정복자』에서는 인간도 어떤 의미에서는 진사회성 동물이라는 이야기가 나옵니다.

강양구 에드워드 윌슨이 그런 주장을 했군요. 앞에서 말씀하신 세 기준을 인간 사회에 하나씩 대비해 볼 수 있나요?

임항교 가장 큰 문제는 번식 분담이에요. 번식 분담은 인간 사회에서는 나타나지 않습니다. 하지만 인간은 일정 수준의 문화, 또는 종교 등의 활동을 통해서 의도했든, 의도하지 않았든 어느 정도 번식을 제한하고 좀 더 발달된 협동을 합니다. 그런 점에서는 초유기체와 다를 바가 없다고 에드워드 윌슨이 주장합니다. 물론 그의 주장은 많은 비난을 받았어요. 저는 저자 한 사람의 주장을 우리 모두가 받아들일 필요는 없다고 생각합니다.

저는 진사회성보다는 오히려 초사회성을 이야기하고 싶어요. 인간은 지금까지 알려진 모든 생물 종 중에서 유일하게 종 전체가 의사 소통을 할 수 있는 종이지요. 개미만 하더라도, 같은 종에 속하더라도 다른 군락에 있는 개미들을 섞어 놓으면 서로 죽을 때까지 싸우거든요. 화학 신호가 다르기 때문입니다. 군락이 다르고 어미가 다르면 DNA가 다르고, DNA가 다르면 몸에서 만드는 화학 물질이 다르며, 화학 물질이 다르면 같은 종이어도 죽을 때까지 싸웁니다.

물론 최근에는 소위 초군락이라고 해서, 일부 개미 종의 경우 전혀 다른 곳에 있던 군락들을 모아 놓아도 싸움이 굉장히 적은 사례가 있기도 합니다. 하지만 종 전체를 봤을 때 인간처럼 의사 소통을 하면서 평화로운 사회 생활을 할 수 있는 종은 아직은 없어요.

이명현 화학 물질은 통역되지 않는다는 이야기이네요.

강양구 말씀을 듣다 보니 1974년에 출간된 조 홀드먼(Joe Haldeman)의『영원한 전쟁(The Forever War)』(김상훈 옮김, 황금가지, 2016년)이라는 SF 소설이 연상되었습니다. 베트남 전쟁을 모티프로 삼은 SF 소설의 고전이에요. 우주로 진출한 인간이 지적 능력을 지닌 것으로 추정되는 외계 생명체와 조우하면서 계속 싸운다는 것이 이 소설의 줄거리입니다.

그래서 제목도 "영원한 전쟁"인데, (스포일러를 하게 되어 죄송합니다마는) 마지막에 의사 소통이 이뤄지면서 끝납니다. 너의 의도는 그것이 아니었고, 나의 의도 또한 그것이 아니었다고 이야기하고 왜 지금까지 전쟁을 했는지 허무해하거든요.

임항교 개미에게서 발견된 초군락 사례도 마찬가지로 우연히, 어떤 이유에서인지는 아직 잘 모르지만, 서로 다른 군락에 있는 개미들이 만들어 내는 화학 물질이 굉장히 유사했거든요. 그래서 만나자마자 죽기 살기로 싸우지 않고, 마치 원래 알던 같은 군락의 동료인 것처럼 행동하더라는 것이었지요. 그렇지만 굉장히 드문 경우입니다.

강양구 「과학 수다 시즌 2」의 독자 여러분은 여기까지 이야기를 들으면서 감질나실 것 같아요. 계속 이야기되는 초유기체가 대체 뭐냐고 궁금해하실 텐데, 다음에는 초유기체 개념이 대체 무엇인지, 그 개념이 어떤 맥락에서 등장했는지를 좀 더 자세히 살펴보겠습니다.

초유기체와 멋진 신세계

강양구　지금까지는 『초유기체』의 주인공인 개미를 중심으로 사회성의 의미를 생각해 보고 살펴봤습니다. 수다를 떠는 와중에 초유기체라는 개념이 반복적으로, 간헐적으로 나왔지요. 눈치 빠른 독자 여러분께서는 개미 같은 진사회성 곤충 중 어떤 부류를 이 책에서 초유기체라고 했는지를 짐작하셨을 것도 같습니다. 이번에는 초유기체에 대해 좀 더 자세히 알아보겠습니다.

김상욱　앞에서 인간에게도 진사회성이 있으면 어떨지 이야기하다 보니, 그런 내용을 다룬 SF 소설을 저도 하나 떠올렸어요. 올더스 레너드 헉슬리(Aldous Leonard Huxley)가 1932년에 쓴 『멋진 신세계(*Brave New World*)』(이덕형 옮김, 문예출판사, 2018년)입니다. 「가타카(Gattaca)」(앤드루 니콜 감독, 1997년)라는 영화도 있었지요. 이들이 그리는 미래의 가상 세계에서 인간은 아무도 번식하지 못하고 사회는 국가가 통제합니다. 인간이 완벽한 진사회성 사회를 이룬다면 그런 모습이 되겠지요? 무섭네요.

강양구　제게도 윌슨과 횔도블러가 벌이나 개미, 말벌, 흰개미 중 일부 종을 초유기체라고 이름 붙인 것이 충격이었어요. 우리는 개미 하면 개미 한 마리, 개체를 지칭하지요. 그런데 이들은 개미 군락 전체를 한 마리의 동물로 봐야 하며 그 군락에 초유기체라고 개념을 붙일 수 있다는 주장을 펴잖아요.

김상욱　물리학자 입장에서는 전혀 이상하지 않다고 생각해요.

이명현　물리학자나 천문학자는 자연스럽게 받아들일 수 있는 주장이에요. 심지어는 태양 같은 별도 넓은 의미에서 일종의 생명 현상으로 볼 수 있지 않을까 싶거든요. 에너지를 모아 일정 기간 살다가 배설하고 결국에는 흩어지고, 흩어진 것들이 다시 모여서 항성도 되고 행성도 낳고 하니까요.

심지어는 태양 같은 별도 넓은 의미에서 일종의 생명 현상으로 볼 수 있지 않을까 싶거든요.

김상욱 물리학자들은 창발 단위로 이해하거든요. (창발은 성균관 대학교의 김범준 선생님과 통계 물리학에 대해 수다를 떨면서 여러 차례 자세히 다뤘지요?) 어떤 성질을 지닌 대상이 일정 정도 이상 모이게 되면 이전에는 없던 현상을 나타냅니다. 예를 들어 원자에 불과하던 것들이 모여서 단백질과 세포, 다세포 생물이 되듯이 말이지요. 다세포 생물이 세포들 사이에서 호르몬으로 송·수신하듯이, DNA가 같은 개체들이 페로몬으로 서로 통신하는 집합이야말로 창발 현상이 일어나는 것으로 볼 수 있지 않을까요?

강양구 제가 말을 꺼내자마자 물리학자와 천문학자께서 눈을 반짝반짝 빛내면서 "그것도 이해 못 하느냐."라고 저를 공격하시네요. (웃음)

임항교 김상욱 선생님의 말씀이 초유기체의 정확한 정의입니다. 자기 조직화를 할 수 있는 개체들로 이뤄진 조직 단위가 정교한 의사 소통을 통해서 더 큰 하나의 생명체처럼 기능하는 것이 초유기체입니다.

강양구 임항교 선생님께서 방금 설명하신 초유기체 개념을 김상욱 선생님이나 이명현 선생님께서는 물리학자나 천문학자의 입장에서 전혀 낯설지 않다고 말씀하셨습니다. 그런데 꼭 물리학자나 천문학자가 아니더라도 초유기체를 낯설지 않게 느끼실 분도 계실 것 같아요. 예를 들어 일본 애니메이션 「신세기

에반게리온(新世紀エヴァンゲリオン)」(안노 히데아키 감독, 1995년), 좀 더 멀리는 아서 클라크(Arthur Clarke)의 『유년기의 끝(*Childhood's End*)』(정영목 옮김, 시공사, 2001년)에도 인류의 모든 의식이 연결되어서 마치 거대한 의식 체계를 이루는, 초유기체와 비슷한 것들이 나오거든요.

김상욱   페이스북(Facebook) 아닌가요? (웃음)

강양구   이를 인류 진화의 궁극적인 단계로 묘사하는 애니메이션이나 SF 소설, 영화가 있는데, 초유기체의 개념과 비슷해 보입니다.

임항교   초유기체라는 개념 자체는 사실 100여 년 전에 등장해서 여러 맥락에서 비유적으로 쓰여 왔어요. 1910년에는 휠러가 『개미』라는 책에서 개미 군락 전체는 하나의 커다란 유기체로 봐야 한다는 의견을 냈습니다. 개미나 꿀벌 군락을 오래 들여다보고 있으면 자연스럽게 유기체라는 느낌이 옵니다.

또한 우리나라에서는 아직 용어가 정립되지 않아서 초유기체, 초개체 두 가지가 혼용된다고 알고 있습니다. 어쨌든 지금까지는 비유적으로 많은 분야에서 낯설지 않게 쓰여 온 낱말입니다. 다만 이 책은 하나의 생물학적 조직 단위이자 새로운 실체로서 초유기체를 전면에 등장시키고 논증한 결과물입니다.

일개미는 세포, 여왕개미는 생식 기관

강양구   그러면 이 책은 개미니 흰개미, 벌벌이나 꿀벌의 어떤 점 때문에 우리가 이들을 초유기체로 봐도 무방하다고 주장하나요?

임항교   이 책은 이 집단들을 우리 몸 같은 유기체와 비교합니다. 유기체는 세포뿐만 아니라 기관들로도 구성되어 있지요. 세포가 없으면 기관이 만들어지지 않고, 기관이 없으면 몸이 작동하지 않습니다. 하지만 세포 하나, 기관 하나는 그 자체로는 아무런 의미도 없잖아요.

강양구　개미로 따지면, 생식을 전담하는 여왕개미는 생식 기관이겠네요.

임향교　맞습니다. 나가서 먹이를 찾고 가져오는 일개미는 감각 기관이나 소화 기관, 운동 신경을 생각하시면 되고요. 개미의 페로몬은 앞에서 김상욱 선생님께서 말씀하셨듯이 우리 몸속에 있는 호르몬처럼 내분비계로 작용하는 겁니다. 이 비유로써 군락 전체가 단순한 개체들의 집합이 아니라, 창발적 특성이 생겨난 새로운 생명 구성 단위로서 초유기체를 이야기합니다.

김상욱　비유적이라고 하셨는데, 군락을 생물의 한 단위로 보겠다는 데서 반감을 느낀 사람이 있지 않을까요? 이 주장에 반대하는 분들의 의견을 알고 싶어요.

임향교　저는 곤충 관련 학회에 다니면서는 초유기체라는 개념 자체를 반대하는 사람은 만나 본 적이 없습니다. 여기까지는 괜찮은데, 가장 크게 논란이 되는 부분은 따로 있어요. 초유기체가 생물의 한 단위라면, 과연 그런 특징들이 어떻게 진화했을까요?

이명현　자연 선택을 통해서 적응하고 진화하는 것 아닌가요? 집단으로?

임향교　예. 바로 그겁니다. 집단을 대상으로 한 자연 선택이 기능하는지를 둘러싼 논쟁이 아직 정리되지 않았어요. 그렇지만 제가 알기로 초유기체라는 개념 자체가 전적으로 잘못되었다는 반론은 적어도 이 분야에서는 없습니다.

이명현 초유기체일 경우에는, 무리에서 떨어진 일개미는 독자적으로 생존하지 못하지요?

임항교 생존은 할 수 있겠지만 생존력이 급감할 것이고, 어차피 번식을 하지 못합니다.

이명현 번식을 못 하니까 소멸될 테고요. 여왕개미를 떼어 놓는다 해도, 여왕개미 또한 일개미의 도움을 받지 못하면 죽어 버리겠지요.

강양구 일개미가 없어도 번식은 가능하지 않나요?

임항교 어느 수준까지는 일개미가 없어져도 군락은 유지되지요. 그런 점에서 일개미는 그야말로 일하는 세포나 기관으로 취급될 수 있습니다. 그런데 일개미의 절대 다수가 없어지는 경우에는 그 군락이 여왕개미를 지키면서 다음 번식까지 회복해야 하는 문제가 생깁니다.

강양구 군락이 재생산되기도 하지만, 분리되기도 하지 않나요?

임항교 개미의 경우에는 군락이 분리되어서 번식하는 일이 상대적으로 드뭅니다. 꿀벌이나 벌에게는 있지요.

강양구 그런 경우에는 초유기체이 개념을 설명하는 분들이 어떻게 설명합니까? 우리 몸의 일부가 분리되어서 사람을 새로 만드는 일은 없으니까요. 초유기체를 동물 개체처럼 생각한다면 군락의 분리는 어떻게 설명될지 의문이 들었습니다.

임항교　세포 분화는 굉장히 자연스러운 과정이지요. 다세포 생물 중에도 플라나리아는 분리를 통해 무성 생식을 합니다. 꼭 동물이 아니더라도 식물 중에도 분리를 통해 무성 생식을 하는 것들이 많기 때문에, 분리를 통한 번식 개념 자체는 생물학적으로 놀랍지는 않습니다.

진화라는 이름의 유혹

강양구　이쯤에서 상상의 나래를 펼치시는 분들께서 많을 텐데요. 어쩔 수 없는 통념일 수도 있지만 많은 분이 진화에도 단계가 있다고, 그중에서도 상위 단계에 호모 사피엔스(*Homo sapiens*), 우리 인간이 위치해 있다고 생각합니다. 이런 통념을 그대로 가져와서 비유를 하자면, 과연 초유기체란 어느 위치에 있는지를 생각해 볼 수도 있겠지요? 예를 들어 SF 소설이나 애니메이션, 영화처럼 인간도 어느 수준에 이르면 초유기체로 진화할지도 모른다는 상상의 나래를 펼쳐 볼 수도 있지 않을까요? 임항교 선생님께서는 어떻게 생각하십니까?

임항교　진화가 앞으로 어떤 방향과 방식으로 일어날지를 예측하기는 어렵지요. 또 설사 진화에 방향이 있다고 하더라도, 앞으로 나아가야 할 방향으로 초유기체를 제시할 수 있는지도 잘 모르겠습니다. 개미가 분류군으로서 지상에 등장한 사건은 1억 년 전의 일입니다. 그 후 5000만 년 동안 초유기체에 이르는 진사회성이 진화해 왔지 않습니까?

그런데 인간 종은 진화의 역사가 20만 년, 속을 따져도 200만여 년밖에 되지 않습니

인간도 어느 수준에 이르면 초유기체로 진화할지도 모른다는 상상의 나래를 펼쳐 볼 수도 있지 않을까요?

다. 초유기체가 등장하고도 한참 뒤에 전혀 다른 동물인 인간에게서 사회성이 진화했기 때문에, 진화의 경로가 서로 다르다고 생각합니다. 그래서 앞으로 인간이 사회성을 더 발달시킨다 해도 초유기체로 향해 가지는 않으리라는 것이 제 개인적인 의견입니다.

강양구 앞에서도 개미 연구가 인간 사회에 주는 함의에 대해서 이야기해 봤습니다. 임항교 선생님께서도 에드워드 윌슨의 『사회 생물학』에서 감흥을 받았다는 말씀을 하셨지요. 그런데 자연 세계의 모습들을 인간 사회에 그대로 적용하는 것을 일컬어 자연주의의 오류라 합니다. 오류이자 문제라 하지만 그런 시도들은 계속 있어 왔지요.

게다가 에드워드 윌슨이 쓴 『통섭(Consilience)』(최재천, 장대익 옮김, 사이언스북스, 2005년)도 있듯이 진화라는 패러다임으로 인간 사회를 설명하려는 시도가 분명 있잖아요. 그런 맥락에서는 초유기체의 개념이나 연구가 인간 사회에 주는 함의가 있을까요?

김상욱 강양구 선생님께서 유혹의 손길을 자꾸 보내시네요.

임항교 유혹의 손길은 늘 있지요. 더구나 지금까지 생각해 보지 못한 방식으로 우리의 모습을 설명하려는 욕망이나 유혹은 모든 사람에게 있다고 생각합니다.

강양구 임항교 선생님의 석사 논문을 지도하신 최재천 교수와 제가 토크를 한 적이 있습니다. 당시에 최재천 교수가 웃으시면서 솔직하게 고민을 털어놓으시더라고요. 스스로도 자연주의의 오류를 경계하려 하지만, 사람들이 상호 작용한 결과로 나타난 어떤 행태, 또는 어떤 제도를 보고서 '동물 행동학이나 동물 생태학적인 관점에서 저건 좀 자연스럽지 못한데.'라는 생각이 자꾸 드신다고요.

개미라는 모형이
실현되었음을 알았다는
것이 중요하지요. 즉 우리의
입장을 객관적으로 자각하는
차원에서 그들을 보는 것이
중요하다고 봅니다.

이명현　앞에서 말씀하셨지만 개미들은 고
도의 사회성을 구현해 냈잖아요. 그 구현 조
건을 보면 뇌가 아주 작다는 한계를 극복해
서 적응한 결과로 사회성이 나타난 것이고
요. 그런데 인간의 뇌는 이미 잉여가 많습니
다. 그래서 개미와 같은 적응 없이도 살아남
았고요.

개미는 이미 자신에게 최적화된 모형을
갖춰서 그들 나름의 방식으로 그들끼리 살
아가고 있습니다. 우리는 다만 개미라는 모형이 실현되었음을 알았다는 것이
중요하지요. 즉 우리가 개미의 모형을 따를 것이 아니라, 우리의 입장을 객관적
으로 자각하는 차원에서 그들을 보는 것이 중요하다고 봅니다.

우리가 초유기체가 되기는 이미 어렵지요. 개미와 같은 경로를 따르기에는
우리의 뇌에 잉여가 너무 많기 때문에 적합하지 않아요. 이 점을 자각하는 것
이 중요하다고 생각합니다. 인간의 특성을 고려하면서 어떻게 할지를 토론해야
하지요. 우리도 개미처럼 고도의 사회로 가자는 논의는 부질없다고 봅니다.

김상욱　뉴턴도 별 생각 없이, 다만 우주를 제대로 기술하려고 방정식과 고전
역학을 만들었을 겁니다. 그런데 이 방정식을 보고 사람들이 결정론이나 자유
의지를 물어봅니다. "자유 의지를 어떻게 생각하고 만든 이론인가?" 과학자들
은 모두 자신의 연구 대상을 최선으로 설명할 이론을 만들고 실험하고 가설을
세워서 검증하잖아요. 그런데 과학자의 주변에서는 언제나 그 결과를 인간 세
계에 투영해서 의미를 찾습니다.

과학자로서는 의미를 묻는 질문이 난처할 것 같아요. 특히나 개미는 인간과

비슷한 점이 많잖아요. 사람들이 개미 연구의 의미를 많이 물을 텐데, 연구자들은 이런 의미 찾기를 경계할 것이라 생각합니다.

이명현　의미 찾기에 관심이 많이 쏠리지요.

김상욱　전혀 관련 없는 문제이겠다는 생각도 들어요.

우리 자신을 이해하는 틀

강양구　바로 그런 점에서 저는 에드워드 윌슨이 흥미로워요. 과학자로서 경력을 쌓고 성취를 이룬 1970년대부터 그는 자연 과학의 연구 대상에 인간을 포함하려는 야심을 계속 보여 주잖아요.

김상욱　보통 과학자들과는 다른, 특수한 경우라고 생각합니다.

강양구　그런데 최근에는 연세 탓인지 그의 어조가 누그러졌다는 인상을 받았습니다.

임항교　과학이 발전해 가는 과정이 아닐까 생각합니다. 예를 들어 자연 선택에 의한 진화 이론은 굉장히 간단한 원리로 생명의 진화 현상을 탁월하게 설명하는 능력을 발휘했습니다. 이때 자연스럽게 '왜 인간은 예외여야 하는가?'라는 물음이 생겼지요. 결국 과학 이론이나 반견이 가치를 지니는 유일한 길은 검승입니다. 검증된다면 가치가 생기고, 검증되지 못하거나 더 나은 이론이 나오면 폐기되는 것이 과학 이론이고, 자연스러운 과학적 발전 아니겠습니까.

저는 과학자 개개인의 가설이나 이론은 반박되고 재반박하거나, 다른 아이디어로 보완되면서 검증되었다면 그 자체로는 문제없다고 생각합니다. 마찬가지로 에드워드 윌슨이 『통섭』뿐만 아니라 『사회 생물학』, 『인간 본성에 대하여』 같은 일련의 저술 활동에서 보여 주듯이 동물 사회를 이해하는 생물학적 연구 방법으로 인간 사회를 이해하려 한 시도 자체는 분명 가치 있다고 생각하고요. 반론이 되었든 반대 혹은 반증이 되었든, 다른 이들의 가치 있는 시도 역시 쌓여 가는 과정에서 자연스럽게 어조가 누그러질 수도 있지요. 변화가 생길 수도 있습니다. 궁극적으로는 우리 자신을 이해하는 틀이 좀 더 과학적이고 합리적으로 되어 가는 과정이 아닐까 생각합니다.

강양구 임항교 선생님은 어떠세요?

임항교 앞에서 말씀드렸듯이, 저도 개미를 통해서 우리가 당장 살아가는 데 도움이 되는 교훈을 얻는다든가, 우리가 이 사회를 바라보는 새로운 시각을 얻을 수 있다고는 생각하지 않습니다. 다만 이런 연구를 통해서 우리가 자연을 바라보는 방식, 자연을 관찰하는 시각을 확장하는 것이지요. 그러면서 자연과 사람을 바라보는 눈이 더욱 과학적으로, 합리적으로 변한다면 궁극적으로 우리가 우리 자신을 생각하는 데 도움이 되지 않을까 생각합니다.

김상묵 맞아요. 우리만이 아니라 개미도 농경을 한다는 사실을 알았을 때 받은 충격이 제게도 있거든요. 그것이 당장 직접적으로 어떤 함의를 갖는지는 모르겠지만, 그 사실 자체만으로도 생각을 바꿀 수 있지요. 이성이 없더라도, 본능만으로도 농경을 할 수 있다는 것이잖아요?

이명현 그것도 충격적이었어요.

강양구 외계 지적 생명체를 다룬 이명현 선생님의 글을 《녹색평론》이라는 잡지에 싣자고 10년 전에 제안한 적이 있습니다. 우주에 지적 능력이 있는 생명체가 인류만이 아니라고, 혹은 그럴 가능성이 높다고 인지하는 순간부터 사고의 틀이 바뀌잖아요. 마치 인류가 우주의 중심인 양 생각하면서 우리 마음대로 해도 된다는 인간 중심주의가 교정될 가능성이 있지 않을까 하는 취지에서 제안을 드린 것이었어요.

이명현 쓰라린 과거이지요.

강양구 그런데 결국은 글이 실리지 않았습니다. 환경이나 생태 문제를 깊이 고민하는 독자층이나 《녹색평론》의 방향성을 고려하면 외계 지적 생명체 이야기는 뜬금없어 보이지요. 과학자들의 이야기라고 받아들여진 것 같은데 개인적으로는 굉장히 안타까웠습니다.

이명현 정현종 시인의 시 「섬」으로 시작하는, 200자 원고지 100매 분량의 글이었어요. 사람과 사람 사이에 섬이 있다고 하듯이 외계인과 우리의 사이를 비유적으로 써 봤습니다. 문학의 방식으로 과학을 이야기한 좋은 시도였다고 생각했는데, 아쉬웠습니다.

강양구 말씀을 듣다 보니 호모 사피엔스 외의 종들이 살아가는 데 관심을 갖고 들여다보면서 그들의 특징은 무엇인지, 또한 초유기체라는 생소한 개념을 확인하는 일이 어떤 의미가 있는지 다시 생각해 보게 됩니다.

가서 보라, 초유기체이 경이로운 세계를

강양구 1991년에 에드워드 윌슨과 베르트 횔도블러에게 퓰리처 상을 안긴 『개미』를 읽어 보지는 않았지만, 짐작건대 개미의 생태나 습성과 관련된 흥미롭고 재미있는 이 책의 이야기들이 퓰리처 상을 받은 주요 이유이겠지요. 분류학이나 학술적인 내용들은 다 제쳐 두고요. 베르나르 베르베르가 소설 『개미』를 쓰면서도 이 책을 많이 참고했겠다는 생각도 듭니다. 몇 권 분량의 소설이 나올 수 있을 정도로 재미있는 이야기가 많아서, 아마 그 가치를 높이 평가해서 퓰리처 상을 주지 않았을까 싶어요.

그런데 앞에서 초유기체의 주인공 중 하나인 개미, 잎꾼개미나 베짜기개미 등의 이야기를 하기는 했습니다마는 독자 여러분 중에는 다르게 생각하신 분도 있을지 모르겠습니다. 개미나 꿀벌 이야기라고 해서 재미있을 줄 알았는데, 너무 이론적이고 어려운 이야기만 하는 것 아니냐면서 투정하실 분도 계시겠지요.

김상욱　어려워요. 재미있는 사례가 있으면 좋겠습니다.

강양구　임항교 선생님, 재미있는 사례들을 아껴 두지 마시고 여기에서 방출해 주시지요.

임항교　『초유기체』를 보시면 잘 설명되어 있습니다. (웃음)

김상욱　책에 재미있는 사례들이 많지요? 하나만 들어 주시면 어떨까요?

임항교　예. 특히 7장 「개미의 번성」부터는 야외에서 실험한 다양한 개미의 사례들이 나옵니다. 그중에서도 특히나 흥미로우면서도 초유기체로서의 특성을 가장 잘 보여 주는 것이 잎꾼개미인데요. 잎꾼개미는 중앙아메리카와 남아메리카의 열대 우림에 서식하는 개미입니다. 잎꾼개미라는 이름에서도 알 수 있듯이 이들은 나뭇잎이나 나뭇가지를 잘라서 둥지로 갖고 온 다음에 먹지 않습니다. 대신 나뭇잎과 나뭇가지를 일종의 퇴비로 삼아서 버섯을 길러 먹지요. 엄밀히 말해서 농사입니다. 인위적으로 농작물을 재배하고 수확해서 먹으니까요.

강양구　잎꾼개미들은 버섯을 먹는 것이지요?

어떤 경우는 군락 하나의 개체 수가 2000만 마리 이상 되기도 합니다.

임항교　그렇지요. 잎이 아니라 버섯을 먹는 겁니다. 그런데 버섯은 재배 조건이 까다롭잖아요. 그러다 보니 잎만 따서 버섯을 기르는 것이 아니라, 온도나 습도 등 버섯이 재배될 만한 조건을 갖춘 환경을 자기 스스로 조성합니다. 이들은 땅을 파서 그 속에 지름이 수십 미터 되는 거대한 둥지를 만드는데요. 그 안에서도 수십, 수백 곳에 달하는 버섯 재배실을 꾸미면서 끊임없이 온도와 습도를 조절하고, 버섯을 기르다 보면 당연히 함께 자랄 수밖에 없는 다른 유해한 곰팡이들을 제거합니다. 몸에서 만들어지는 항생 물질을 통해 유해한 병원균들은 죽이고, 잡초를 제거하듯이 다른 균들도 제거하면서 자체적으로 먹이를 길러서 먹습니다. 그러다 보니 어떤 경우는 군락 하나의 개체 수가 2000만 마리 이상 되기도 합니다.

강양구　2000만 마리요? 서울과 경기도의 인구를 합친 숫자인데요?

임항교　서울 인구의 2배가 사는 그야말로 거대 도시이지요. 그런데 이렇게 많은 개체의 어미가 하나입니다. 여왕개미는 한 마리밖에 없거든요. 이 여왕개미는 처장 15년을 계속 알을 낳으면서, 비유를 하자면 국가와 같은 거대 사회를 유지합니다. 어떻게 보면 2000만 마리에 이르는 일개미들이 여왕개미 단 한 마리의 번식을 위해 몇 년 동안 자신의 번식은 완전히 포기한 채 끊임없이 잎을 따다 나르고 농장에서 버섯을 재배하고, 매년 한 차례 여왕개미가 만드는 공주개미, 수개미를 돌봐서 이들의 번식을 돕는 일을 태어나서 죽을 때까지 반복하

는 겁니다.

김상욱　그런 복잡한 농경 지식을 모두 본능으로 전달할까요? 인간은 교육을 통해서 지식을 전달하잖아요. 본능으로 모든 지식이 저장될지 의심스럽네요.

임항교　사실 한 마리 한 마리가 수행하는 작업은 굉장히 단순합니다. 이를테면 어떤 일개미는 죽을 때까지 오로지 나무에 올라서 알맞은 크기로 자른 깨끗하고 신선한 잎을 둥지로 갖고 돌아오는 일만 해요.

김상욱　철저하게 분업이 되어 있군요.

임항교　그러면 개미굴에 있는 어떤 일개미는 죽을 때까지 그 잎을 받아서 잘게 자르는 일만 하고요. 잘게 잘린 잎은 또 다른 일개미들이 버섯 재배실로 옮깁니다. 그러면 버섯 재배실에 있는 일개미들은 계속 버섯 재배만 해요. 이렇듯 초유기체의 특성이 고도로 발달한 개미 사회에서는 일개미 각자가 수행하는 작업이 쉽게 바뀌지 않습니다. 2000만 마리에 달하는 수많은 개체들이 단순 작업을 반복한다면 전체적으로는 얼마나 정교한 결과물이 나오겠습니까?

김상욱　도구도 사용하나요?

임항교　제가 알기로는 특정 버섯 균주와 병원균을 죽일 수 있는 항생 물질 외에는 도구라 할 만한 것은 없습니다. 다만 자신의 다리와 입을 쓰지요. 또 하나 재미있는 점이 있어요. 잎을 날라 오는 개미들은 보통 자기 몸무게의 2배, 크게는 5배나 되는 나뭇잎 조각을 나르다 보니 다른 일에 신경 쓸 겨를이 없습니다. 그래서 이들은 기생파리의 표적이 되기 쉽습니다. 너무 바쁘니까, 기생파리가 날아와서 자신의 몸에 파리 알을 낳아도 스스로 막을 수 없거든요. 그런데 가

초유기체 | 보라, 초유기체의 경이로운 세계를　　303

끔 보면 크기가 이들의 10분의 1, 20분의 1밖에 안 되는 작은 일개미가 이들의 등에 올라타 있습니다.

강양구　일종의 호위 무사들이군요?

임항교　대공 감시병입니다. 놀러 다니는 것이 아니라, 날아오는 파리들을 막아 주는 일을 해요.

강양구　그런 역할만 하도록 특화된 개미들인가요?

임항교　맞아요. 이들은 작은 크기로 태어나서 작은 크기로 죽습니다. 그 일만 하는 겁니다.

김상욱　실시간 컴퓨터 전략 게임 「스타크래프트」에 등장하는 외계 종족 '저그' 같네요. 이 종족의 플레이어는 여러 역할에 특화된 다양한 유닛을 애벌레로부터 변태시켜서 게임을 하거든요.

임항교　큰 개미들은 나뭇잎을 잘라 오는 일만 하고요. 나뭇잎을 잘라 오는 개미, 굴 안에서 나뭇잎을 작게 자르는 개미, 나뭇잎을 나르는 개미, 굴 안에서 나뭇잎을 잘게 자르는 개미, 다시 그것을 나르는 개미, 버섯을 기르는 개미, 제초하는 개미들의 크기가 다 다릅니다. 그렇게 태어나는 것이지요.
　이런 '계급'이 어떻게 분화되는지는 아직도 해답을 찾지 못한 굉장히 중요한 연구 주

실시간 컴퓨터 전략 게임 「스타크래프트」에 등장하는 외계 종족 '저그' 같네요.

제입니다. 여러 가설과 이론이 나오고 있는데, 그중에는 태어날 때부터 정해진다는 것도 있습니다. 우연 때문이든 어떤 환경의 자극 때문이든, 미묘하게 달라진 크기와 무게 등이 궁극적으로 고도로 분화된 계급 체계를 만들어 낸다는 가설입니다. 최근에 나왔어요.

김상욱　그 문제는 인간뿐만 아니라 다세포 동물의 발생 문제와 같지 않나요? 세포의 DNA는 하나이지만 그것이 분화되면서 장 세포나 눈 세포가 되듯이 말입니다.

임항교　그래서 『초유기체』에서도 제시되어 있듯 발달 기작이 유전체에서 일개미에 이르기까지 어떻게 조절되는지, 무엇으로 조절되는지를 밝히는 것이 사회성 곤충 연구에서 남은 가장 중요한 주제 중 하나입니다. 결국 유전자의 어떤 부분이 어떻게 조절되는가 하는 문제, 사회성 진화와 연관되는 것이지요.

강양구　어려운 이야기로 넘어가기 전에 정보를 드리자면, 잎꾼개미라는 국명은 최재천 교수가 붙이셨지요. 지금은 퇴임하셨지만 국립 생태원의 초대 원장을 역임하시기도 했는데, 최재천 교수가 국립 생태원에 잎꾼개미 코너를 만드셨다고 알고 있습니다. 국립 생태원에 가 보려 해도 기회가 없어서 실제로 가 보지는 못했는데, 독자 여러분께서는 충청남도 서천에 가실 일이 있다면 국립 생태원에 가 보세요. 잎꾼개미가 어떻게 분업해서 농사를 짓는지를 생생하게 볼 수 있다고 하니, 좋은 경험이 되리라 생각합니다.

임항교　저도 미국에 살면서 잎꾼개미를 딱 한 번 동물원에서 직접 본 적이 있습니다. 모르기는 몰라도 누구나 잎꾼개미들의 행동과 버섯 재배지를 보면 그런 생각을 할 겁니다. 이 어마어마한 숫자의 개미들은 하나의 유기체와 같구나 하고요.

강양구 이게 바로 초유기체구나 하고 자연스럽게 생각하겠네요.

임항교 제가 『초유기체』를 번역하면서 느낀 것이 있습니다. 이 책이 방대한 분량의 과학적 발견과 증거, 논쟁과 논증을 담고는 있지만, 저자들이 강조하는 가장 중요한 메시지는 이것이 아닐까 생각합니다. "가서 보라." 어디에 적혀 있는 것은 아니지만요. 가서 보면 무슨 말인지 알 것이라는 느낌이지요.

이명현 앞에서 언급된 장대익 교수의 서평을 저도 봤습니다. 그 글에서 가장 인상적인 문장은 "이론적 논쟁의 치열함은 거짓말처럼 사라지고, 대신 곤충 사회의 힘과 질서에 대한 경이감이 밀려오기 시작했다."였어요. 그 경이감이 이 책의 가장 큰 메시지 아닌가 싶습니다.

임항교 게다가 대단한 것이 우리나라에도 실제로 잎꾼개미를 볼 수 있는 곳이 있다는 점이지요.

강양구 정말 대단해요. 그만큼 우리나라 과학 문화의 수준이 올라갔다는 증거이기도 하겠네요.

다윈도 고심한 이타성의 진화

강양구 앞에서 주장과 반론, 그 사이의 토론을 거쳐서 방향이 바뀌기도 하고 기각되기도 하며, 유력하게 확증되기도 하는 과학의 과정을 말씀하셨지요? 초유기체와 관련해서도 집단 선택과 혈연 선택을 놓고 논쟁이 벌어지고 있습니다. 이 논쟁이 어떤 의미를 가지며, 어떤 맥락에서 중요한지를 지금부터 이야기해 보겠습니다.

사실 에드워드 윌슨은 혈연 선택과 집단 선택을 둘러싼 논쟁의 중심에 서 있잖아요. 이 이야기를 하려면 우선 혈연 선택은 무엇인지, 집단 선택은 무엇인지를 먼저 해명해야겠는데요?

이명현 개념이 분명해야 쟁점이 드러나겠지요.

강양구 혈연 선택과 집단 선택의 개념은 무엇인지, 그 개념이 도대체 초유기체와 어떤 관계가 있는지를 이야기해 봐야지요. 혈연 선택과 집단 선택, 무엇인가요? 과학에 관심 있는 독자 여러분께서는 많이 들어 보셨을 개념일 텐데요.

임항교 이야기하기 조심스러운 것이, 이 주제만 갖고도 책 한 권을 쓸 수 있거든요. 이 자리에서는 혈연 선택과 집단 선택을 아주 간략하게 설명하겠다는 점을 미리 밝힙니다. 이 논쟁은 이미 반세기 이상 진행되어 왔습니다.

다윈이 자연 선택에 의한 진화가 일어난다고 했을 때, 다윈 스스로도 곤혹스러워했던 문제 하나가 바로 개미였습니다. 일개미들은 스스로는 번식하지 못하면서 군락을 위해 싸우다가 대부분 죽습니다. 자신의 목숨을 내놓고 싸우는 개체는 다 죽는데, 이들의 유전자는 어떻게 다음 세대로 전달되는지가 가장 큰 이론적인 어려움이었어요.

강양구 사람으로 따지면 이타성이 어떻게 진화했는지와 관련 있는 것이지요?

임항교 예. 이를 이타성이라고 하는데요. 이타성이라고 말하는 순간부터 이야기기 어려워집니다. 자신의 목숨을 바쳐서 나라를 지키는데, 목숨을 바치는 그 갸륵한 마음은 어떻게 다음 세대로 전달되는지가 문제였습니다.

이명현 그런 행동이 번식과 무슨 상관이 있느냐는 것이지요.

임항교　맞습니다. 죽으면 번식할 수 없으니까요. 다윈은 이 개체들이 싸우다 죽더라도, 살아남은 이들이 더 많아진다면 이 마음은 어떻게든 진화될 수 있다고 생각하고 넘어갔습니다. 저렇게 한 개체가 자신을 희생하면서 자신과 비슷한 이들을 더 많이 살릴 수 있다면, 살아남은 개체들이 번식해서 자기 희생적인 특성을 다음 세대로 전달할 수 있지 않을까 하고 자연스럽게 생각한 겁니다.

　그런데 이를 구체적으로, 과학적으로 설명하다 보니, 20세기 초에 무리를 위해서 개체의 희생을 강조하는 믿음이 커다란 의심 없이 자연스럽게 생겨났습니다. 이 시기에는 세계 대전이 두 차례 발발하는 등 국가주의가 가장 팽배했잖아요. 개인이 국가를 위해 희생하는 일이 너무나 당연히 받아들여졌기 때문에, 개미가 자기 군락을 위해 희생하는 것 자체가 당시에는 놀랍지 않았다는 말이지요.

친척을 통해 전해지는 불멸의 유전자

임항교　그 와중에도 소수 의견이 조금씩 나왔습니다. 군락이 친척들로 이뤄져 있다면 군락을 위해 희생하게 만드는 유전자가 군락 내 다른 개체에게도 있을 가능성이 높아집니다. 이때 내가 친척을 위해 목숨을 바쳐도 그 유전자는 친척의 자손, 조카들을 통해 퍼져 나갈 수 있지 않겠는가 하는 것이었어요.

강양구　리처드 도킨스(Richard C. Dawkins)의 『이기적 유전자(*The Selfish Gene*)』(홍영남, 이상임 옮김, 을유문화사, 2018년)를 통해서 널리 퍼진 생각이지요.

이명현　즉 나는 죽어도 내 유전자는 살아남을 수 있다는 이야기이지요?

임항교　그러다 보니 관점이 무리에서 유전자로 이동했습니다. 이른바 유전자 중심 선택론인데, 1930년대에 태동한 생각입니다.

강양구 즉 무리가 선택된다는 생각이 먼저 있었고, 그다음에 1930년대부터 유전자 중심의 선택론이 나왔군요.

임항교 그런데 무리를 위해 개체가 희생했을 것이라는 아이디어는 사실 과학 이론이라기보다는, 당시 사람들이 자연스럽게 믿은 이데올로기에 가까워요.

김상욱 유전자가 무엇인지도 모를 때 아닌가요?

임항교 그렇지요. 1930년대에 유전자 개념이 사회 생물학 내지는 동물 생물학과 결합하는 이른바 현대적 종합(modern synthesis)이 이뤄졌습니다. 유전자를 중심으로 보는 아이디어가 1930년대에 태동했으며, 1964년에는 이 아이디어를 영국의 생물학자 윌리엄 도널드 해밀턴(William Donald Hamilton)이 처음으로 과학적인, 수학적인 모형을 사용해서 증명합니다. 만약 한 집단이 굉장히 가까운 친척들로 구성되어 있다면, 내가 희생해서 무리를 살리는 행동은 이 친척들을 통해 진화할 수 있다는 겁니다. 이것이 혈연 선택이라는 아이디어의 시작입니다.

처음에 해밀턴은 자신이 증명한 개념에 포괄 적합도(inclusive fitness)라는 이름을 붙였습니다. 포괄 적합도란 내가 번식함으로써 얻는 직접적인 이득과, 내 사촌이나 형제자매가 번식함으로써 얻는 간접적인 이득을 합해서 포괄적으로 계산한 적합도입니다. 그런데 당시에 세계적인 생물학자 존 메이너드 스미스(John Maynard Smith)가 포괄 적합도를 대중에게 쉽게 소개하려고 '혈연 선택(kin selection)'이라는 이름을 붙였습니다.

> 만약 한 집단이 굉장히 가까운 친척들로 구성되어 있다면, 내가 희생해서 무리를 살리는 행동은 이 친척들을 통해 진화할 수 있다는 겁니다.

1966년에는 조지 윌리엄스(George C. Williams)가 유전자를 선택의 단위로 새롭게 정의하는 '복제자'라는 단어를 사용합니다. 유전자가 자연 선택의 단위가 된다는 겁니다. 더 많은 사례와 논증을 집대성해서 이 주장을 대중적으로 알린 계기가 바로 1976년에 출간된 리처드 도킨스의 『이기적 유전자』입니다. 도킨스는 정작 자신이 원한 책 제목은 '불멸의 유전자'였다고 출간 이후에 숱하게 이야기하지요. 유전자가 꼭 이기적일 필요는 없는데, "이기적"이라는 제목이 붙은 탓에 유전자 중심 선택론은 거센 비난의 대상이 됩니다.

정리하자면, 유전자를 중심으로 볼 때 군락이 유전자의 번식을 극대화한다면 자신을 희생하는 개체가 군락에 있을 수 있다는 이론이 혈연 선택 혹은 포괄 적합도입니다.

두 윌슨이 손을 잡고

강양구 제가 알기로는 그 후로 혈연 선택이 학계의 주류가 되었잖아요? 한편 혈연 선택에 반대하는 학자가 소수 있었는데, 예를 들어 최근 『네이버후드 프로젝트(*The Neighborhood Project*)』(황연아 옮김, 사이언스북스, 2017년)라는 책으로 국내에도 소개된(에드워드 윌슨과 성이 같지만 혈연은 아닌) 데이비드 슬론 윌슨(David Sloan Wilson)은 집단이나 군락을 중심으로 자연 선택이 이뤄진다는 주장을 계속 옹호하려 했습니다. 하지만 이들의 주장은 별로 반향을 얻지 못했어요.

그런데 이들의 주장에 무게가 실려서 굉장히 큰 논쟁으로 번진 결정적인 계기가 생깁니다. 혈연 선택 진영의 중심에 서 있었고, 또 모두가 당연히 그렇다고 생각했던 에드워드 윌슨, 이 늙은 윌슨이 젊은 윌슨(데이비드 슬론 윌슨은 1949년 생이지만, 1929년생인 에드워드 윌슨에 비하면 젊다고도 할 수 있겠지요?)과 손을 잡고 집단 선택을 이야기한 겁니다.

임항교 에드워드 윌슨이 혈연 선택 이론을 전면에 내세운 책이 1975년에 나온 『사회 생물학』입니다. 그 또한 동물의 사회적 행동을 설명할 이론적 근거를 혈연 선택 이론에서 찾았습니다. 당시에 유행했을 뿐 아니라 그때까지 알려진 어떤 것보다도 더 훌륭하고 멋진 과학 이론이라는 이유로, 에드워드 윌슨은 혈연 선택 이론을 사회성 동물의 행동 진화를 설명하는 이론으로 등장시킵니다. 그 후에도 그는 꾸준히 혈연 선택 이론을 지지해 왔어요.

그런데 앞에서 강양구 선생님께서 말씀하신 데이비드 슬론 윌슨을 중심으로, 어떤 경우에는 집단 선택이 어느 정도 의미 있는 설명을 한다는 주장을 꾸준히 한 사람들도 많았어요. 그것을 고전적인, 혹은 '순진한' 집단 선택 이론이라고 합니다. 무리의 번성을 위해 개체가 희생한다는 순진한 집단 선택 이론은 1964년에 기각되었지만, 그 이후에도 다수준 선택 같은 형태로 등장합니다.

『초유기체』에서도 소개되는 다수준 선택 이론은 집단 선택과 혈연 선택 중에서 일도양단하지 않습니다. 특히 군락의 진화 과정을 보면 어떤 종에서는 번식을 둘러싸고 개체 간 갈등과 경쟁이 분명 존재합니다. 앞에서 이야기한 방계 친척, 즉 친족과 조카 등 유전적으로 가까운 무리를 위해 개체가 희생함으로써 사회성이 발달한다는 혈연 선택과, 집단 간 경쟁에서 무리의 성공적인 생존과 번식을 위한 별도의 형질이 있다는 집단 선택을 합친 것이 다수준 선택입니다.

강양구 직관적으로 이해가 안 되지는 않아요. 예를 들어 무리가 둘 있는데 하나는 구성원이 가능하면 서로 연대하고 도우려 하고, 다른 하나는 구성원이 서로 이기적으로 싸운다면 당연히 이타적 구성원이 있는 집단이 생존하기 쉽겠지요.

임항교 그런데 해밀턴의 혈연 선택, 포괄 적합도 이론을 따르는 이들은 굳이 집단을 고려하지 않아도 혈연 선택 하나로 다 이해할 수 있다고 말합니다. 다수준 선택이 필요 없다는 것이지요.

이명현   수준을 고려하지 않고 한 가지 원리로 설명할 수 있다는 것이군요.

임항교   그래서 1990년대 중반까지는 집단 선택이나 다수준 선택이 소수 의견으로 연명하다시피 했습니다.

강양구   그 다수준 선택 이론을 주장하는 중요한 과학자가 데이비드 슬론 윌슨, 젊은 윌슨이고요.

임항교   그런데 『초유기체』에서는 에드워드 윌슨의 입장이 어느 정도 중립적입니다. 2장 「유전학적 사회성 진화」를 보면 에드워드 윌슨이 혈연 선택과 다수준 선택을 대립시키면서 적어도 초유기체의 특성을 보이는 진사회성 곤충은 다수준 선택 이론으로 봐야 더 많은 부분을 이해할 수 있다고 이야기합니다. 하지만 "연구하고자 하는 문제에 따라 적절히 선택된 접근 방식을 통해 누구나 이두 이론을 넘나들 수 있다."라고도 합니다. 두 이론은 특정 현상을 이해하는 수단이며, 연구 질문에 따라 이중에서 선택하면 되는 문제라는 의미이지요. 혈연 선택으로 봐도, 다수준 선택으로 봐도 괜찮다는 겁니다.

강양구   에드워드 윌슨조차 『초유기체』를 쓸 때 입장을 정하지 못했나 보군요?

임항교   그렇다고 할 수도 있습니다. 게다가 공저자인 휠도블러는 초유기체까지는 동의했지만 이를 다수준 선택, 특히 집단 선택으로 보는 시도는 별로 확신하지 못했던 것 같습니다.

에드워드 윌슨은 왜 '전향'했나?

강양구   그런데 저는 이 대목도 보충 설명이 필요해 보여요. 저는 개미의 사례

또한 혈연 선택으로 너무나도 쉽고 단순하
게 설명된다고 알고 있습니다. 많은 불임 암
컷 일개미들은 여왕을 위해 헌신하고, 여왕
은 일개미 자매들을 낳습니다. 그렇다면 자
신은 죽어도 자매들이 재생산되기 때문에
결국은 혈연 선택이 아니냐는 의문이 생깁
니다. 그런데 이들에게 혈연 선택만으로 설
명되지 않는 지점이 있다고 에드워드 윌슨이
주장하는 근거가 있나요?

그렇다 하더라도,
벌목 곤충 12만 종 가운데
1만 7000종만이 어떻게
진사회성을 진화시켰는가
하는 근본적인 의문이
남습니다.

임항교　　그렇다 하더라도, 앞에서 말씀드렸
듯이 같은 방식으로 성 결정을 하는 벌목 곤충 12만 종 가운데 1만 7000종만
이 어떻게 진사회성을 진화시켰는가 하는 근본적인 의문이 남습니다. 왜 나머
지 10만여 종은 자매들을 낳는 어미가 있음에도 불구하고 혈연 선택이 작동하
지 않아서 진사회성을 보이지 않고, 초유기체로 진화하지 못했는지를 에드워드
윌슨이 지적하고 있거든요.

이명현　　그 부분이 쟁점이 될 수 있겠네요.

임항교　　예. 현재 많은 논쟁이 일어나고 있는 부분입니다. 또 하나, 에드워드 윌
슨의 주장에 따르면 1964년에 혈연 선택 이론이 나올 때만 하더라도 당시 알려
진 초유기체, 진사회성 곤충은 모두 벌목에 속해 있었습니다. 그런데 흰개미는
아비와 어미가 동시에 존재하기 때문에 벌목과는 전혀 다른 성 결정 기작을 보
이거든요. 흰개미뿐만 아니라 벌목 곤충의 성 결정 기작을 전혀 따르지 않는 일
부 진딧물과 총채벌레, 포유동물 중에서는 아프리카에 사는 벌거숭이두더지쥐
또한 진사회성을 띱니다. 벌목 안에도 예외가 있고, 벌목 밖에도 예외가 있는 셈

입니다.

강양구 여기서 예외가 있다는 말은 유전자기 같지 않이도, 혈연 관계가 뚜렷하지 않아도 진사회성의 특징을 보인다는 의미입니까?

임항교 그 문제가 복잡해졌습니다. 에드워드 윌슨이 지적하는 부분은 혈연 선택 중에서도 소위 단수이배성(haplodiploidy)에 의한 성 결정 기작입니다. 애당초 해밀턴이 포괄 적합도로 설명한 혈연 선택은 단수이배성에 의한 성 결정이 집단의 유전적 근연도를 높여서 진사회성이 진화했다고 주장합니다. 그런데 이 설명 자체는 효과적이지 않다고 많은 학자가, 심지어는 혈연 선택을 지지하는 학자들마저도 이미 기각한 바 있습니다. 그런데 이를 근거로 혈연 선택이 전부를 제대로 설명하는 이론은 아니라는 주장을 에드워드 윌슨이 한 겁니다.

사실 『초유기체』에서는 에드워드 윌슨의 논조가 그렇게 강하지는 않았어요. 그런데 그가 2010년에 「진사회성의 진화(The evolution of eusociality)」라는 논문을 《네이처》에 발표하면서 논란의 중심에 서게 됩니다. 이 논문에서 에드워드 윌슨은 수학자인 마틴 노왁(Martin Nowak), 코리너 타니터(Corina Tarnita)와 손을 잡고, 해밀턴이 주장한 수학 모형의 실질적인 설명 능력이 떨어진다는 주장을 전면에 내세웁니다. 다수준 선택이 포괄적인 데 반해서 혈연 선택은 매우 특수한 일부 경우에만 작동한다는 주장을 해 버리는데요.

강양구 그 논문을 발표하기 전에 학회에서 미리 발표하면서 당시에 소동이 벌어졌다는 이야기를 들었습니다. 당시 학회에 참석한 최재천 교수가 당시의 일화를 글로 쓰셨잖아요. '저 늙은이가 노망난 것이 아닌가?'라던 당시 분위기가 그 글에 담겨 있더라고요.

이명현 그런 이야기가 많이 나왔지요.

강양구 에드워드 윌슨이 워낙 대가이니까 사람들이 그에게 직접 뭐라고 말은 못 하고, 휴식 시간에 여기저기에서 웅성대면서 그의 제자인 최재천 교수에게 "야, 너희 선생 왜 저래? 너는 알았어?"라면서 해명을 요구했다는 내용의 글이 었어요.

임항교 저도 그렇게 전해 들었습니다. 그런데 그 논문이 나오고 나서 더 큰 비판이 이어졌지요.

강양구 연명해서 반박문을 썼지요?

임항교 마찬가지로 《네이처》에 관련 분야의 학자 137명이 연명하다시피 해서 반박 논문 「포괄 적합도와 진사회성(Inclusive fitness theory and eusociality)」을 2011년에 실었습니다. 그런데 자세히 살펴보면 그 집단 논문은 에드워드 윌슨이 혈연 선택의 중요성을 폄하했다고 비판하지, 에드워드 윌슨의 다수준 선택이 틀렸다고 비판하지는 않거든요. 약간 모호한 구석이 있습니다. 혈연 선택으로 잘 설명되는데 왜 혈연 선택을 폄하하느냐는 비판은 있되, 정확히 당신이 주장하는 다수준 선택이 틀렸다는 이야기는 그 안에 없어요.

강양구 그 후에 나온 책이 『지구의 정복자』잖아요? 이 책에 따르면 에드워드 윌슨이 《네이처》에 발표한 논문에 수많은 반론이 뒤따랐지만, 그 많은 반론 중에서 윌슨이 틀렸다고 제대로 반박한 것을 본 적이 없다고 해요.

이명현 그것도 맞는 말이네요.

임항교 그 분야에 기여한 연구자가 아닌 관찰자로서 이 논쟁을 보면 이런 생각이 듭니다. 앞서 말씀드렸듯이 에드워드 윌슨의 주장은 가서 직접 보라는 겁니다. 그러면 보일 것이라고요. 이에 맞서서 도킨스는 반박합니다. 수학적인 분석 능력이 없는 사람은 저런 소리를 할 수밖에 없다고요. 또 어떤 사람들은 이 것이 싸울 만한 가치가 있는 일인가 의문을 표합니다.

강양구   그 와중에 에드워드 윌슨이 도킨스에게 "당신은 과학자도 아니지 않은가?"라고 독설도 퍼부었거든요.

임항교   서로 독설을 많이 퍼붓지요. 쉽게 말해서 도킨스는 에드워드 윌슨이 야말로 틀렸고 진화가 어떻게 일어나는지를 전혀 이해하지 못하고 있다고 이야기합니다. 에드워드 윌슨은 도킨스를 향해서 1980년대 이후로 쓴 논문 한 편이라도 있느냐는 이야기를 하고요.

김상욱   그런 말까지 오간다면 좋은 논쟁 같지는 않네요. 제가 보기에 이 두 이론은 각각 어떤 부분은 잘 설명하지만 또 어떤 부분은 잘 설명하지 못하는 상황 같습니다. 과학에서 흔히 일어나는 일이지요. 진화론의 문제가 반증 가능한 형태로 제시될 수 있는지 의문이라, 명확한 결론이 날 수 있는 것인지도 모르겠어요. 물론 과학이 꼭 반증 가능해야 한다는 뜻은 아닙니다. 이것도 논란이 많은 주제이지요. 아무튼 반증 가능성이라는 관점에서 서로 약점이 있으니 함부로 상대의 이론을 틀렸다고 하기는 쉽지 않은 것 아닐까요?

강양구   덧붙여서 해밀턴의 포괄 적합도 이론은 굉장히 수학적이잖아요. 또한 에드워드 윌슨과 함께 논문을 쓴 이들은 하버드 대학교 수학과 노왁, 프린스턴 대학교 생물학과 타니터이고요.

임항교   소장 학자인 타니터 또한 수학 연구로 박사 학위를 받았습니다.

강양구   수학은 옳고 그름이 명확하게 떨어지는 학문이 아닌가요?

김상욱   수학을 썼으니 답이 명확하게 나와야 하지 않느냐는 말씀이시지요?

임항교   여기에서도 수학으로 서로 논쟁을 합니다. 그런데 생물학 모형, 수학 모형이 실험적 증거로 뒷받침되지 않으면 안 되잖아요. 문제는 특히 사회성 곤충 같은 대상을 명쾌한 수학 모형으로 설명할 만큼 충분한 실험적 증거가 축적되지는 못했다는 겁니다. 그 까닭에 두 관점이 충돌하고 있는 것으로 저는 이해하고 있습니다.

더 많은 증거의 지지를 받는 이론이 살아남는다

강양구   더구나 에드워드 윌슨 정도면 '당신들이 나만큼 개미를 알아?'라는 느낌을 가질 것도 같아요.

임항교   앞에서 말씀드린 '가서 보라.'라는 말에는 사실 두 가지 의미가 있어요. 우선은 직접 자연에서 관찰하고 체험할 때 비로소 진정한 과학이, 생물학이 시작된다는 교훈적인 메시지이고요. 한편으로 '당신들이 개미를 알아?'라는 뉘앙스가 없지는 않으리라고 봅니다.

김상욱   과학계에서는 받아들일 수 없는 위험한 생각이지요.

강양구   그런데 『개미』나 『초유기체』를 보면 에드워드 윌슨의 지도를 받으며 개미를 연구한 제자들이 전 세계에 많지요. 그렇다면 개미 연구자들이 모두 에드워드 윌슨의 자장 아래 있다고 감히 말할 수 있나요?

임항교   저는 그렇다고 생각하지는 않습니다. 김상욱 선생님의 말씀대로 굉장히 위험한 발언이지요. 앞에서 제가 드린 말씀은 지극히 제 주관적인 감상임을 다시 한번 밀씀드립니다.

정확히 말씀드려야 할 것은 물리학뿐만 아니라 생물학도 과학이라는 점입니다. 생물학은 다수결의 문제도 아니고 권위의 문제도 아닙니다. 관찰한 대상에서 긍정적이든, 부정적이든 어떤 영감을 얻은 사람들이 실험하고 결과를 해석해서 어떤 가설이나 이론을 지지할 것인가의 문제입니다. 유명인이 말한 대로 옳고 그름이 판단될 수는 없지요.

김상욱   턱없는 소리이지요.

강양구   그런데 에드워드 윌슨을 따라서 개미 연구를 하는 과학자들도 있는 한편, (논문도 안 쓰는 사람이라고 욕을 먹기는 했습니다만) 도킨스를 따라서 진화 생물학에 일반적인 관심을 가진 사람들도 있잖아요? 진화 심리학자나 진화를 수학적으로 고민하는 연구자들, 포괄 적합도 이론을 좀 더 정교하게 만들려고 논문을 읽고 이런저런 종에 적용해 보는 연구자들 말입니다. 그렇다면 이 둘 사이에는 이 논쟁을 보는 시각차가 있지 않습니까? 개미 연구를 하는 사람들은 에드워드 윌슨의 편을 든다거나 하는 일은 없는지 궁금합니다.

임항교   이렇게 말씀드리면 그렇지만, 대부분은 도킨스의 유전자 중심 선택론과 윌슨의 다수준 선택론이라는 양 극단을 크게 신경 쓰지 않고 그사이에서 연구를 하고 있어요. 사회성의 진화 분야는 개미 연구에서도 굉장히 세부적이거든요. 이는 개미뿐 아니라 모든 종에게서 관찰되는 사회성 행동의 진화를 연구하는 데 필수적인, 이론적인 근거가 되는 문제이지만, 현장 연구자들에게까지 일차적인 문제는 아닙니다.

물론 실험적 증거를 갖고 진화를 본격적으로 연구하는 분들도 있지요. 제가 받은 인상을 말씀드리자면, 포괄 적합도를 주장하는 분들은 다수준 선택이 필요 없을 정도로 포괄 적합도 이론이 일반화되었으며 광범위하게 적용 가능하다고 믿고 있고요.

강양구 우리나라에서는 전중환 교수가 그 입장을 취하고 있지요.

임항교 미국에도 그런 분들이 많습니다. 반대로, 마찬가지로 다수준 선택 이론을 통해서도 현상들이 잘 설명된다고 생각하는 분들도 있어요. 그렇다면 과연 둘 중 어느 것이 옳고 그른지를 이야기할 수 있을까요? 저는 시간이 해결해줄 문제라고 봅니다. 결국은 좀 더 많은 실험적 증거의 지지를 받는 이론이 살아남겠지요.

김상욱 저 같은 비전문가를 위해 정리하자면, 대세는 혈연 선택이며 소수의 반론이 있다고 봐도 될까요?

임항교 소수의 의견이었는데 에드워드 윌슨이라는 대가가 나타났지요.

김상욱 대가가 지지하는 바람에 주목을 받고 있다는 것이지요?

임항교 파급력이 큰 한마디를 던졌는데, 그 파급력이 계속 갈지는 시간을 두고 지켜봐야 한다는 이야기입니다.

이명현 어쨌든 깃발은 세운 셈이지요?

임항교 게다가 에드워드 윌슨은 연세가 이제 아흔입니다. 『초유기체』도 그가 여든일 즈음에 쓴 책이고요.

강양구   정말 대단하네요.

임항교   그 후에도 나시 새로운 이론이 나
와서 그의 입장을 뒤흔들었어요. 에드워드
월슨이 살아생전에 그 결과를 볼 수 있을지
는 모르겠지만 그가 던진 큰 화두가 부상할
지, 침몰할지를 규명하는 일은 다음 세대의
책무가 아닐까 생각합니다.

그가 던진 큰 화두가
부상일지, 침몰할지를
규명하는 일은 다음 세대의
책무가 아닐까 생각합니다.

싸움 구경은 재미있으니까요

강양구   임항교 선생님께서 번역하신 『초유기체』 전에도 사이언스북스에
서 '초'로 시작하는 책을 낸 적이 있거든요. 마틴 노왁과 로저 하이필드(Roger
Highfield)의 『초협력자(*SuperCooperators*)』(허준석 옮김, 사이언스북스, 2012년)가
바로 그것인데, 노왁은 앞에서도 나왔지요? 에드워드 월슨과 함께 《네이처》에
「진사회성의 진화」를 발표한 하버드 대학교 수학과 교수입니다. 이 책을 보면
앞에서 임항교 선생님께서 설명하신 내용이 자세히 정리되어 있지요. 협력의
조건을 여럿 나열하는데, 저는 그것이 흥미롭더라고요. 노왁도 만만치 않은 사
람이잖아요?

임항교   그와는 개인적으로 모르는 사이입니다. 노왁을 수학계의 떠오르는 별
이라고 이야기하는 분도 있지만, 어떤 분들은 그가 초기에 우연히 연구비를 잘
받아서 좋은 학술지에 논문을 내고 유명해졌다고 말하기도 합니다. 저는 전자
가 맞는다고 생각해요.
　　제가 수학적인 모형을 연구하지는 않기 때문에 어떤 모형이 맞고 틀린지를
이야기할 입장은 아닙니다만, 한 가지 문제가 있습니다. 수학자가 보는 생물학,

생물학자가 보는 수학이 항상 같지는 않다는 것이지요. 물리학은 관찰과 이론이 잘 분업되어 있나요?

김상욱　물리학은 잘 분업되어 있는 편입니다.

임항교　반면 생물학과 수학, 특히 생물학적인 현상을 설명하는 수학적 모형은 그렇게 잘 분업되어 있지 않은 것 같습니다. 생명 현상의 관찰이나 수학 연구 모두 평생을 바쳐 해야 하는 일인데도요. 양쪽의 전문가가 두 분야를 아울러서 정확하게 실험 결과에 근거를 둔 수학 모형을 만들어서 다른 실험 결과를 정확히 예측해 내기가 쉽지 않습니다.

　그런데 이를 해낸 사람이 바로 윌리엄 해밀턴이었습니다. 그가 반세기 전에 제안한 포괄 적합도 이론을 뛰어넘은 이론이 그간 진화 생물학에서 있었는가 하는 질문에, 하나로 합의되고 확신할 만한 답이 아직은 없는 상황이지요.

김상욱　한편으로는 유명인들이 논쟁을 하다 보니 실제 학계에서 느끼는 온도와는 달리 부각되는 효과도 있으리라고 생각해요. 물리학계의 경우는 대중서를 많이 쓰는 분들이 평행 우주를 다룬 책을 몇 권 쓰는 바람에, 이것에 대해 잘 모르는 학계 분위기와는 달리 평행 우주가 물리학계의 주요 이슈로 과도하게 거론된 측면이 있거든요. 혈연 선택과 다수준 선택 사이의 논쟁도 그런 면이 있지 않나요?

임항교　예. 수학 모형을 만들어서 사회적 행동의 진화를 연구하는 분들은 사실 소수이거든요. 그런데 그 소수가 도킨스와 윌슨이다 보니, 대중에게 더 많이 전달되는 점도 없지 않습니다.

　또 재미있는 점이 있습니다. 도킨스와 윌슨이 유전자 중심 선택론과 다수준 선택론을 옹호하는 양 극단에 있는 것처럼 보이지만, 정작 이들이 대중적으로 알려진 계기는 다른 것이었어요. 에드워드 윌슨은 생물 다양성과 종 보전으로, 도킨스는 합리적 이성이나 반종교로 훨씬 유명한데, 이 유명세 때문에 이들의 논쟁이 더 많은 사람들의 관심을 끌고 있지 않나 생각합니다.

강양구 싸움 구경은 항상 재미있으니까요. 저도 눈을 반짝반짝 빛내면서 들었습니다.

인간 페로몬으로 밝혀진 화학 물질은 없지만

강양구 벌써 오늘의 수다를 정리할 때가 되었네요. 마무리하는 차원에서 이번에는 임항교 선생님의 연구 이야기를 들어 볼까 합니다. 임항교 선생님께서는 미국 캔자스 대학교에서 곤충학으로 박사 학위를 받고 박사 후 연구원을 지내신 후에, 미국에서 교수직을 얻어서 계속 연구하고 학생들을 가르치고 계시잖아요? 현재 가장 큰 관심을 갖고 연구하시는 분야는 무엇인가요?

임항교 재미있는 것이, 저는 지금은 개미가 아니라 잉어의 페로몬을 연구하고 있습니다. 화학적 의사 소통에 관심이 있다 보니 나방의 페로몬으로 박사 학위도 받았습니다. 이 연구를 발판 삼아서 잉어로 분야를 옮겨 갔고요.

강양구 곤충에서 어류로 연구 분야를 옮기시다니, 엄청난 변화라는 생각이 드네요.

김상욱 무척추동물에서 척추동물로 가셨군요.

강양구 저는 사실 어류가 페로몬으로 의사 소통을 한다는 것이 생소하기도 해요.

임항교　대상 종을 개미에서 나방으로, 또 잉어로 바꾸기는 했지만, 연구 주제는 일관되게 화학적 의사 소통이니까요. 척추동물도 페로몬을 많이 씁니다. 특히 어류는 물속에 살지 않습니까? 우리 몸의 65퍼센트는 물이고, 물은 거의 모든 화학 물질을 녹이는 용매입니다. 따라서 수많은 화학 물질이 물에 섞여 있습니다. 이들은 맛도 냄새도 있어요. 아직은 많이 알려지지 않았지만 물고기들에게는 대부분 뛰어난 화학 감각, 후각과 미각이 있습니다. 특히 후각을 자극하는 물질들 중에서 일부 어류의 번식과 관련된 호르몬들이 페로몬처럼 기능하는 경우도 있거든요.

척추동물의 페로몬과 무척추동물의 페로몬에는 큰 차이가 있지요. 개미를 통해서도 알 수 있듯이 무척추동물은 페로몬의 생합성이나 분비를 정교하게 조절하는 기관이 별도로 있지만, 척추동물은 아직까지는 페로몬만 만들거나 분비하는 기관이 밝혀지지 않았습니다. 대신 다른 생활사에 관계되는 호르몬들이 몸 밖으로 배출되어서 페로몬처럼 다른 개체에게 감지되고 특정한 행동을 유발하는 기능을 하지요.

김상욱　어떤 소통을 하나요?

임항교　어류를 통해서는 경보 페로몬이 밝혀졌어요. 다치거나 놀란 물고기가 어떤 화학 물질을 분비해서 다른 물고기들이 도망가게 합니다. 칠성장어는 회귀성 어종이어서 성체의 시기를 바다에서 보내다 민물로 올라와서 산란합니다. 그런데 이들은 민물에서 산란할 장소를 찾으려고 어린 칠성장어들의 페로몬을 찾습니다. 어린 칠성장어들이 태어나서 살던 장소로 향하게끔, 회귀 행동을 자극하는 페로몬이 있습니다.

제가 연구한 것은 번식 페로몬입니다. 번식과 관계되는 호르몬들은 척추동물에서도 굉장히 잘 보존되어 있습니다. 인간이 가진 호르몬 대부분을 물고기도 갖고 있는데요. 인간에게는 해당되지 않지만, 어차피 쓰고 남은 호르몬은 결국 배설 기관이나 아가미를 통해 몸 밖으로 나갑니다. 그러다 보니 산란 직전의 암컷 물고기들이 만드는 특정 호르몬은 수컷에게는 굉장히 중요한 신호가 됩니다. 이를 높은 감도로 감지하는 수컷은 남보다 빨리 산란하는 암컷을 찾아내서 수정시킬 수 있겠지요. 마찬가지로 어류의 수컷들에서도 페로몬을 감지할 수 있는 후각의 감도를 높이는 쪽으로 진화가 일어난 것처럼 보이고요.

제가 특별히 잉어를 연구한 것은, 우리나라에서는 친숙한 물고기이지만 미국과 오스트레일리아에서는 심각한 생태 문제를 일으키는 생태 교란 어종이거든요. '페로몬을 이용해서 잉어를 대량으로 유인해 포획할 방법이 있지 않을까?'라는 질문이 제 연구의 출발점이었습니다.

강양구　실용적인 이유네요.

임항교　그런 실용적인 연구는 곤충 쪽에서 많이 시작했어요. 페로몬이 처음 발견된 1959년 이후의 연구 맥락을 보면 대부분 해충 방제라는 목적이 컸습니다. 한편으로는 개미에게서 보이는 사회성 곤충의 의사 소통 연구라는 다른 맥락도 있었고요. 그렇게 무척추동물, 특히 곤충에게서 발견된 여러 사례와 방법론을 척추동물에 적용해 보면 산업적인 응용 가치가 생기지 않을까 하면서 연구를 해 왔습니다.

그렇다면 인간의 경우는 어떨까요? 인간은 의사 소통을 시각과 청각에 많이 의존하기 때문에 상대적으로 후각은 둔하다는 의견이 있습니다. 반대로 혹자는 전혀 그렇지 않다, 우리가 스스로 무시했을 뿐이라고 이야기하기도 합니다.

강양구　인간의 페로몬에 대해서는 유사 과학부터 여러 이야기들이 대중적으로 있잖아요.

임항교　이에 대해서는 현재까지 과학적으로 확인된 사실이 하나도 없습니다.

인간의 페로몬을 궁금해하실 많은 분께, 적어도 지금까지는 인간의 페로몬으로 밝혀진 화학 물질이 하나도 없다는 사실을 이 자리에서 알려 드리고 싶어요. 그럼에도 불구하고 워낙 흥미롭고 경제적으로도 잠재력이 있는 분야이기 때문에, 이 주제를 파고 있는 연구자들이 몇몇 있다는 사실도 알려 드리고 싶습니다.

> 지금까지는
> 인간의 페로몬으로
> 밝혀진 화학 물질이
> 하나도 없다는 사실을
> 알려 드리고 싶어요.

강양구 페로몬을 주제로 다시 한번 임항교 선생님을 모시고 싶다는 생각도 드네요. 임항교 선생님께서 페로몬으로 책을 한 권 쓰셔도 굉장히 재미있겠는데요. 개미와 나방, 잉어까지 화학적 의사 소통이라는 주제를 일관되게 다루면 어떨까요?

김상욱 우리나라에서 우리나라 연구자가 페로몬 연구를 소개하려고 쓴 책을 본 적은 없는 것 같아요.

임항교 미국에는 이미 많은 책이 나왔지요. 그중에서 좋은 책을 골라 번역하는 편이 낫지 않을까 싶네요.

책과 책 사이에 '과학 수다'가 있다!

강양구 오늘은 에드워드 윌슨과 베르트 횔도블러의 『초유기체』를 8년 6개월 동안 번역하느라 고생하신 임항교 선생님을 모시고 진사회성과 초유기체라는 개념을 이야기하고, 이어서 '혈연 선택이냐, 집단 선택이냐?'라는 생물학계의 주요 논쟁을 개괄해 보는 시간이었습니다. 임항교 선생님, 고생 많으셨습니다. 저는 굉장히 재미있었어요.

김상욱   정말 재미있었어요.

이명현   전체적인 맥락을 잡는 시간이었어요.

강양구   방송을 들으신 후에는 『초유기체』를 읽어 보시면 좋겠네요.

이명현   『초협력자』도 같이 읽으시면 좋을 것 같습니다.

강양구   『지구의 정복자』도 수다 중에 나왔지요. 이 책들 모두 두께가 만만치 않거든요. 게다가 각각으로만 들여다보면 전체 맥락을 놓치기 쉬운데, 이 책들 이 어떤 맥락에 위치해 있는지를 확인하는 시간이었습니다. 임항교 선생님, 다시 한번 고맙습니다.

임항교   예, 감사합니다.

더 읽을거리

- **『초유기체』**(베르트 횔도블러, 에드워드 윌슨, 임항교 옮김, 사이언스북스, 2017년)
  사회성 곤충을 통해서 밝혀낸 초유기체의 모든 것.

- **『초협력자』**(마틴 노왁, 로저 하이필드, 허준석 옮김, 사이언스북스, 2012년)
  이기적 유전자를 이길 다섯 가지 협력의 법칙을 알고 싶다면.

- **『개미제국의 발견』**(최재천, 사이언스북스, 1999년)
  개미에 관한 한, 여전히 이 책이 출발점이어야 한다.

6

진화 경제학

경제가 진화를
만났을 때

최정규

경북 대학교
경제 통상학부 교수

강양구

지식 큐레이터

김상욱

경희 대학교
물리학과 교수

이명현

천문학자·과학 저술가

인간이 늘 이기적이고 합리적이라는 주류 경제학의 전제는 현실과는 거리가 있다는 것을 우리는 경험으로 알고 있습니다. 종종 우리는 손해를 보면서까지 다른 사람에게 이득이 되는 선택을 하고요. 또 A와 B를 놓고서 선택을 할 때도 어느 때는 A를, 어느 때는 B를 선택하는 변덕을 부리기도 합니다. 그러한 점에서 행동 경제학자 리처드 세일러(Richard Thaler)에게 2017년 노벨 경제학상이 수여된 것은 의미심장하지요. 수학이나 물리학처럼 세상을 묘사하려던 과거의 경제학이 이제는 인간의 본성과 실제 행동을 고려하는 경제학으로 변모하고 있음을 보여 주니까요.

이번에는 경북 대학교 경제 통상학부 최정규 교수와 함께 과학과 경제학이 만나 새롭게 펼치는 이야기를 들어 봅니다. 최정규 교수는 '진화 게임 이론'을 전공하면서 경제학에 진화 생물학을 접목해 자연과 사회, 정치와 경제 등을 연구하는 경제학자이지요. 오늘은 최정규 교수와 함께 이 새로운 경제학이 보여 주는 우리의 민낯은 어떠한 모습을 하고 있는지, 또 본성과

제도 사이를 오가는 우리에게 이 경제학은 우리 사회를 더 나은 방향으로 이끌기 위해서 어떤 제안을 줄 수 있는지를 들어 보겠습니다.

《사이언스》 경제학자, '과학 수다'와 만나다

강양구 오늘은 경북 대학교 경제 통상학부의 경제학자 최정규 교수를 모셨습니다. 사실 최정규 선생님을 모시자는 계획은 2017년 노벨상 수상자가 발표되면서 나왔습니다. 「과학 수다 시즌 2」는 2017년 노벨상 수상에 맞춤한 국내 과학자들을 모셔서 수상자들이나 노벨상의 영예를 얻은 연구 성과 이야기를 듣는 자리를 마련해 왔지요.

2017년 노벨 경제학상은 『넛지(*Nudge*)』(안진환 옮김, 리더스북, 2009년)라는 유명한 책의 저자이기도 한 행동 경제학자 리처드 세일러(『넛지』의 한국어판에는 "리처드 탈러"로 표기되어 있습니다.)에게 돌아갔습니다. 오늘은 2017년 노벨 경제학상을 받은 행동 경제학을 살펴보면서 행동 경제학과 과학의 관계, 행동 경제학의 관심사 등을 두루 이야기하고자 합니다. 최정규 선생님, 안녕하세요.

최정규 안녕하세요.

강양구 제 기억이 틀리지 않았다면 오늘 이 자리에 모신 최정규 선생님께서는 2007년에 우리나라 경제학자로서는 최초로 《사이언스》에 「외부인에 대한 적대성에 기반을 둔 이타성과 전쟁의 공진화(The coevolution of parochial altruism and war)」라는 논문을 게재해서 화제가 되신 인물이기도 합니다. '아, 그런 분이 계셨지.' 하는 분들도 계실 텐데요. 오늘은 행동 경제학을 갖고 이야기를 나누면서, 더불어 최정규 선생님께서 경제학자로서 어디에 관심을 갖고 연구하고 계신지도 한번 확인해 보면 재미있으리라 생각합니다.

게임 이론과 죄수의 딜레마

강양구   그러면 우선 최정규 선생님의 연구 이야기를 듣는 것으로 오늘의 수다를 본격적으로 시작해 볼까요? 최정규 선생님께서는 지금까지 계속 경제학 과정을 밟아 오셨지요? 서울 대학교 경제학과를 졸업하시고 미국에서 유학하시면서도 계속 경제학을 공부하셨습니다. 지금도 경제학과에서 학생들을 가르치고 계시고요. 그런데 구체적인 연구 분야는 약간 특이합니다. '진화 게임 이론'이라고요.

그렇다면 하나하나 따져 볼까요? 진화 게임 이론을 이야기하기에 앞서, 우선은 게임 이론이 도대체 무엇인지부터 최정규 선생님께서 설명해 주시지요.

최정규   게임 이론은 경제학의 한 방법론입니다. 우선 예를 들어 보겠습니다. 제가 어떤 행동을 해서 어떤 성과를 내려 합니다. 이때 물론 제가 무엇을 얼마나 열심히 하는가에 따라서만 성과가 나온다면 상대방을 고려할 필요도 없겠지요. 하지만 실제로는 제 행동이 상대방의 성과에 영향을 미치고, 상대방의 행동이 제게 영향을 미칩니다.

어떻게 보면 당연한 이 경우를 우리는 상호 작용 관계에 있다고 말합니다. 상호 작용이 있을 때 사람들이 어떻게 행동하고 어떤 결과를 내는지를 다루는, 즉 사람들 사이의 상호 작용을 모형으로 만드는 연구 분야를 게임 이론이라고 부르고요.

강양구   게임 이론에서 가장 중요하면서 대중적으로 유명한 예가 죄수의 딜레마이지요?

최정규   죄수의 딜레마라는 게임이 있지요. 이 게임은 아주 간단하면서도 흥미롭습니다. 모두가 각자의 이득을 위해 한 행동이 전체적으로는 가장 안 좋은 결과를 낳아서, 결국 어느 누구에게도 가장 안 좋은 결과로 이어지는 상황을 묘사한 게임입니다.

더 구체적으로 설명을 드리겠습니다. 어떤 중대한 범죄를 저질렀다는 혐의가 있는 두 용의자(때로 이 게임의 이름을 '용의자의 딜레마'로 바꿔야 하나 생각하기도 합니다만.)가 경찰서에 잡혀 왔습니다. 실제로 이들이 범죄를 저질렀는지, 저지르지 않았는지는 중요하지 않아요. 이들을 한 명씩 독립된 방에 가둬서 서로 의논하지 못하게 한 다음, 각자에게 이렇게 이야기합니다.

사실 우리에게는 당신들의 범죄를 입증할 만한 어떠한 증거도 없다. 그래서 당신들의 자백이 필요하다. 지금 당신들에게 제안을 하나 하겠다. 당신에게는 죄를 자백하거나 부인하는 두 선택지가 있다. 당신과 같이 잡혀 온 당신의 친구도 똑같은 선택지를 놓고 고민할 것이다.

지금 우리에게는 물증이 없지만 둘 중 단 한 사람만이라도 자백하면 그 자백을 증거로 삼아 기소할 수 있다. 그런데 둘 다 끝까지 혐의를 부인한다면, 두 사람 모두의 행적을 철저히 파헤쳐서 세금 탈루나 아주 사소한 경범죄로라도 꼬투리를 잡아 1년 정도 징역을 살게 할 수 있다. 둘 다 자백을 하면 충분히 범죄 하나로 두 사람을 엮어서 5년씩 징역을 살게 할 수 있다.

그런데 만약 당신이 자백하고 상대방이 끝까지 부인하면, 범죄 증거로 당신의 자백을 확보했으니 상대방 용의자는 징역을 살게 할 수 있고, 그 대가로 당신은 풀어 주겠다. 반대로 만약 당신이 끝까지 부인하고 상대방이 자백하면, 상대방의 자백을 증거로 당신에게 징역을 살게 할 것이다. 이때는 범죄의 원래 죗값인 5년에 괘씸죄까지 더해서 2년을 추가로 살게 하겠다.

다시 말해서 둘 다 부인하면 1년씩 살고, 둘 다 자백하면 5년씩 살고, 한 사람이 자백하고 한 사람이 부인하면 자백한 사람은 곧바로 나가고 부인한 사람은 7년 사는 상황입니다.

이명현　무척 고민되겠는데요? 독자 여러분은 무엇을 택하실지 궁금해지네요.

최정규　이 상황에서 두 용의자에게 가장 유리한 결과는 둘 다 부인해서 1년씩만 살고 나가는 것이지요. 앞에서 말씀드린 대로 내가 어떻게 행동하는가뿐만 아니라 상대방이 어떻게 행동하는가에 따라서 내가 징역을 몇 년 사는지 결정됩니다. 이때 상대방이 선택할 수 있는 것은 두 가지, 자백과 부인입니다.

따라서 아마도 이 게임을 하는 당사자라면 이렇게 생각할 겁니다. '상대방이 자백하는 경우 나에게 유리한 선택지는 무엇일까? 자백하면 5년 살고 부인하면 7년 사는데, 그렇다면 자백이 유리하겠구나.' 마찬가지로 '상대방이 부인하는 경우 나에게 유리한 선택지는 무엇일까? 자백하면 그대로 석방되고 부인하면 1년을 사는데, 그렇다면 자백이 유리하겠구나.'라고도 생각하겠지요.

다시 말해 이 게임에서는 상대방이 어떻게 나오더라도 자백하는 편이 항상 유리하다는 결론에 도달하게 될 겁니다. 그렇게 두 사람 모두 동일한 결론에 도달하면 둘 다 자백할 것이고, 그 결과 두 사람 모두 5년을 살겠지요.

강양구　개인에게 가장 좋으리라고 생각되는 판단이 결과적으로는 둘 모두에게 안 좋은 결과를 낳는군요.

핵을 쏘는 것이 최선입니까?

강양구　죄수의 딜레마가 처음 등장하게 된 주요 배경 중 하나가 (구)소련과 미국이 서로 핵을 겨누던 20세기 냉전 시대라고 귀동냥으로 들은 적이 있습니다. 두 나라가 서로에게 핵 공격을 할지 말지를 결정할 때에도 죄수의 딜레마가 적용된다는 것이었는데요. 최선의 결론은 둘 다 핵을 쏘는 것이지만, 그것이 전 세계를 파멸로 이끄는 최악의 결과를 내놓을 수 있다는 이야기였습니다.

최정규 　말씀대로 게임 이론은 미국과 (구) 소련의 군비 경쟁 혹은 군사 핵과 관련된 전략 수립 등에 많이 응용되었던 것 같습니다. 게임 이론에서 사용하는 개념들을 만들고 세련되게 다듬었으며 2005년 노벨 경제학상을 수상한 경제학자 토머스 셸링(Thomas C. Schelling)은 냉전 시대의 군비 경쟁 상황을 어떻게 이해해야 할지, 그리고 어떤 전략을 짜야 할지를 주로 연구했습니다. 영화 「뷰티풀 마인드(A Beautiful Mind)」(론 하워드 감독, 2001년)에서도 수학자 존 내시(John Forbes Nash Jr.)가 나와서 주로 암호를 풀지요.

최선의 결론은 둘 다 핵을 쏘는 것이지만, 그것이 전 세계를 파멸로 이끄는 최악의 결과를 내놓을 수 있다는 이야기였습니다.

경제학에서 게임 이론을 많이 사용하고 발전시켜 온 두 가지 분야 중 하나가 산업 조직론입니다. 예를 들어 어떤 판매자가 '이번 할인 행사에 참여하는 것이 매출을 얼마나 늘릴까?'를 고민한다고 해 볼까요? 나 혼자만 이 행사에 참여한다면 할인 행사로 인한 매출 증가 폭을 어느 정도는 정확하게 계산할 수 있겠지요. 하지만 경쟁사도 행사에 참여해서 바로 옆 자리에 있다면, 내가 할인 행사를 하더라도 내 매출이 늘기는커녕 급감할 수도 있습니다.

즉 상대방의 할인 행사 참여 여부가 내 참여 여부와 서로 영향을 미치면서 서로의 매출이나 이윤에 영향을 미치는, 죄수의 딜레마와 비슷하게 각자의 행동이 서로에게 직접적으로 영향을 받는 상황이 됩니다. 시장이 불완전해서 서로가 영향을 미치고 서로의 영향을 미리 짐안해야 설정을 내릴 수 있는 상황, 이것이 경제학이 관심을 가지기 시작한 게임 이론의 상황입니다.

김상욱 　물리학자들이 게임 이론을 이야기할 때는 존 폰 노이만(John von Neumann)이 자주 등장합니다. 그는 게임 이론 연구에서 어떤 역할을 했나요?

진화 경제학 | 경제가 진화를 만났을 때　　337

최정규　게임 이론 책에서는 게임 이론의 기원을 소개할 때 폰 노이만부터 이야기하곤 합니다. 그런데 폰 노이만의 게임 이론은 오늘날 죄수의 딜레마 게임 같은 소위 '비협조적 게임 이론'과는 사실상 결이 다릅니다.

　게임 이론은 크게 보면 협조적 게임 이론과 비협조적 게임 이론으로 나뉩니다. 폰 노이만은 그중 협조적 게임 이론을 연구한 분이에요. 우리가 아는 내시 균형(Nash equilibrium, 상대의 행동에 따라 각자 자신에게 가장 이로운 행동을 함으로써 만들어지는 전략들의 조합을 뜻하지요?) 등은 비협조적 게임 이론에서 사용하는 개념이고요. 아주 거칠게 예를 들자면, 가장 좋은 결과를 내기 위해 계약 내용을 어떻게 구성할지 고민하는 것이 협조적 게임 이론이라면, 그 계약하에서 각자가 약속을 지키지 않을 조건은 무엇이며 약속을 지키게 하려면 어떤 유인 구조를 짤지 고민하는 것이 비협조적 게임 이론이라고 할 수 있습니다.

　1950년대 이후에는 게임 이론이라고 하면 대부분 비협조적 게임 이론을 이야기합니다. 폰 노이만이 게임 이론을 출발시키기는 했지만 이제는 잊혀서, 연구자들조차도 그가 무엇을 연구했는지 잘 모르는 경우가 종종 있습니다.

이명현　폰 노이만의 연구가 이어져서 학문화되지 못한 것인가요?

최정규　학문화되지 못했다기보다는, 비협조적 게임 이론이 1950년대 이후 게임 이론의 주류가 되었다는 이야기입니다. 폰 노이만의 흔적은 메커니즘 디자인 이론처럼 곳곳에 남아 있습니다. 게임 이론을 갖고 네트워크 이론을 연구하는 분들은 사실상 협조적 게임 이론에 많이 근거를 두고 있습니다.

비협력적인 주체들 사이에서 나오는 협력적인 결과

강양구　최정규 선생님의 말씀을 듣다 보니, 진화 게임 이론은 무엇인지 더욱 궁금해지네요.

최정규　진화 게임 이론이란 진화라는 생물학의 아이디어를 게임 이론에 적용해 보려는 시도입니다. 진화 게임 이론이 다루는 아주 전통적인 주제 중 하나는 '사람이 어떻게 이타적으로 행동할 수 있을까, 자신이 손해를 보면서도 상대에게 이득이 되는 방향으로 행동하는 사람들이 있다면 어디에서 그런 행동 패턴이 나왔을까, 진화적·역사적으로 무슨 일이 있었을까?'입니다. 저도 이러한 질문에 매료되어서 진화 게임 이론을 공부하기 시작했고요. 진화 게임 이론을 연구하다 보니 자연스럽게 생물학 관련 서적을 읽었고, 진화라는 패러다임 자체에도 관심을 갖게 되었습니다.

강양구　진화 게임 이론의 중요한 키워드는 협력이나 협동으로 보이는데요. 그런데 게임 이론의 주요 궤적이나 과정에서 게임 이론의 주체들은 서로 비협력적이지 않나요?

최정규　그 점이 재미있어서 진화 게임 이론 연구를 시작했어요. 비협력적인 주체들 사이에서 협력적인 결과가 나온다면 그것은 어떻게 가능할까요? 언뜻 말이 안 되는 이야기이지만, 말이 안 되는 이야기를 말이 되게 만드는 재미가 있습니다.

강양구　우리나라의 현장 과학자들과 APCTP가 함께 뽑은 '과학 고전 50' 중 한 권으로도 선정된 『이타적 인간의 출현』(뿌리와이파리, 2004년)에서도 최정규 선생님께서 그러한 관심사를 쭉 설명하셨지요. (이 50종의 과학 고전에 대한 과학자들이 서평을 한데 모은 책이 『과학은 그 책을 고전이라 한다』(심상욱 외 6인, 사이언스북스, 2017년)입니다. 『이타적 인간의 출현』의 서평은 한양 대학교 ERICA 캠퍼스 응용 물리학과의 손승우 교수가 썼지요.) 비협력적이고, 자신의 이득만 취한다고 가정되는 개인들이 협력적인 결과를 만드는 예를 하나 들어 주시면 어떨까요?

최정규   선생님들께서 훨씬 더 잘 아시겠지만 한번 이야기를 해 보겠습니다. 동물 행동을 살펴볼까요? 예를 들어 꿀벌은 일생을 협력적으로 삽니다. 그런데 꿀벌은 어떻게 이렇게 협력적으로 살 수 있을까요? 일벌의 생애를 보면 평생을 남, 아니 여왕벌이 낳은 자신의 자매들을 돌보고 외부 침입자를 막으려 벌침도 쏩니다. 그런 일이 왜, 어떻게 가능할까요?

생물학자들은 일벌의 행동을 유전적 근연도로 설명할 수 있음을 보였습니다. 말하자면 일벌의 그런 행동이 행위자 자신은 희생해야 하지만, 유전자의 관점에서 보면 오히려 자신의 유전자를 더 많이 퍼뜨리는 좋은 전략일 수 있다는 이야기입니다.

이처럼 근연도로 설명 가능한 사례도 있지만, 상호 작용의 반복 가능성으로 설명할 수 있는 사례도 있습니다. 예를 들어 앞서 죄수의 딜레마에서 자백이 유리하다는 결론이 나온 것은 이들이 단 한 번 결정하고 말기 때문입니다. 그런데 별로 상상하기는 싫지만, 만약 3년마다 한 번씩 평생 동안 똑같은 사람과 죄수의 딜레마 상황에 놓여서 매번 결정해야 한다면 어떨까요? 자백하는 것이 좋겠다고 판단해서 한 번 자백했다가는, 다음번에도 똑같이 안 좋은 결과가 나오겠지요. 상대방도 지난 결과를 기억하고는 자백할 테니까요. 이 상황이 반복된다면, 그리고 용의자들이 앞으로도 상황이 반복되리라는 점을 고려한다면 그만큼 협력의 가능성이 커질 겁니다.

이것이 반복 가능성으로 협력을 설명하는 방식입니다. 물론 50년에 한 번씩 이 상황에 처한다면, 반복 가능성이 낮으니까 이때는 협력(즉 부인)보다 배신(즉 자백)이 더 유리할 수 있겠지만요.

만약 평생을 3년마다 한번씩 똑같은 사람과 죄수의 딜레마 상황에 놓여서 매번 결정해야 한다면 어떨까요?

강양구   똑같은 사람과 죄수의 딜레마 상황에 반복해서 처할 때 저번에 상대방이 어떤 결정을 했는지 내가 기억한다고 가정하면, 같은 상황에 처해도 이전과는 전혀 다른 결론이 나올 수도 있겠네요. 그것이 결과적으로는 협력을 이룰 수도 있고요.

이명현   그것이 평판에 영향을 미치겠지요.

최정규   그렇지요. 단골 음식점이 좋은 예 같아요. 음식점 주인인 내가 이윤을 적게 남기더라도 비싼 재료를 써서 음식을 맛있게 만든다면 단골들이 생길 겁니다. 그렇다면 얼마나 자주 단골들이 가게에 오는지가 무척 중요해지겠지요. 만일 한 번 오고 말 사람들을 상대로 한철 장사를 한다면 이야기가 달라질 것이고요.

김상욱   이렇듯 사람들 사이의 상호 작용을 연구한 경제학의 성과는 인공 지능 연구를 비롯해서 다른 데서도 많이 응용되는 것 같더라고요. 제가 일전에 물리학자를 위한 인공 지능 학교에 다녀온 적이 있는데, 그곳에서도 이런 생각이 들었어요. 물리학자를 대상으로 현재 진행되는 인공 지능 기술을 실제로 보여 주는 자리였습니다. 정말 재미있었어요. 보통은 100명이 채 안 모이는 학회였는데 그때는 120명이나 왔어요. 사람이 평소보다 많이 모인 셈이지요.

그곳에서 들은 내용 중에는 이미 알고 있던 것들이 많았지만, 그 가운데 새로 들은 정보가 하나 있었어요. 2014년에 발표된 논문인 「생성적 적대 신경망(Generative adversarial network)」이었습니다. 줄여서 GAN이라고 하는데, 적대 관계를 이용해서 신경망을 학습시키는 방법이었습니다.

강양구   인공 지능끼리 싸우게 해서 학습을 시킨다는 의미인가요?

김상욱　그렇지요. 알파고 같은 인공 지능이 보통 승률이 가장 높은 선택지를 최대한 고르는 알고리듬을 학습하는 데 반해서 GAN은 두 네트워크가 겨룹니다. 하나는 상대방을 속이려 하는 알고리듬을, 다른 하나는 상대방에게 속지 않으려 하는 알고리듬을 학습해요. 두 네트워크가 싸우면서 일종의 진화를 계속하고 최종 결과를 만드는 겁니다. 그런데 나온 지 아직 몇 년 되지 않은 알고리듬이라고는 해도, 이타성을 모형에 넣지는 않더라고요. 오늘 이야기를 하면서도

앞으로의 인공 지능 연구는 인간의 전략을 모사하는 단계로 접어들어서, 훨씬 더 정교하게 인간을 모사하는 인공 지능이 나오지 않을까요?

느꼈지만 강의를 듣던 당시에도 진화 게임 이론이 빠져 있다는 느낌을 받았습니다. 때마침 한창 『이타적 인간의 출현』을 읽고 있었기 때문일까요?

그래서 언뜻 든 생각인데, 저런 식으로 짜인 알고리듬들은 내시 균형을 찾아가서 결국에는 죄수의 딜레마에 빠지지 않을까요? 그래서 인공 지능 연구가 아직까지는 인간 뇌의 모사에 치중해 있었다면, 아마 앞으로는 (특히 경제학에서 많이 연구하는) 인간의 전략을 모사하는 단계로 접어들어서 훨씬 더 정교하게 인간을 모사하는 인공 지능이 나오지 않을까 하는 생각을 했습니다. 단순히 경제학이나 인간 행동을 예측하는 문제만이 아니라, 미래에 인공 지능의 성능을 향상시키는 데도 크게 영향을 줄 수 있지 않을까요?

이명현　경제학은 인간 활동을 최전선에서 다루는 학문입니다. 그렇다 보니 김상욱 선생님께서 말씀하신 인공 지능 개발에도 이러한 경제학의 연구가 도입되는 듯합니다. 그런데 한편으로 이러한 경제학을 진화 생물학으로써, 진화 심리학으로써 새롭게 해석하려는 시도가 있고요. 그렇다면 이 새로운 시도와 앞에서 김상욱 선생님께서 말씀하신 것들이 결합하면 앞으로 상당히 시너지를

내지 않을까요?

외부인에 대한 적대성과 이타성의 공진화

강양구　최정규 선생님께서 2007년에 《사이언스》에 논문을 게재하실 때, 경제학자가 《사이언스》에 논문을 실었다는 것 자체로도 큰 화젯거리가 되었지요. 이 논문은 최정규 선생님의 지도 교수님이자 유명한 경제학자인 새뮤얼 볼스(Samuel Bowles)와 함께 쓰신 것인데, 그 내용도 제게는 굉장히 흥미로웠습니다. 여기저기에서 많이 보도되기는 했지만, 최정규 선생님께서 어떤 식으로 연구하셨는지 알 수 있게끔 이 자리에서 내용을 잠깐 소개해 주시면 어떨까요?

최정규　말씀드린 대로 유전적 근연도에 의해서 이타성이 진화했을 가능성, 또 상호 작용이 반복됨에 따라 이타성이 진화했을 가능성은 많이 연구되어 왔습니다. 그런데 그것 말고는 없을까 하는 질문이 우리 연구의 시작이었습니다.

　인간 행동에서 나타나는 협력을 설명하려다 보면 굉장히 독특한 점이 몇 가지 나옵니다. 유전적인 연관이 없는 사람끼리도 협력적인 행동이 나타납니다. 또한 반복이 없는 일회적인 관계에서도 협력적인 행동이 많이 나타나고요. 그렇다면 유전적으로 서로 연관이 없는 사람들 사이에서, 그리고 서로 모르는 사람들 사이에서 협력이 일어날 가능성이 있다면 그것은 또 어떻게 설명할 수 있을까요? 그것이 우리의 질문이었습니다.

　집단 간 경쟁이 있다면 이타성의 진화를 설명할 수 있다는 것이 소위 '집단 선택론'입니다. 들어 보신 적이 있지요?

강양구　초유기체 편에서 임항교 선생님과 이야기한 개념입니다. (5장 참조)

최정규　집단 선택을 통해 이타성이 진화했을 가능성을 이야기한 사람들이 종종 있었습니다. 진화 생물학자들에게는 잘 받아들여지지 않은 이론이지만요. 우리는 집단 간 경쟁이 어떻게 나타나는지, 또 그것이 어떻게 이타성의 진화를 이끄는지를 보고자 했습니다. 또한 외부인에 대한 적대성이 집단 간 경쟁을 일으키는지도 보려 했고요. 요약하자면 외부인에 대한 적대성도 이타성과 마찬가지로 진화해 올 수 있었는지, 그럼으로써 인류 역사에서 전쟁이 빈번한 이유를 설명할 수 있는지, 그리고 전쟁의 빈번함이 이타성의 진화를 설명할 수 있을지를 우리는 보고 싶었습니다.

외부인에 대한 적대성과 이타성은 모두 내가 손해를 보는 속성들입니다. 내가 외부인을 계속 배척하면 나만 손해를 볼 겁니다. 외부인에게 적대적인 태도를 가지면, 외부인과 거래함으로써 뭔가 얻을 기회를 놓칠 테니까요. 이타적인 행동을 계속 해도 나만 손해를 봅니다. 정의상 이타적 행동이란 나에게 손해가 되지만 타인에게 이득을 주는 행동이니까요.

그런데 이 두 가지 속성이 합쳐지면 집단 간에 치열한 경쟁을 일으키는 한편, 집단 간 경쟁 상황에서 이기적인 사람으로만 가득 찬 집단보다 이타적인 사람이 많이 있는 집단이 더 우월할 수 있습니다. 따라서 '집단 간 경쟁은 왜 생길까? 집단 간 경쟁의 메커니즘은 무엇일까?'라는 질문에서 시작해서 '외부인에 대한 적대성이 집단 간 경쟁을 설명하는 출발점일 수 있을까, 외부인에 대한 적대성과 이타성 모두 손해로 이어지는 행동이지만 둘이 우연히 같이 나타나면 집단 간 경쟁을 일으켜서 이타성의 진화를 가능케 하는 한 경로가 되지 않을까?'라는 생각까지 이어지게 되었습니다.

그래서 한편으로는 여러 고고학 자료도 모으고, 다른 한편으로는 진화 게임 이론을 바탕으로 한 모형도 만들고 컴퓨터 시뮬레이션도 해 봤습니다. 당시《사이언스》에 실린 이 논문은 이런 추론이 가능함을 입증한 것이었어요. 썩 듣기 좋은 결과는 아니지요.

강양구 즉 이타성은 외부인에 대한 적대성과 공진화한다는 말씀이시지요?

최정규   논문 제목 자체가 "외부인에 대한 적대성에 기반을 둔 이타성과 전쟁의 공진화"였지요.

김상욱   우울한 결론이기는 하네요. 무서운 이야기이기도 하고요.

최정규   예. 그래서 마지막에는 이 우울함을 어떻게 떨쳐 버릴 수 있을지를 고민했습니다. 이럴 때 자주 하는 말이 "사실과 가치는 다르다."잖아요. 우리도 이정도로 마무리할 수밖에 없었던 것 같아요.

이명현   우리가 진화해 온 대로만 살지는 않잖아요. 사실 외부인에 대한 적대성과 같은 본성이 우리 안에 있다 하더라도 그 본성을 평화롭게 만들 방법을 궁리하는 것은 전혀 다른 문제이지요. 그에 앞서 그런 본성이 있다는 것을 자각하고 받아들이는 과정이 중요하다고 봅니다. 바탕이 있어야 처방이 나오니까요.

김상욱   그렇지요. 정확히 아는 것이 중요합니다.

취향에 대해 논쟁한다

강양구   그러면 지금부터는 본격적으로 행동 경제학 이야기를 해 볼까요? 2017년 노벨 경제학상은 흔히 행동 경제학이라 불리는 분야, 또 그중에서 대표적인 연구자인 리처드 세일러에게 돌아갔지요. 최정규 선생님께서도 《한겨레》 칼럼에서 행동 경제학과 리처드 세일러의 연구를 소개하신 바 있습니다. 그렇다면 앞서 말씀하신 진화 게임 이론 같

외부인에 대한 적대성과 같은 본성이 우리 안에 있다 하더라도 그 본성을 평화롭게 만들 방법을 궁리하는 것은 전혀 다른 문제이지요.

은 최정규 선생님의 연구 분야와 관심사는 행동 경제학의 여러 성과와 실제로 많이 겹치나요?

최정규　유학을 마치고 한국에 돌아왔더니 사람들이 저를 보고 행동 경제학을 연구한다고 하더라고요. 처음에는 '왜 그렇게들 생각하지, 행동 경제학은 내가 하는 것과는 좀 다른데.'라고 생각했습니다. 그래서 "아니다. 나는 행동 경제학자와는 좀 다르다."라고 답했습니다. 그 후에는 무엇이 다른지를 설명해야 하는데, 그것이 그다지 쉬운 문제는 아니더라고요.

　저는 사람들이 이기적인지, 이타적인지 등에 관심을 갖지만 행동 경제학은 대부분 사람들이 합리적인지, 비합리적인지에 관심을 갖는 경우가 많습니다. 그런데 합리적이지 않은 것과 이기적이지 않은 것이 어떻게 다른지를 아무리 이야기해도 쉽게 전달되지 않는 겁니다. 그래서 좀 노력을 하다가 어느 순간부터는 그냥 "맞다."라고 했더니 더는 해명하지 않아도 되었습니다. (웃음) 그렇게 이야기하다 보니 더 큰 틀에서는 오히려 무엇을 연구하는 사람인지 말하기 쉬워진 것 같아요.

강양구　굉장히 복잡한 답변을 하셨습니다. 그렇다면 최정규 선생님께서 생각하시는 행동 경제학에는 어떤 특징이 있습니까?

최정규　지금에 와서는 행동 경제학이 무엇이냐는 질문을 받으면, 저는 간단하게 "인간의 선호에 대해서 질문하는 경제학이다."라고 답할 것 같거든요. 선호란 무엇이 더 좋고, 무엇이 더 싫은지를 말해 주는 개념입니다. 말하자면 내가 A라는 행동을 하는 것은 A를 함으로써 얻는 결과가 다른 행동을 함으로써 얻는 결과보다 더 좋다고 생각하기 때문이지요. 우리 모두 나름대로의 선호 체계를 갖고 있을 텐데요. 경제학은 이 선호 체계에 대해서 질문하지 않습니다. 무슨 말이냐면, 경제학에서는 대부분 선호 체계는 주어져 있다고 가정하거든요. 왜 그런 선호를 갖게 되었는지를 궁금해하지 않습니다.

'경제학이 왜 선호 체계에 대해서 질문하지 않는가?'라는 주제는 대단히 재미있습니다. 1992년에 노벨 경제학상을 받은 미국의 경제학자 게리 베커(Gary Becker)는 「취향에 대해 논쟁하지 않는다(De gustibus non est disputandum)」라는 글에서 "로키 산맥이 어떤 연유로 그곳에 있게 되었는지에 대해 논쟁하지 않는 것과 같은 이유로 우리는 취향에 대해 논쟁하지 않는다. 취향이건 로키 산맥이건 모두 그곳에 있고, 내년에도 그곳에 있을 것이며, 누구의 눈에도 그렇게 보인다."라고 한 바 있습니다. 로키 산맥이 왜 거기 있는지를 설명하는 일은 지질학자들에게는 흥미롭겠지요. 하지만 우리에게 로키 산맥은 그냥 거기 있는 겁니다.

마찬가지로 경제학은 사람들이 왜 특정한 선호 체계를 갖게 되었느냐는 질문을 던지지 않습니다. 그냥 사람들은 각자 선호 체계를 갖고 있는 것이지요. 그렇게 사람들의 선호는 지금 그대로, 앞으로도 그대로, 안정적일 것이라고 가정합니다. 선호 체계를 주어진 데이터라고 이해하는 것이지요.

하지만 선호 체계는 안정적일까요? 어제 A를 좋아하던 사람이 오늘은 B를 좋아할 수도 있지요. 사람들의 선호는 안정적이지도 않고, 몇몇 기준을 대입해서 보면 그다지 합리적이지도 않습니다. 사람들이 선호를 판단하는 데 굉장한 어려움을 겪는다고도 하고요. 이것이 대부분의 행동 경제학자들이 관심을 갖고 있는 주제입니다. 시중에 나와 있는 행동 경제학 책이 대부분 다루는 주제이기도 하고요. 즉 행동 경제학은 선호 체계를 고민하는 학문입니다. 인간은 얼마나 합리적인가, 인간이 비합리적이라면 이것이 경제 이론을 어떻게 얼마나 변화시키는가 등을 다루지요.

강양구 행동 경제학은 선호 체계가 안정적이지 않다고, 즉 합리적이지 않다고 부정적인 답변을 하는군요.

최정규　그렇지요. 그런데 저는 계속 "내 연구는 그런 것과는 조금 다른데."라고 이야기해 왔습니다. 앞서 말했듯이 제가 선호가 안정적인지 혹은 합리적인지 등을 연구하는 사람은 아니기 때문입니다. 제가 관심을 갖고 있는 문제는 그 선호가 누구를 향하고 있는가입니다.

앞서 이야기한 선호와 관련지어 말하자면, 우리가 선호 체계를 갖고 있다고 할 때 누구의 이익까지를 고려하는지에 관심이 있다는 말입니다. 예를 들어 A와 B라는 두 선택지 중에서 내가 A를 더 선호한다고 할 때 A가 내게 이득이 되기 때문인지, 아니면 A가 상대방에게 또는 내가 속한 집단에 이득이 되기 때문인지 등을 질문할 수 있습니다.

저는 이런 질문의 답을 구하는 데 관심이 있습니다. 이런 질문은 선호가 합리적인가 아닌가 하는 문제와는 또 다르고요. 세일러 등과도 다른 부분입니다.

이명현　말이 나온 김에, 진화 경제학이라는 말을 쓰잖아요. 진화 경제학도 행동 경제학의 바탕이 되나요?

최정규　예를 들어 A가 내게는 손해를 주더라도 다른 사람들에게 이득을 주기 때문에 나는 A와 B 중에서 A를 더 선호한다고 합시다. 그러면 이 선호가 어디에서 왔는지를 궁금해하고, 이 궁금증을 풀려는 시도 중 하나가 진화 경제학이라고 할 수 있겠네요.

강양구　그렇다면 이렇게 정리할 수 있을까요? 행동 경제학은 사람들의 선호 체계가 불안정하고 비합리적이라고 이야기한다면, 최정규 선생님께서는 그 선호 체계가 과거에 어떤 연유로, 어떤 상호 작용을 통해서 등장했는지에 관심을 갖고 이를 추적하고 계신다고요.

최정규　예, 맞습니다. 아주 간단하게 이야기해 볼게요. 합리적인 사람과 비합리적인 사람이 경쟁한다고 가정해 봅시다. 비합리적인 사람은 매일 생각이 바뀌어서 A가 좋은지 B가 좋은지 제대로 판단도 안 되고, 예를 들어 소주보다는 막걸리가 좋고 막걸리보다는 맥주가 좋은데, 맥주보다는 소주가 좋다는 식으로 일관되지도 않는다고 해 봅시다. 이 경우 이 사람의 선호 체계가 일관되려면 소주보다 맥주가 좋아야 했겠지요.

이처럼 만일 소주보다 막걸리가 좋고 막걸리보다 맥주가 좋은데, 맥주보다 소주가 좋다면 셋 중에 뭘 제일 좋아하는지를 알 수 없게 됩니다. 이런 경우를 가리켜 '이행성의 실패'라고 합니다. 비합리성의 전형이지요. 실제로 실험해 보면 상당히 많은 사람이 합리적이지 않은 모습을 보입니다.

이때는 합리적인 사람들과 비합리적인 사람들이 경쟁을 하면 합리적인 사람들에 비해서 비합리적인 사람들이 계속 손해를 봐서 도태되리라는 추측이 가능합니다. 경제학에서 비합리성에 크게 신경을 쓰지 않았던 것은 비합리적인 사람들이 있더라도 어차피 도태되거나 언젠가는 합리성을 학습할 것이라고 생각했기 때문입니다. 스스로 학습할 수 없다면 가르치면 될 일이라고 여겼지요.

그런데 항상 그럴까요? 그렇지 않은 여러 경우를 찾을 수 있습니다. 여기서, 어떤 과정을 겪었기에 비합리성이 사라지지 않았을까 하고 질문을 던진다면 진화 경제학과 행동 경제학을 연결하는 고리가 되리라 봅니다.

강양구 이쯤에서 다시 2017년 노벨 경제학상 이야기로 돌아와 볼까요?

경제학은 과학인가, 과학이 아닌가?

강양구 요즘 들어서 노벨 경제학상을 행동 경제학자들이 자주 받는 듯한 이상한 인상을 받았어요. 2013년에 수상한 로버트 제임스 실러(Robert James Shiller)도 있고, 2002년에 수상한 대니얼 카너먼(Daniel Kahneman)도 있잖아요. 특히 카너먼은 『생각에 관한 생각(*Thinking, Fast and Slow*)』(이창신 옮김, 김영사, 2012년)이라는 책으로 일반 독자들에게 많이 알려졌습니다.

이들이 제가 알던 경제학자들이어서 더욱 그런 인상을 받았는지는 모르겠습니다. 흔히 행동 경제학은 경제학계에서 비주류라지만, 이렇게 노벨상을 많이 받는데 비주류라고 굳이 말할 이유가 있을까 하는 생각도 들어요. 최정규 선생님께서는 어떻게 생각하시나요? 제 인상이 맞는 겁니까? 아니면 이례적인 수상입니까?

흔히 행동 경제학은 경제학계에서 비주류라지만, 이렇게 노벨상을 많이 받는데 비주류라고 굳이 말할 이유가 있을까 하는 생각도 들어요.

최정규　강양구 선생님의 말씀이 맞습니다. 행동 경제학자들이 노벨상을 자주 받고 있습니다. 말씀하신 실러와 카너먼 외에도 엘리너 오스트럼(Elinor Ostrom)이 2009년에 수상했어요. 오스트럼은 특히나 노벨 경제학상을 받은 최초의 여성 정치학자입니다. 상당히 제도주의적이기는 했지만 공유지 관리, 공동체 질서 등에서 인간 본성을 고민했고요. 굳이 따지면 행동 경제학으로 분류할 수 있습니다.

강양구　그러면 세일러는 노벨상을 받은 몇 번째 행동 경제학자인가요?

최정규　1978년에 수상한 허버트 사이먼(Herbert Simon)도 행동 경제학자로 분류하는 경우가 있으니, 다섯 번째로 보시면 되겠습니다.

강양구　최정규 선생님께서는 세일러에게 2017년 노벨 경제학상을 준다는 발표를 듣고서 어떠셨습니까? 받을 만한 사람이 받았다고 생각하셨어요? 아니면 고개를 갸우뚱하셨어요?

최정규   노벨 위원회가 알아서 잘 판단해서 결정하지 않았을까요?

강양구   갑자기 겸손해지셨네요. (웃음) 그렇다면 대가로 꼽히는 행동 경제학자들, 특별히 노벨상을 받을 만한 경제학자들은 다 받았나요?

최정규   아니요. 아직 다 받지는 못했지요. 경제학에는 대가가 아주 많거든요.

강양구   아, 그렇습니까? 어느 분야나 대가는 많습니다. (웃음) 우리나라에도 행동 경제학 연구자가 꽤 많아졌나요?

최정규   이제는 행동 경제학이 경제학이냐 아니냐를 구분 짓기도 뭣합니다. 예를 들어 정재승 교수는 행동 경제학자로서의 모습을 저보다 더 많이 보입니다. 그렇지 않나요?

이명현   맞아요. 선택의 문제도 그렇지요.

김상욱   듣다 보니 심리학이 거의 그렇지요.

강양구   김상욱 선생님께서 정재승 교수의 실험을 두고 "심리학으로 분류될 수도 있겠다."라는 말씀도 하셨지요. (1장 참조)

김상욱   인간을 대상으로 한 과학적 방법의 연구이니까요.

강양구   그런데 심리학과 경제학의 경계가 흐려지고 있잖아요. 그런 연구를 한 공로로 세일러에게 2017년 노벨 경제학상이 돌아갔고요. 이를 염두에 둔다면 점점 학문 사이의 벽들이 허물어지고, 관심사에 따라서 각 연구자의 정체성이 새롭게 규정되는 상황이 올 수도 있겠는데요.

김상욱　그런데 이쯤에서 노벨 경제학상에 대해서 조금 민감한 질문을 최정규 선생님께 드리고 싶어요. 장하준 교수는 종종 "노벨상에 과연 경제학상이 있어야 하는가?"라고 이야기합니다. 노벨상은 원래 과학상이잖아요. 경제학이라는 학문은 상당히 과학적이기는 하지만, 경제학의 과학적인 수준이 물리학 법칙 정도는 아닐 테고 때로는 이론과 해석일 때도 많습니다.

　그런데 경제학에 과학상을 주고 권위를 부여하면 사람들이 경제학자의 말을 무조건 믿는 효과를 낼 수 있지 않을까요? 경제학자의 말 중에서 어떤 것은 옳지 않을 수 있고 단지 경제학자 개인의 믿음이나 신념, 정책일 수도 있습니다. 거기에 과학처럼 객관적이라는 권위를 주는 오류를 범할 수도 있다는 지적이었습니다.

강양구　지금 물리학자가 경제학자를 험담한 것이지요? (웃음)

김상욱　그런 뜻은 아닙니다.

이명현　노벨 문학상도 있고, 노벨 평화상도 있잖아요. 이제는 노벨상이 과학 분야에만 국한되지 않는다는 것은 널리 알려졌을 테니, 그냥 놔둬도 괜찮지 않을까요?

강양구　그렇지만 경제학이 과학인가, 과학이 아닌가를 놓고는 상당히 오랫동안 논쟁을 해 왔지요. 최정규 선생님께서는 과학에도 관심이 있는 경제학자로서 어떻게 생각하십니까?

최정규　장하준 교수는 경제학이 과학이어서는 안 된다고 주장하는 분입니다. 왜 그런 주장을 하는지 생각해 보면, 경제학이 과학이라는 인식 자체가 경제학의 방향을 정하고 틀을 만들기 때문이지요. 인간이 합리적이지 않다는 사실은 경제학자를 제외한 모든 사람이 다 알잖아요. 경제학자들도 모르지는 않습니다. 자신들도 때로는 비합리적으로 행동하니까요. 그럼에도 불구하고 경제학은 방법론 때문에라도 합리적인 개인을 가정해야 한다고 말하곤 합니다.

왜 그럴까 생각해 보면, 근저에는 경제학을 과학화하고 싶은 마음도 있다고 봅니다. 그렇다면 경제학의 과학화가 가져다준 성과와 부작용을 구별해야 할 텐데, 장하준 교수는 부작용을 이야기한 것이라 보시면 됩니다. 사실 경제학자들은 과학자라고 불리면 정말 좋아하거든요.

경제학의 방법론적 체계 자체도, 어떻게 하면 경제학을 과학화할지 연구한 끝에 나왔습니다. 19세기 말에 소위 신고전학파가 등장하면서 이뤄진 경제학의 개념화는 '어떻게 하면 경제학이 물리학에 가장 가깝게 세상을 묘사할 수 있을까?'라거나 '어떻게 하면 경제학이 경제 현상들을 수학적으로 증명할 수 있는 명제로 만들까?'라는 고민을 한 결과였어요. 그러한 시도들 덕분에 나름대로 발전이 있지 않았겠습니까?

강양구　그런데 저는 우리나라에서 최정규 선생님 이후에 《네이처》나 《사이언스》 같은 유명한 과학 저널에 논문을 게재한 경제학자는 더 없는 것으로 압니다. 제가 과문해서인지는 몰라도 얼른 떠오르지가 않는데요.

최정규　저도 남에게 그다지 관심이 없는 편입니다. (웃음) 외국에는 과학 저널에 논문을 게재한 경제학자가 굉장히 많아요. 《사이언스》나 《네이처》 모두 일반적인 과학, 학문을 다루는 저널이거든요.

강양구　그렇다면 과학 저널에 논문을 게재한 우리나라 경제학자의 대표적인 사례로서, 최정규 선생님께서는 경제학이 과학에 좀 더 가까워야 한다고 생각하십니까? 아니면 장하준 교수의 주장처럼 경제학자 스스로 경제학은 과학이 아니라는 정체성을 가져야 한다고 생각하십니까?

최정규　정말 재미없는 대답이기는 한데, 둘 다 필요하다고 생각해요. 과학화한다는 것은 달리 말하자면 옳고 그름이 아니라, 참과 거짓을 판별할 수 있게 만든다는 뜻이지요. 참과 거짓을 가리려면 명제화가 필요하고요.

강양구　즉 가치의 문제가 아니라 사실의 문제에 대해서 이야기할 수 있어야 한다는 말씀이시군요.

최정규　경제학이 과학적으로 사실의 문제를 표명할 방법이 있으리라는 것이지요. 명제화를 한다거나 반증 가능하게 만드는 겁니다.

행동 경제학도 그렇습니다. 통계학에서도 귀무 가설을 놓고 테스트를 하지 않습니까? 귀무 가설이란 처음부터 기각하려고 갖고 있는 가설입니다. 말하자면 행동 경제학의 귀무 가설은 기존의 경제학이 되겠지요. 그렇다면 실험을 통해서 이 귀무 가설이 틀렸음을 입증할 수 있습니다.

이처럼 반증 가능하게 논리를 만드는 것 자체는 나름대로 충분히 의미가 있다고 생각합니다. 그럼에도 불구하고 옳고 그름, 즉 가치의 문제를 어떻게 고려해야 할 것인지는 또 다른 문제라고 생각합니다만. 또한 장하준 교수의 말대로 경제학을 과학화하려는 경향 속에서 경제학이 점점 현실성을 잃고 있다는 지적도 뼈아프게 받아들여야 하는 것이고요.

> 행동 경제학의 귀무 가설은 기존의 경제학이 되겠지요. 그렇다면 실험을 통해서 이 귀무 가설이 틀렸음을 입증할 수 있습니다.

강양구   즉 기존 경제학의 가설들은 참과 거짓을 판별하는 기준을 제공한 것이네요. 행동 경제학은 심리 실험 등의 다양한 방식으로 이 기준을 검증해서, 기존 경제학의 가설이 사실은 틀렸음을 보여 주는 식으로 성장해 왔다는 말씀이시군요.

이제는 행동을 볼 때가 되었다

강양구   앞에서 노벨상을 수상한 행동 경제학자가 다섯 명이라는 말씀을 하셨지요. 그만큼 오늘날 행동 경제학에 많은 관심이 쏠리고 있습니다. 어떻습니까? 여기에는 이유가 있을까요?

최정규   제가 최근 들어서 경제학 중에서 행동 경제학이 부각되는 이유가 무엇일지를 생각해 봤습니다. 경제학이라 하면 미시 경제학도 있고 거시 경제학도 있으며 그 외에도 굉장히 많은 분야가 있습니다. 그중에서 행동 경제학은 선호를 문제 삼고요.

앞에서도 잠시 이야기했습니다만 경제학자들이 선호를 문제 삼지 않는다는 말은 무슨 뜻일까요? 저는 두 가지로 봅니다. 예를 들어 A와 B라는 선택지 중 A가 더 좋아서 A를 선택하기로 합니다. 이때 행동 경제학에서는 이 사람이 왜 A를 더 좋아하는지 고민합니다. 그런데 경제학에서는 그런 질문을 하지 않습니다. A를 좋아하는 것을 그냥 출발점으로 삼는 것이지요.

이는 사람들의 선택을 그대로 받아들이면 된다는 말로도 이해할 수 있습니다. 당신의 선택은 그냥 당신의 선택일 뿐이며, 그 자체로 받아들여야 하는 것이라는 이야기입니다. 과장된 해석일지도 모르지만 경제학자들은 좋은 선호와 나쁜 선호를 구분하지 않습니다. 어쩌면 자유주의적인 이야기일 수도 있는데, 사람이 어떤 선택을 하더라도 선과 악, 옳고 그름을 판단하지 않고 선택 자체를 받아들인다는 뜻입니다.

이때 자연스레 다음과 같은 의문이 생깁니다. "A가 바람직하지 않은 선택 대안이라도 그대로 받아들여야 하나? 그러면 사회가 제대로 유지될까?" 경제학자라면 이 질문에 이렇게 대답할 것 같습니다. "사람들이 나쁜 대안을 선택하려 해도, 즉 사람들이 나쁜 선호를 가지더라도 좋은 결과를 내는 제도를 고민해 보자. 사람들을 좋게 만들어서 좋은 결과를 만드는 것이 아니라, 사람들이 나쁘더라도 좋은 결과를 내려면 제도를 어떻게 만들어야 하는지를 고민해 보자."라고 말입니다.

강양구 그러한 제도로서 경제학자들은 시장을 이야기한 것이고요.

최정규 그렇습니다. 자신만 알고 남 생각은 전혀 안 하는 다양한 사람들로 가득 찬 사회에서 좋은 결과를 내는 방법과 메커니즘, 제도는 무엇일까요? 이것이야말로 경제학의 근본 질문이라고 할 수 있겠습니다. 경제학자들이 말하는 경쟁이나 시장은 바로 그러한 질문에 대한 답 같아요. 시장이라는 제도는 아주 악한 사람들로만 가득 찬 사회에서도 좋은 결과를 낼 수 있는 메커니즘이라는 겁니다. 그런데 이제는 제도가 아니라 행동을 볼 때가 되었다는 말이 들립니다. 이것이 행동 경제학의 메시지인데요.

예전에는 이타적인 사람들이 있건, 이기적인 사람들이 있건 제도만 잘 짜면 결과도 잘 나오리라고 생각했습니다. 그러니 인간 본성에 의존하지 않게 제도를 짜 보자면서 사람들을 이기적이라고 가정했습니다. 이기적인 사람들로만 가득 찬 세상에서도 좋은 결과를 만들어 내는 제도를 고안할 수 있다면, 그것이야말로 본성에 의존하지 않고도 잘 작동하는 제도일 테니까요. 여기까지는 좋습니다.

그런데 문제가 생깁니다. 고민 끝에 제도를 짰더니 좀 이상한 결과가 나오더라는 겁니다. 즉 사람들을 도덕 감정이 없고 이기적이라고 가정하고 제도를 짜서 운영했더니 도덕 감정이 있던, 그렇게까지 이기적이지는 않던 사람들까지도 이제는 대놓고 이기적으로 행동하게 되더라는 겁니다.

그 까닭에 오히려 제도를 운영하기가 더 어려워진 사례가 나옵니다. 예를 들어 자꾸 약속 시간보다 늦게 오는 사람들을 제때 오게 하려고 벌금을 매깁니다. 이미 많이 알려진 사례이지요? 사람들이 금전적인 유인에 아주 적절하게 반응하리라는 추측에 근거한 제도입니다. 돈이 중요하다는 것은 누구나 알 테지요. 벌금 제도를 도입하면 벌금 내기 아까워서라도 사람들이 제때 올 것이라

> 사람들을 이기적이라고 가정하고 제도를 운영했더니, 이기적이지 않던 사람들까지도 대놓고 이기적으로 행동하게 되더라는 겁니다.

고 추측할 수 있습니다. 벌금 제도야말로 본성에 의존하지 않는, 다시 말해 이기적인 사람만 있어도 좋은 결과가 나오게 만드는 대표적인 예입니다.

그래서 벌금 제도를 도입했더니 실제로는 사람들이 더 늦게 옵니다. 제도가 사람의 행동을 고려하지 않아서 실패한 겁니다. 그래서 사람의 행동도 같이 봐야 한다는 문제 의식이 생겼어요.

제도가 작동한다는 것은 사람들이 제도에 체계적으로 반응한다는 뜻이잖아요. 그것을 노리고 제도를 만들었더니 사람들이 기대와는 전혀 다르게 반응합니다. 사람들이 제도에 수동적으로 반응하는 존재가 아니라는 뜻입니다. 사람들은 다양한 선호를 갖고 있습니다. 또한 어떤 사람은 강제나 유인이 있어야 바람직한 방향으로 행동하지만, 어떤 사람은 그런 것이 없더라도 양심과 도덕에 따라 바람직한 행동을 합니다. 그런데 양심과 노력이 없는 사람을 전제로 제도를 고안하면 정말로 양심과 도덕 없는 사람들로 변한다는 것이, 사람은 이기적 존재라는 가정에 대해서 다시 한번 되돌아보는 계기가 되지 않았나 싶습니다.

이명현 즉 제도에 본성을 반영해야 한다는 말씀이시지요?

최정규　간단히 말하자면 본성에 대한 고민 없이 제도만으로 사회를 좋게 만 든다는 발상은 근대 자유주의의 유토피아 같은 것이라는 이야기입니다.

강양구　사람은 '빈 서판'이기 때문에, 세련되게 짠 제도 안에 사람들을 넣고 교육해서(교육도 제도의 일종이니까요.)이 빈 서판의 백지 상태를 잘 채워 넣으면 이상적으로 굴러가리라는 것이잖아요?

최정규　심지어는 비어 있지 않고 아주 나쁜 것들로만 채워진 서판이라도 제 도만 잘 만들면, 제도에 따라 사람들이 움직이리라는 것이지요. 그런데 이제는 '사람들은 무엇으로 자신들의 빈 서판을 채워 나가는가?'라든가, '사람들은 다 른 사람들의 빈 서판에 무엇이 적혀 있는지 궁금해하는가?' 같은 질문들이 제 도를 짜는 데 중요해집니다.

강양구　그렇다면 현재 경제학이 행동 경제학을 주목하는 것도 거창하게는 근 대 계몽주의의 한계에 대한 성찰과도 연결해서 생각할 수 있겠네요. 또 인간 본 성이나 인간 행동, 사회 조직에 대한 진화 생물학의 관심과도 연결할 수 있겠고 요. 또 인간 본성의 중요성이 부각되는 현재의 흐름과도 맞닿아 있다고 생각할 수 있겠네요.
　지금까지 행동 경제학을 비롯한 경제학이 과학과 어떤 관계를 맺는지를 쭉 이야기했는데요. 즉 과학의, 거칠게나마 이름을 붙이자면 '인간 과학'의 여러 성 과들과 경제학은 긴밀하게 상호 작용을 하고 있는 것이지요?

최정규　사실은 과학이 뭔지 모르겠어요. 앞에서 한 이야기로 돌아가 볼까요? 경제학은 과학이 되려고 했기 때문에 본성을 놓쳤잖아요. 그런데 다른 한편으 로는 본성을 보자고 하는 것이 과학적이라고 말하기도 하고요.
　그래서 경제학과 심리학이 서로 엇갈린 이유가 있지요. 심리학은 사람이 왜,

어떤 과정을 거쳐서 선택하고 판단하는지를 봐야 한다고 이야기한 데 반해, 경제학은 사람이 아니라 제도를 봐야 한다고 이야기해 왔거든요. 계속 서로 다른 쪽을 봤던 것 같습니다. 그래서 2017년 노벨 경제학상을 주면서 노벨 위원회가 세일러의 공헌 중 하나로 경제학과 심리학을 통합했다고 명시했던 것 같아요. 실제로 세일러의 논문 중 절반 이상은 심리학자들과 함께 쓴 것이기도 하고요.

김상욱　그렇다면 경제학은 과학이 아니라는 말보다는, 경제학이 과학이 되려는 방향으로 들어서고 있다고 볼 수 있을까요?

최정규　과학의 정의를 뭐라고 내리느냐에 따라서 다르겠지요. 이 이야기에 동의하실지는 모르겠지만 굳이 도식적으로 말해 보자면 물리학에서 탈피해서 생물학 혹은 심리학으로 가고 있다고 봅니다.

맥락 설계의 경제학, 넛지

강양구　요즘 물리학계, 특히 복잡계 연구의 여러 아이디어를 통해서 사회 현상이나 흐름을 예측하거나 조망할 수 있다고 생각하는 복잡계 연구자들이 '사회 물리학' 이야기를 합니다. 사회 물리학은 사회 구성원을 일종의 '원자'로 보면서, 이들이 어떤 흐름에 휩쓸려서 이루는 패턴에 관심을 갖는다고 합니다. 그런데 이것이 과거 경제학의 방법론과 겹치지 않나 하는 생각이 들더라고요. 최정규 선생님께서는 어떻게 생각하십니까? 사회 물리학에 관심을 갖고 계신가요?

최정규　경제학이 경제에 대한 학문이라고 본다면 경제 물리학도 경제학이겠지요. 그런데 경제학을 특정한 방법론이라고 본다면(앞에서 장하준 교수가 비판한 지점이지요. 경제학을 방법론으로 보기 때문에 경제학을 과학화하려 한다는 겁니다.) 경제 물리학은 경제학과는 방법론이 다른 분야 같습니다. 말하자면 경제 물리학은 경제학의 방법론을 따르지 않으면서 경제를 묘사하고 분석하는 분야이지 않을까 생각해요.

이명현　　임계점의 문제로 볼 수 있지 않을까요? 사회 물리학은 패턴을 찾습니다. 임계점을 넘어서 개별적인 원자와는 상관없이 나타나는 전체적인 패턴을 보는 것이 사회 물리학 연구잖아요. 마찬가지로 미시 경제학과 거시 경제학으로 나뉘는 경제학도 전체적인 패턴은 사회 물리학에서, 미시적인 개인 수준은 진화 생물학에서 따로 분석할 수 있지 않을까요? 두 수준에서의 연구가 같이 가면 되니까요. 임계점을 넘어서지 않았다면 전체적인 패턴이 나타나지 않을 것이고요.

강양구　　크게 변화하는 와중이어도, 그 시기가 지나서야 '여러 변화가 있었구나.' 하고 뒤늦게 깨닫기 마련이지요. 변화의 중심에서는 변화를 인지하지 못하고요. 말씀을 듣고 보니 경제학이나 심리학이나, 현재는 인간과 관련된 다양한 학문들이 급변하는 시기인지도 모르겠다는 생각이 듭니다.

그런 변화의 징후가 경제학에서는 행동 경제학이 아닐까 싶습니다. 경제학도 역사가 꽤 되었지요? 근대 자유주의의 역사와 함께해 왔으니까요.

이명현　　이미 소비자 심리학이나 소비자 경제학은 인간 본성이 얼마나 중요한지 알고서 그것으로 떼돈을 벌었잖아요. 과거에는 이들을 얕잡아 봤지만, 지금은 포용하는 입장으로 바뀌는 것이 아닌가 생각합니다.

강양구　　과학적 연구가 기업의 경제 활동에 적용된 사례를 갖고서는 정재승 교수와 앞에서 이야기를 나눈 바 있지요. (1장 참조) 정재승 교수는 뭔가를 선호하고 선택할 때 뇌에서 어떤 일이 일어나는지에 관심을 갖잖아요. 앞으로 이런 뇌과학 연구가 경제학과도 결합해서 새로운 분야를 개척하거나 기존의 분야를 혁신할 가능성이 있을까요?

최정규   그런 것이 신경 경제학일 텐데, 관련 연구자들도 많지요. 다만 돈이 많이 드는 연구라서 경제학자들이 받는 연구비로는 감당하기 어렵습니다.

이명현   MRI 같은 기계를 써야 한다고 요청하면 연구비를 더 많이 받는 데 도움이 되지 않을까요? (웃음) 공동 연구를 하는 방법도 있겠네요. 소비자 심리학 연구자들은 의과 대학과 공동 연구를 많이 하더라고요.

김상욱   이러한 연구도 결국은 정책으로 연결되어야 성과를 얻지 않나요?

최정규   그럼요. 앞에서 세일러의 책 『넛지』도 말씀하셨는데, 이 책이야말로 행동 경제학을 완전히 독립된 한 분야로 만든 모범적인 사례 같아요. '그래, 행동 경제학 연구 멋지고 충분히 흥미롭다. 그런데 그래서 어쩌라고?'라는 질문을 행동 경제학자들은 끊임없이 받아 왔거든요. 이 질문에 대답을 하는 책이 바로 『넛지』로 보입니다.

강양구   안 그래도 이 책에 대해서 여쭈려던 참이었어요.

최정규   이 책은 재미도 있지만, 더 나아가 행동 경제학의 관점에서 정책을 완전히 바꿔야 한다고 제안하기도 합니다. 예전에는 사람들을 합리적이라고 전제하고 정책을 짜면서 '사람들은 이렇게 반응할걸.' 하고 예상했습니다. 그런데 실제로 사람들은 그렇게 합리적으로 반응하지 않았지요. 사람들은 비합리적이니까요. 이 책은 사람들의 비합리성을 교정하려 들지 말고, 체계적으로 비합리성이 나타난다면 이를 역이용해 보자는 아이디어라고 할 수 있습니다.

넛지는 제도를 설계한다고 하지 않고 "맥락을 설계한다."라고 이야기합니다. 구체적으로 어떤 인센티브를 도입하자는 것이 아니라, 사람들이 현 상황을 해석하는 데 영향을 미치게끔 맥락을 건드리자는 겁니다. 또 사람들이 체계적으로 비합리적이라는 특성을 고려해 맥락을 설계하면서 사람들의 행동을 바람직한 방향으로 유도할 수 있으리라는 생각이 이 책의 주요 내용입니다.

예를 들어 식탁 위에 여러 종류의 요리를 배열해 놓고, 사람들이 원하는 것을 골라서 식사를 하도록 한다고 합시다. 사람들이 합리적이라면 여기에 차려진 모든 요리의 정보를 확인하겠지요. 여기에는 무엇이, 저기에는 무엇이 놓여 있는지, 나는 무엇을 좋아하는지를 확인하면 자신이 원하는 음식을 골라 식사를 할 겁니다.

이때 요리의 배열을 바꾸면 사람들의 선택이 달라질까요? 합리적인 사람들이라면 음식의 배열을 바꾼다 해서 다른 선택을 하지는 않을 겁니다. "엄마가 좋아, 아빠가 좋아?"라고 물을 때의 선택과, 순서를 바꿔 "아빠가 좋아, 엄마가 좋아?"라고 물을 때의 선택이 달라질 리 없잖아요. 이와 같은 이치이지요. 합리적인 사람이라면 자신이 먹고 싶은 요리의 위치를 새로 확인해서 그쪽으로 젓가락을 뻗을 겁니다.

그런데 배열이 달라진다고 사람들이 다른 선택을 한다면, 비합리적인 일 아니겠어요? "엄마가 좋아, 아빠가 좋아?"라고 물어보니 엄마가 좋다고 대답하면서, "아빠가 좋아, 엄마가 좋아?"라고 물어보니 아빠가 좋다고 대답하는 상황이잖아요. 뭔가 이상한 일 아니겠어요? 그런데 『넛지』의 서문에 나오는 예에 따르면 음식을 다르게 배열하는 것만으로도 사람들의 선택에 변화를 줄 수 있더라는 겁니다.

"엄마가 좋아, 아빠가 좋아?"라고 물어보니 엄마가 좋다고 대답하면서, "아빠가 좋아, 엄마가 좋아?"라고 물어보니 아빠가 좋다고 대답하는 상황이잖아요.

이는 이른바 정책적인 관점에서도 매우 중요합니다. 가령 '이 음식은 건강에 안 좋으니까 만들지 않겠다.'라면서 아예 식탁에 올리지 않는 식으로 사람들의 선택지를 제한하지 않고도, 다른 방법을 제안할 수도 있거든요.

강양구　그렇겠네요. 사람들의 눈에 잘 띄는 자리에 건강한 메뉴를 놓고, 사람들의 눈에 안 띄는 자리에 건강하지 않은 메뉴를 놓을 수도 있겠어요.

최정규　예. 그렇게만 해도 사람들이 더 건강한 메뉴를 선택하게끔 유도할 수 있다는 이야기입니다. 이런 일은 현실적으로 굉장히 많습니다.

　또 다른 예를 들어 보겠습니다. 한 회사에 퇴직 후 받는 연금 보험 체계가 갖춰져 있는데, 이 보험금의 일부를 개인이 일정 비율로 적립한다고 합시다. 이때 미가입 상태를 기본 값으로 놓고 "가입할래?" 하고 안내하는 경우와, 일단 모두 가입시킨 다음 "누구든 개인 적립이 싫은 사람은 해지해도 된다."라고 안내하는 경우가 있습니다.

　두 경우 모두 보험을 들지 말지를 결정한다는 점에서는 같아요. 보험에 가입하고 싶은 사람은, 가입되지 않은 것이 기본 값이라면 새로 가입하고, 가입되어 있는 것이 기본 값이라면 그냥 내버려두면 됩니다. 그런데 두 경우가 사람들에게 다른 효과를 낸다면 바람직한 결과라고 생각하는 방향을 기본 값으로 하면 되겠지요. 그러면 굳이 들라거나 들지 말라고도 하지 않으면서, 맥락을 변화시키는 것만으로 사람들이 바람직한 방향으로 선택하게끔 유도할 수 있습니다.

강양구　이런 것은 어떨까요? 유럽 각국 국민의 장기 기증자 비율을 조사한 적이 있다고 합니다. 그런데 장기 기증자 비율이 12퍼센트와 99퍼센트로 극단적인 차이가 나는 두 나라가 있습니다. 어디일까요? 전자는 독일이고, 후자는 오스트리아입니다. 알다시피 독일과 오스트리아 국민은 인종과 문화에서 큰 차이가 없어요. 그렇다면 이 차이는 어디서 비롯되었을까요?

　알고 보니, 오스트리아에서는 기본 선택지가 사후에 '장기 기증자가 되겠다.'라는 것이었던 반면에 독일에서는 '장기 기증자가 되지 않겠다.'라는 것이었요. 기본 선택지의 차이가 장기 기증자 비율을 12퍼센트에서 99.9퍼센트로 높였던 것이지요. 오스트리아 사람이 '장기 기증자가 되겠다.'라는 기본 선택지를 거부하려면 번거로운 절차를 거쳐야 했을 테니까요.

오스트리아와 독일에서 나타난 이런 결과는 유럽 전체에서도 그대로 나타났어요. 높은 장기 기증률을 보인 나라는 모두 '장기 기증자가 되겠다.'라는 기본 선택지에 반대 의사를 따로 표명해야 하는 번거로운 절차를 채택하고 있었습니다. 이런 사례를 보면, 기본 선택지만 '장기 기증자가 되겠다.'로 해 놓으면 장기 기증률을 획기적으로 높여서 여러 생명을 구할 수도 있습니다.

최정규　이렇듯 정책의 기본이 되는 발견을 행동 경제학이 하고 있습니다. 만일 사람들이 합리적이라면 기본 값이 무엇이든 최적의 결과를 낼 테지만, 실제로 사람들은 어디서 출발하는지에 따라 다른 결과를 냅니다. 이를 정박 효과(anchoring effect)라고 불러요. 사람들이 보험에 많이 가입하는 편이 더 바람직하다고 판단될 때는 보험 가입을 기본 값으로 설정해 놓으면 됩니다. 추가 비용 없이 보험을 해지할 수 있어도 사람들은 잘 안 하기 때문입니다. 뭘 하거나 하지 못하도록 강제하지 않더라도, 즉 선택의 자유를 그대로 보장하더라도 선택을 바람직한 방향으로 유도할 수 있습니다. 특히 이를 입증한 것이 세일러가 해 온 연구의 출발점이었던 듯합니다.

경제학자들은 무임 승차를 사랑해?

강양구　이번에는 2017년 노벨 경제학상을 받은 행동 경제학이 최근에 어디에 관심을 가지고 있는지, 주목할 만한 트렌드가 있는지도 확인해 보겠습니다. 최정규 선생님께서 보시기에 흥미로운 연구, 눈에 띄는 연구, 아니면 최근 행동 경제학에서 주목할 만한 성과가 있는지요?

최정규　구체적인 성과는 저도 잘 모르겠으나, 행동 경제학이 많은 분야로 확산되고 있는 것 같습니다. 마케팅 분야에서는 예전부터 행동 경제학이 강세였지요. 행동 경제학은 정책학에서도 중요한 역할을 하고 있고, 세일러와 함께 『넛지』를 쓴 미국의 법학자 캐스 선스타인(Cass R. Sunstein)이 보여 주듯이 법학에서도 영향력이 큽니다. 또한 자산 시장 분석이나 금융 시장 분석에서 행동 경제학에 기반을 두고 주식 시장의 패턴을 찾으려는 시도도 많고요. 그렇게 보면 행동 경제학의 역사는 아주 오래된 것 같아요.

강양구　선스타인은 시카고 대학교 법학 대학 교수였다가 현재는 하버드 대학교 로스쿨 교수로 있지요. 시카고 대학교에서 세일러와 함께 재직하면서 넛지를 구상하는 데에 큰 도움을 주기도 했습니다. 또 그가 쓴 책이 국내에 많이 번역되었을 정도로 상당히 재주꾼이잖아요. 공공 정책에 어떻게 행동 경제학의 아이디어를 적용할지 평소에 많이 고민한 것으로 알고 있습니다.

그렇다면 최정규 선생님께서는 어떤 주제에 관심을 갖고 연구하고 계신지 많은 분께서 궁금해하실 것 같습니다. 또 저희가 시점을 맞추려 한 것은 아닌데, 녹음을 하는 시점으로부터 딱 10년 전인 2007년에 최정규 선생님께서《사이언스》에 논문을 게재하셨잖아요.

최정규　《사이언스》논문 게재 10주년, 최정규는 그동안 뭘 했는가?

이명현　또《사이언스》에 논문을 게재할 것인가? (웃음)

강양구　10년 동안 어떤 연구를 하셨는지 궁금합니다.

최정규　그간 행동 실험 연구를 해 왔습니다. 물리학자들이 진공 상태에서 실험하는 것처럼, 경제학자들도 일종의 '제도적·문화적 진공 상태'에서 실험을 하곤 합니다. 즉 제도적·문화적 배경을 다 내려놓은 중립 상태에서 중립화된 언어를 써서 사람들의 행동을 분석해 보는 겁니다. 예를 들어 사람들이 얼마나 이기적으로 행동하는지, 이타적으로 행동하는지, 어떤 제도적인 조건에서 이기적으로 행동하는지 등을 실제로 실험합니다. 행동 경제학이 등장한 후에 굉장히 일반화된 연구 방식입니다.

강양구　그것이 심리학 실험에서 가져온 노하우 중 하나잖아요.

최정규　예. 이쯤에서 재미있는 연구를 하나를 소개해야겠네요. 실험 연구를 하면서 누구나 당연하게 여기고 그렇게 믿게끔 굳어진 현상 하나가 있습니다. 예를 들어 죄수의 딜레마 실험을 하거나 공공재 게임(공공재 게임은 죄수의 딜레마 게임과 동일하지만, 3인 이상이 한꺼번에 참여하는 게임이라고 볼 수 있습니다.)을 할 때 사람들은 자신의 몫 중에서 절반 정도를 자신을 위해, 나머지 절반 정도를 약간 손해 보더라도 남을 위해 쓰곤 합니다. 실험 참가자 중 20퍼센트 정도는 그야말로 자신의 몫 전체를 자신만을 위해 쓰고요. 이것이 대부분의 실험 결과에서 나타나는 정형화된 패턴인 것 같습니다.

강양구　저도 그것이 참 흥미로웠어요.

최정규　사회 과학에 본격적으로 실험 연구가 도입된 것은 1980년대였습니다. 당시 1세대 연구자인 위스콘신 대학교 사회학과의 제럴드 마웰(Gerald Marwell)과 루스 에임스(Ruth E. Ames)가 공공재 게임을 해 봤는데, 막상 사람들이 이기적으로 행동하지 않더라는 결과를 얻었다고 합니다. 오히려 자신에게 손해를 줄 일인데도 상대방에게 이득이 되면 한다는 결과가 실험실에서 나타난 것이지요. 물론 지금에야 이러한 결과가 일반적이라는 것은 잘 알려져 있었지만, 그때까지만 해도 그 결과가 "놀라운" 것이었나 봅니다.

이 실험 결과를 주변의 경제학자들에게 보여 줬더니 "실험이 잘못되었을 거야, 그럴 리가 없어."라는 식의 반응을 보인 모양입니다. 그래서 두 연구자는 논문을 쓰면서 '좀 더 견고하게 결과를 확인해 봐야겠다.'라고 생각했습니다. 계속 실험을 하면서 여러 통제를 해 봤어요. 주는 돈을 2배로 올려 보기도 하고, 실험 경험자를 대상으로 실험을 다시 해 보기도 하는 등 여러 통제를 했지만, 결과는 이전과 비슷하게 나왔다고 합니다. 사람들은 자신의 몫을 절반 정도만 자신을 위해 쓰고, 나머지 절반 정도를 타인을 위해 쓰더라는 것이지요.

그렇게 이런저런 통제 조건에서 실험을 반복하다가, 12번째쯤에 이르자 한 집단에서 드디어 사람들이 거의 모두 이기적인 행동을 하는 결과를 얻었다고 합니다. 그 집단이 어디였냐면, 바로 위스콘신 대학교 경제학과 대학원생 집단이었다고 합니다.

강양구　즉 대학생을 상대로 한 실험에서 보통은 경제학자들이 이해할 수 없을 정도로 이타적인 행동을 하는 사람들이 최소한 과반수는 되었지만, 경제학과 대학원생들만 모아서 실험했더니 전형적으로 이기적인 결과를 보여 줬군요.

최정규　예. 이 결과를 토대로 마웰과 에임스가 쓴 논문 제목이 뭐였냐면 「경제학자들은 무임 승차를 한다. 다른 사람들도 그럴까?(Economists free ride, does anyone else?)」였거든요. 그 후로는 실험 논문을 발표할 때 실제로 피실험자 중에 경제학과 소속이 몇 명인지도 밝히는 경우도 많아졌습니다.

경제학이 사람을 이기적으로 만드는지는 모르겠으나

김상묵　신기하네요. 경제학 전공자들이 유달리 그렇게 행동하는 이유가 있을까요?

최정규 그래서 '경제학 하는 사람들은 왜 이렇게 행동할까?'라면서 심각하게 논의를 주고받기도 했습니다. 그중에는 경제학 자체가 주로 이기적인 개인을 기초로 모형을 만들기 때문에, 이기적이지 않던 개인도 4년 정도 경제학과에서 경제학을 공부하다 보면 이기적으로 학습된다는 이야기도 있었어요. 이를 학습 가설이라고 합니다.

경제학과 대학원생들만 모아서 실험했더니 전형적으로 이기적인 결과를 보여 줬군요.

강양구 최정규 선생님께서 실제로 보시기에는 어떻습니까? 수업을 듣는 학생들이나 경제학자들이 실제로 그런 것 같나요?

최정규 실제로 그렇게 뚜렷하게 나타나지는 않는 것 같습니다. 경제학을 몇 과목 들었는지에 따라서, 혹은 몇 학년인지에 따라서 개인마다 이기적인 정도에 차이가 크지는 않았거든요.

두 번째 가능한 가설은 자기 선택(self-selection)입니다. '이기적인 사람들이 경제학과로 온다.'라는 주장입니다. 아무튼 '경제학 전공자들이 다른 사람들에 비해 이기적으로 행동할까?'는 이후에도 실제로 논쟁거리가 되었습니다.

저도 이 주장이 맞는지를 경제학과 학생들만 모아서 실험해 봤어요. 보통의 경우라면 실험 참가자에게 토큰 20개를 주고서 자신을 위해서, 혹은 타인을 위해서 어떻게 배분할 것인지를 결정하라는 실험을 하면, 평균적으로 10개를 이타적인 목적으로 기여한다는 결과가 나옵니다. 그런데 경제학과 학생들만 모아서 실험했더니, 이들은 평균적으로 토큰을 5~6개 정도만 기여한다는 결과가 나왔습니다. 게다가 실험을 반복하다 보니 나중에는 기여 개수가 0으로 수렴해 버리더라고요. 앞서 학자들이 발견한 경제학 전공자들의 무임 승차가 그대로 확인된 셈입니다.

그래서 경제학 전공자들만 모아서 실험할 때 이들의 행동과, 전공에 상관없이 120명 정도를 무작위로 모아서 실험할 때 120명에 포함된 경제학 전공자들의 행동을 비교해 봤습니다. 즉 무작위로 모은 120명 중에도 경제학 전공자가 18명 정도 있었는데, 이 18명의 행동을 추려 낸 다음에 경제학 전공자들만 모여서 실험한 결과와 비교해 봤다는 뜻입니다.

그 결과가 재미있어요. 실험에 참가한 보통의 학생들은 일반적으로 자신의 토큰 20개 중에서 10개 정도를 기여합니다. 실험을 반복하면서 시간이 지나면, 기여하는 토큰이 10개에서 8개로 약간 감소하는 추세가 나옵니다. 그런데 무작위로 모은 120명 중 경제학과 학생들의 데이터는 조금 달라요. 이들은 처음에는 경제학과 학생들만 모아서 한 실험과 똑같이 토큰 5~6개밖에 기여를 하지 않았고요. 그런데 게임이 반복되면서 점점 다른 사람들이 어떻게 행동하는지를 알게 되거든요.

강양구   약간씩 늘어나는군요?

최정규   예, 맞습니다. 이후 반복하는 과정에서 기여하는 토큰의 개수를 다른 학생들만큼 올리더라는 것이지요. 상대방의 수준만큼 기여도를 올리는 현상을 발견했습니다.

기존 실험에서 경제학과 학생들이 특별히 이기적으로 행동하는 것처럼 드러난 데는 경제학과 학생끼리 모아 놓았다는 이유도 있는 것 같습니다. 경제학이 사람을 이기적으로 만드는지는 잘 모르겠으나, 사람들이 이기적이라고 생각하게는 만드는 것 같아요. 누구나, 경제학 전공자이든 비전공자이든 상관없이 어느 정도는 타인을 위해서 행동할 준비가 되어 있는 듯합니다. 그런데 무조건적으로 타인을 위하지는 않아요. 조건적으로 다른 사람들도 타인을 위해 행동한다면 나도 타인을 위해 행동하겠다는 것 같습니다. 따라서 다른 사람들의 행동이 이타적으로 보이면 자신도 이타적으로 행동하지만, 다른 사람들의 행동이 이기적으로 보이면 굳이 그들을 위해 이타적으로 행동할 생각은 없는 겁니다.

그래서 일단 처음에는 다른 사람들이 어떻게 나올지 모르니, 나른 사람들의 행동이 어떠리라 예상하고 그에 따라 행동하는 것 같습니다. 보통 학생들은 20개 중 10개 정도를, 경제학 전공자들은 20개 중 5~6개 정도를 기여하는 것으로 나타난 결과를 보면, 경제학 전공자들은 보통 학생들에 비해 다른 사람들이 이기적으로 행동하리라 예상하는 것 같아요. 경제학 전공자끼리 모아 놓으면 다들 다른 사람들이 이기적으로 행동할 것이라는 예상하에 적게 기부하기로 결정할 테니 결국은 그 예상이 맞았음을 확인하게 되고, 경제학 전공자가 다른 전공자들과 모여 있으면 그 예상이 틀렸음을 확인하게 되는 셈이지요.

즉 우리가 말하는 경제학 전공자들의 무임 승차는 경제학 전공자가 다른 학생들에 비해 더 이기적이어서 일어나는 것은 아닌 듯하더라는 것이 제가 얻은 결론입니다. 오히려 다른 학생들에 비해서 타인이 이기적이라고 예상하는 정도가 더 높아서 그런 것으로 보여요. 다른 학생들이 예상보다 이기적이지 않음을 확인하는 순간 경제학 전공자들 또한 자신의 기여 수준을 높인다는 결과가 이 점을 확인시켜 줍니다.

사람들은 게임을 하기 전부터 상대방이 어떻게 행동할지를 끊임없이 궁금해합니다. 하지만 상대가 실제로 어떻게 행동할지 모르잖아요. 그래서 보통 사람들은 이 정도로 협력하리라고 예측한 다음 그에 걸맞게 행동합니다. 그렇게 나온 결과가 예측과 비슷하다면 내가 협력한 정도를 유지하고요. 그런데 경제학과 학생들이 상대방의 협력을 예측하는 정도는 다른 사람들에 비해 확실히 낮은 것 같다는 말입니다. 경제학과 학생들끼리 모여 있을 때는 예측대로 결과가 나오기 때문에 기대가 강화됩니다. 하지만 다른 사람들과 섞여 있는 실험 결과에서는 자신만 나쁜 놈이 됩니다. 그래서 '사람들은 내가 생각한 것보다 협력적이구나.'라고 생각하게 됩니다.

이 실험은 다른 사람들에 대한 기대가 얼마나 중요한지를 잘 보여 줍니다. 그

동안은 '사람들이 협력적이냐, 아니냐?'를 놓고 많이 이야기했지요. 하지만 그것만큼 중요한 질문이 '사람들이 상대방을 협력적이라고 생각하느냐, 그렇지 않다고 생각하느냐?' 같습니다.

강양구   사회에서 신뢰가 중요한 이유와도 연결할 수 있겠네요.

최정규   맞습니다. 신뢰가 상황을 크게 변화시킬 수 있을 것 같아요.

내가 한 일을 모두가 알게끔

강양구   제가 듣기에는 최정규 선생님의 연구가 상당히 고무적인데요? 보통은 이기적인 사람들과 이타적인 사람들이 한 집단 안에 섞여 있으면, 이타적인 사람들이 도태되고 이기적인 사람들만 생존할 가능성이 더 높다고 여겨지잖아요. 그런데 최정규 선생님의 실험에서는 서로가 어떨 것이라고 기대하면서 행동하고, 또 그 행동의 결과를 보면서 '내가 이렇게 이기적으로 행동하면 안 되겠구나.'라고 사람들이 반성합니다. 예상만 긍정적으로 바뀌어도 결과가 긍정적으로 바뀌어 갈 수 있다는 이야기 아닐까요?

최정규   그렇지요. 제도를 설계할 때도 마찬가지입니다. 예를 들어 분리 수거 제도를 설계한다고 합시다. 분리 수거는 옳은 일이지만 사람들이 귀찮아합니다. 귀찮은 일은 그것이 옳건 그르건 사람들이 안 한다고 전제한다면, 유일하게 남은 방법은 분리 수거를 하지 않을 때 비용이 들도록 만드는 것뿐이겠지요. 말하자면 벌금 제도를 설계하고 도입하는 겁니다.

이때 제도는 사람들의 특정 행동에 비용을 부과함으로써 그 행동을 바꾸도록 유도합니다. 즉 사람들의 이기심을 자극해서 행동을 유도하는 겁니다. 하지 말아야 하는 행동을 안 하게끔 벌금을 매기고, 하면 좋은 행동을 더 하게끔 보조금을 주는 것이 제도의 기본적인 틀입니다.

그런데 다른 방식으로도 제도를 생각해 볼 수 있습니다. 앞에서 말씀드린 실험 결과를 응용해 보자면, 당신이 환경에 신경을 쓰고 있는데 당신 말고도 세상에는 당신과 비슷한 생각을 하는 사람이 많다는 것을 보여 줄 수 있어요. 당신 말고도 세상에는 다른 사람을 위하려는 사람들이 실제로 많다는 것을 확인시켜 주는 겁니다. 그것이 사람을 변화하게 할 수 있어요. 간단한 이야기는 아니겠지만요.

강양구　분리 수거는 귀찮기는 하지만, 다른 사람들도 귀찮아하면서도 잘 한다는 점을 보여 줄 수도 있겠네요.

최정규　그래서 공시성이 중요해집니다. 예를 들어 미국은 분리 수거가 잘 안 되는 나라 중 하나입니다. 그런데 제가 예전에 미국에서 공부할 때 지내던 곳은 지역 공동체가 잘 되어 있었어요. 재미있는 점은 그 동네에서는 한날한시에 모든 쓰레기를 자기 차에 싣고 정해진 곳으로 가서는 그곳에서 분리 수거를 한다는 것이었습니다. 집 앞에 쓰레기를 놓으면 쓰레기 수거 차량이 알아서 쓰레기를 거둬 가게끔 할 수도 있었겠지요. 하지만 그 대신 더 귀찮은 방법을 그 동네 사람들은 따르고 있었습니다.

이처럼 귀찮더라도 한날 한곳에서 분리 수거를 하면 나 말고도 분리 수거를 위해 애쓰는 사람들이 이렇게 많구나 하고 알게 됩니다. 말하자면 너도 나도 분리 수거를 한다고 서로에게 보여 주는 셈입니다. 그러면 자연스럽게 '우리 동네에 분리 수거를 하는 사람들이 이렇게 많구나. 나 혼자만 하는 것은 아니구나.' 하고 생각하게 됩니다. 그것이 사람들을 분리 수거에 동참하게 하는 효과로 이어지고요.

선거 제도도 마찬가지입니다. 투표하러 가는 것 자체가 매우 귀찮은 일일 수 있지요. 투표율을 높이기 위해서 온라인으로 투표하면 어떨까 하는 아이디어를 내는 사람들도 있습니다. 그런데 온라인 투표를 하면 오히려 투표율이 줄어들 것이라고도 예측할 수 있습니다. 또 실제로 그런 경우도 있었다고 하고요. 온라인 투표는 공시적이지 않기 때문입니다.

온라인 투표를 하면 오히려 투표율이 줄어들 것이라고도 예측할 수 있습니다.

사람들은 줄이 길게 늘어서 있는 투표장에 가서 시민으로서 투표에 참여하고, 인증 사진을 찍고 페이스북에도 올려서 남들에게 투표했다고 알리고 싶어합니다. 조용히 앉아서 컴퓨터로 투표를 하면 공시성이 없어지지요. 공시성은 한편으로는 나도 이런 것을 하고 있다고 자랑하는 통로가 되면서, 다른 한편으로는 사람들도 모두 하고 있다고 끊임없이 확인하는 통로가 되는 겁니다.

김상욱 분리 수거 이야기를 듣다 보니 제가 독일에 있던 때가 생각나네요. 그때도 비슷했거든요. 독일도 분리 수거를 하지만 우리만큼 철저히 하지는 않아요. 그런데 독일에는 쓰레기를 수거하는 날짜가 정해져 있습니다. 쓰레기 종류별로도 쓰레기통 색깔과 수거일이 다르고요. 그 날짜가 되면 쓰레기통을 자기 집 앞에 내놔야 합니다. 바퀴가 달려 있고 높이가 제 가슴까지 오는 노란 쓰레기통을 끌어다 놓아야 해요.

그래서 쓰레기 수거일이 되면 재미있는 것이, 집이 하나라면 쓰레기통도 하나가 나오겠지만 어떤 동네는 도로 안쪽에 사는 집이 10~20가구 되잖아요. 그러면 쓰레기통이 앞에 이열 종대, 삼열 종대로 늘어서 있습니다. 물론 쓰레기 수거 차량이 지나가면서 쉽게 수거하게끔 하는 것도 중요하지요.

그런데 가끔 쓰레기통이 앞에 없는 집이 있어요. 아침이나 새벽에 집을 나서다 보면 쓰레기통 하나가 비는 것이 바로 눈에 띕니다. 그러면 '저 집은 분리 수

거를 빠뜨렸구나.' 생각합니다. 이것도 공시성 문제 같아요. 안 하려야 안 할 수가 없지요.

경제학이 오히려 문제를 만든다?

강양구　최정규 선생님의 말씀을 들으면서, 과학자나 물리학자를 상대로 이타성 실험을 해 보면 어떤 결과가 나올지도 궁금해지네요. 어떻겠습니까?

김상욱　저는 이타적입니다. (웃음)

이명현　앞에서 하신 말씀과 비슷할 것 같아요. 물리학자들도 항상 자기 집단 내에서 사고하잖아요.

김상욱　그런데 듣다 보니 이런 생각이 듭니다. 사람들은 잘 알아서 이타적으로 살아 왔는데 오히려 경제학이 문제를 만드는 것은 아닐까요? 애초에 사회를 개선하려 한 시도가 오히려 이전에 없던 문제를 만드는 면도 있지 않나 해서요.

　　교수 업적 평가만 해도 그렇지요. 연구 성과를 평가하지 않으면 교수들이 논문을 쓰지 않으리라고 여겨서 논문을 많이 쓰면 보상을 줬습니다. 반대로 논문을 안 쓰면 닦달하고요. 저는 그런 사고 방식 자체가 경제학에서 왔다고 보거든요.

사람들은 잘 알아서 이타적으로 살아 왔는데 오히려 경제학이 문제를 만드는 것은 아닐까요?

강양구　꼭 경제학만의 문제가 아니라 이반 일리치(Ivan Illich) 같은 급진적인 반근대주의자들이 경제학의 아이디어에서 구상한 제도까지 포함되겠지요. 이들은 인류가 과거에는 본원적으로 상호 연대하고 상호 존중하며 공동체를 잘 꾸려 왔는데, 경제학이 그린 미덕을 고취하기보다는 억압하고 말살하면서 공동체가 없어지게끔 방조했다는 비판을 합니다.

최정규 굉장히 재미있고 중요한 이야기이지요. "만인에 대한 만인의 투쟁"을 말한 영국의 정치 사상가 토머스 홉스(Thomas Hobbes)는 모든 사람이 이기적이고, 자신이 살려면 남을 해칠 수밖에 없는 상황에서는 국가라는 외부적 강제 장치를 통해 스스로의 자유를 규제할 수 있도록 사람들이 합의하는 것이 유일한 해결책이라 주장했습니다. 사람은 이기적이기 때문에 이들을 다스릴 유일한 해결책은 국가라는 강제 장치라는 겁니다. 경제학자들이 유일한 해결책으로 시장을 드는 것과 동일한 맥락입니다.

이에 대해 마이클 테일러(Michael Taylor)라는 공동체주의자가 한 말이 재미있어요. 그는 반대로, 사람들이 이기적이어서 국가가 필요한 것이 아니라 국가가 사람들을 이기적으로 만든 것이라고 말합니다. 개인 간 갈등의 조정을 국가가 전부 맡아서 처리해 버리기 때문에 사람들은 자기 일에만 신경 쓰게 되고, 공동체는 신경 쓰지 않게 되었다는 겁니다. 그러면서 개인은 갈등 조정 능력을 점점 더 상실해 버리고 이기적으로 변했다는, 즉 이기심이 출발이 아니라 결과였다는 이야기입니다. 재미있지요.

이 이야기의 교훈은 '사람은 도둑놈이라고 생각하고 제도를 짜면 그 제도가 사람을 도둑놈으로 만든다.'입니다. 원래 알아서 잘 연구하던 학자들에게 평가 제도를 적용하는 바람에 학자들이 돈 벌려고, 승진하려고 논문을 쓰는 모양새가 되었다는 것도 비슷한 맥락에서 이해할 수 있겠네요.

한편으로는 제도가 있었기 때문에 해결한 문제도 굉장히 많습니다. 20세기 경제학과 근대 과학 이야기를 했지만, 사실 인간 본성을 고려할 필요 없이 제도를 잘 짜면 문제를 해결할 수 있다고 생각한 사상 조류 중 대표적인 것 하나가 바로 사회주의였습니다. 세상을 좋게 만들고 싶다면 어떻게 해야 할까요? 진보적인 사람들은 제도를 잘 짜는 데서 답을 찾았는데, 사회주의도 그런 시도 중 하나라고 볼 수 있겠지요.

흔히들 잘 운영되던 공동체에 시장이 들어와서, 혹은 정부가 개입해서 공동체가 붕괴되고 기존에 잘 조절되던 메커니즘도 망가져 버리더라는, 즉 시장이 도입되면서 혹은 정부가 개입하면서 이런저런 실패가 나타난 사례들을 이야기합니다. 무척 흥미롭고 중요한 지적인 것은 분명한데요. 다만 이 지적이 전체를 포괄할 수는 없겠지요. 시장 또는 정부가 그동안 제도를 도입해 해결한 여러 문제들, 성취한 많은 성과들을 송두리째 부정할 수는 없다고 생각합니다.

김상욱   그렇지요. 언제나 과학이 받는 공격이지요.

강양구   최정규 선생님께서 흥미진진한 여러 생각거리를 던져 주셨네요.

본성에서 제도로, 제도에서 본성으로

강양구   벌써 마무리를 해야 할 시점이 되었는데, 그전에 『다윈주의 좌파』라는 책 이야기를 하겠습니다. 오현미 선생님과의 수다에서도 잠깐 언급된 이 책은 대표적인 공리주의 철학자 피터 워런 싱어가 썼습니다. (4장 참조) 최정규 선생님께서 한국어로 번역하면서 말미에 꽤 긴 해제를 붙이셨어요. 직접 쓰시지는 않았지만, 저는 이 책을 최정규 선생님께서 공저하신 것이나 다름없다고 생각합니다. 오히려 해제가 본문보다도 훨씬 더 인상적이었거든요.

이명현   저도 이 책의 서평을 쓰면서 강양구 선생님의 말씀과 비슷한 맥락으로 해제를 재해석이라 평한 적이 있습니다.

강양구　제도로써 잘 짜인 사회 안에 사람들을 갖다 놓으면 유토피아가 열리리라는 시각은 구좌파의 것이었습니다. 사회주의 실험도 그랬고요. 그것과 정도는 조금 다르지만 20세기에 곳곳에서 여러 실험이 있었는데, 현재는 그에 대해서 전반적으로 반성하고 있습니다. '다원주의 좌파'라는 단어는 그런 반성을 받아들이면서도 더 나은 사회를 향한 꿈을 잃지 않은 사람들을 통칭한다고 할 수 있겠는데요. 그 아이디어를 소개하면서 수다를 마치면 좋겠습니다.

최정규　아주 심각한 문제를 꺼내 주셨습니다. (웃음)『다원주의 좌파』를 번역한 것은 10년도 더 지난 일이기 때문에, 이 책을 이야기하려면 기억을 되살려야 합니다.

이 책의 출발점은 진화론과 다원주의가 기존에는 우파의 전유물로 인식되었지만, 그렇지 않고 좌파의 것으로 만들 수 있다는 아이디어였습니다. 그러면 '좌파란 대체 무엇인가?'라는 질문이 나옵니다. "사회에서 가장 어려운 사람들을 위해 공감 능력을 발휘해서 행동하는 것이 좌파다." 이것이 싱어의 주장이었습니다.

하지만 그럼에도 불구하고 사람들이 그렇게 아주 각박하지만은 않다는 이야기도 싱어가 동시에 하는데, 그것이 흥미롭지요. 인간 본성에는 이타성도 있고, 서로를 신뢰하고자 하는 마음이 진화적으로, 생물학적으로 있다는 이야기입니다. 그렇다면 남은 문제는 인간 본성에 가장 어울리는 제도이겠지요. 그것을 고민해 봐야 합니다.

그렇다면 남은 문제는 인간 본성에 가장 어울리는 제도이겠지요.

강양구　앞에서 말씀하신 실험 결과와도 연관되는 지점이네요.

최정규　예전에 알버트 허슈만(Albert Hirschman)이라는 경제학자가 경제 학설사를 쭉 훑어보면서 이런 재미있는 이야기를 한 적이 있습니다. 똑같은 주장이 몇 년 주기로 나타난다는 겁니다. 그동안에도 발전은 계속 했겠지만 말입니다. 되짚어 보면 우리가 지금 하고 있는 논쟁은 50년 전에도 굉장히 심각하게, 지금과는 조금 다른 모습으로 있었습니다. '언제까지 반성하고 말 거냐?'라고 물어보면 할 말은 없겠지만요.

우리가 한동안 제도에 치중했던 것은 사실입니다. 그전에는 제도라는 관점은 없고 사람들의 본성에만 치중했거든요. 다윈도 『비글호 항해기(*The Voyage of the Beagle*)』의 마지막 부분에서 이런 말을 했잖아요. "빈곤의 비참함이 자연의 결과가 아니라(즉 본성 때문이 아니라) 제도 때문이라면 우리 죄는 막중하다." 제도의 중요성을 강조한 것이지요. '제도를 잘 짜면 세상은 좋아진다.' 실제로 그간 본성이 아니라 제도에 치중하면서 그동안 못 풀던 문제도 풀고, 그 결과 사회가 꽤 나아졌을 겁니다.

그렇다 보니 본성을 볼 필요가 전혀 없다는 극단적인 주장까지도 나왔지요. 그런데 이제 본성도 봐야 한다는 주장이 다시 나옵니다. 마찬가지로, 공동체가 중요하고 공동체의 질서가 중요하다는 주장은 알고 보면 200년 전에도 있었습니다. 그럼 그때와 지금의 주장 사이에는 무엇이 다를까요? 또한 공동체가 중요하다면 근대 국가가 성립되면서 없어진 근대 이전의 공동체를 부활시켜야 할까요? 이런 논의가 반복됩니다.

싱어의 이야기는, 제가 보기에는 '그러면 본성에 기초를 둔 제도를 만들어 보면 어떨까?'라는 화두를 던져서 다시 한번 고민하게 하는 것이겠지요. 사실 모두 알다시피 답은 없지만, 본성에서 제도로, 제도에서 본성으로 봤다 샀다 하면서 둘 사이가 좀 더 가까워지고 통합적으로 바뀌지 않을까 생각합니다.

강양구　앞에서 행동 경제학이 공공 정책으로 이어지는 넛지 같은 아이디어를 살펴봤지요. 이 넛지를 사실 지금 말씀하신 통합의 단초라도 얻어 보려는 시도라고 생각할 수도 있지 않나요?

최정규　넛지는 제도에 접근하는 방식이 완전히 다르기는 합니다. 다만 '메커니즘과 제도만 잘 짜면 사람들이 잘 따라올 것이다.'라는 식으로 보면 도돌이표를 그리는 것이나 다름없지요.

넛지의 예를 하나 들어 보겠습니다. 오스트롬도 자주 든 예인데, 미국 캘리포니아 주에서 전기 요금 청구서에 '당신이 지금 얼마를 썼는데, 당신의 이웃은 얼마를 썼다.'라는 내용을 담자 전기가 크게 절약되더라는 겁니다. 이것을 응용해서인지 요새 우리나라도 비슷한 것을 많이 하잖아요. 그런데 별로 효과가 없었다고 합니다. 왜일까요? 넛지를 통해서 사람들의 행동을 바꾸려던 것이었는데요.

사실 미국에서 이 넛지가 통했던 데는 이유가 있습니다. 당시 캘리포니아 주에서 3년 동안 에너지 절약 캠페인에 참여한 사람들을 대상으로 했거든요. 이들은 에너지를 더 절약하려면 어떻게 해야 하는지를 꾸준히 고민하던 사람들이었습니다. 즉 이미 에너지를 절약해야 한다는 메시지에 동의한 상태였지요. 그런 그들에게, 모범적인 이웃은 이만큼 효율적으로 에너지를 아껴 썼다고 보여 준 겁니다. 즉 이 넛지는 굉장히 정교할 뿐만 아니라 굉장히 많은 사회 운동이 진행된 상태에서 도입된 셈이지요.

사실 넛지를 통해서 세상을 바꾸려 해도 그만큼 많은 노력이 필요합니다. 캠페인부터 시작하는 등의 노력을 해야 전통적인 제도가 되었건, 넛지가 되었건 긍정적인 결과를 생각할 수 있지요. 보도블록에 그림 하나를 다시 그린다고 문제가 해결된다고 보는 시각은 너무 낙관적이지요.

우울하지 않은 과학을 기다리며

강양구　오늘은 경제학자 최정규 선생님과 함께 게임 이론, 진화 게임 이론, 진화 경제학, 2017년 노벨 경제학상을 수상한 행동 경제학의 이모저모를 이야기했습니다. 또 더 나은 세상, 더 나은 삶을 생각하는 방법에 대해서, 행동 경제학에서 여러 통찰과 아이디어를 얻은 좋은 시간이었어요. 최정규 선생님, 오랜 시간 재미있는 이야기 들려주셔서 감사합니다. 재미있으셨나요?

최정규 예. 재미있었습니다. 또 선생님들의 말씀에서도 배울 점이 많았습니다. 감사합니다.

강양구 최정규 선생님께서 책을 하나 준비하고 계신다고 들었습니다.

최정규 《한겨레》 토요판에 「최정규의 우울하지 않은 과학」이라는 연재를 2017년에 했거든요. 연재를 6개월밖에 하지 않았기 때문에 분량이 책으로 낼 만큼 나오지는 않았어요. 추가로 집필해야겠지만 하여튼 연재한 원고를 바탕으로 하는 책을 하나 준비하고 있습니다.

강양구 그 책이 나오면 「과학 수다 시즌 3」이든, 아니면 다른 경로이든 간에 한번 모시고 재미있는 이야기를 들어 보면 좋겠습니다. 최정규 선생님, 오늘 수다를 빛내 주셔서 감사합니다.

최정규 감사합니다.

더 읽을거리

● 『**이타적 인간의 출현**』(최정규, 뿌리와이파리, 2009년)
'이타성의 진화'를 게임 이론으로 살펴본 책. 이 분야에서 이보다 좋은 책이 나오기는 어렵다.

● 『**죄수의 딜레마**(*Prisoner's Dilemma*)』(윌리엄 파운드스톤, 박우석 옮김, 양문, 2004년)
이 기회에 게임 이론의 창시자 존 폰 노이만에 대해 알아보면 어떨까?

'과학 수다'가 바꾸는 세상

강양구 지식 큐레이터

생각만 하면 저절로 미소가 지어지는 과학사의 한 장면이 있다. 1923년 여름 어느 날, 덴마크 코펜하겐의 한 길가에서 알베르트 아인슈타인, 닐스 보어(Niels Bohr) 그리고 아르놀트 조머펠트(Arnold Sommerfeld)가 정신없이 수다를 떨고 있다. 이 위대한 과학자 세 사람의 수다는 목적지로 가는 전차를 타고 나서도 끊임없이 이어졌다.

그런데 이 세 사람은 수다에 너무 집중한 나머지 목적지를 한참 지나쳐 버렸다. 그리고 길을 돌이켜 다시 전차를 탔지만 또 목적지를 지나쳤다. 이렇게 그들은 전차를 타고서 수차례 왔다 갔다 반복하며 '수다'를 멈추지 않았다. 당시 세 사람을 사로잡고 있었던 주제는 양자 역학. 바로 이런 수다를 통해서 20세기 새로운 물리학의 세계가 활짝 열렸다.

사실 그들이 전차 안에서 했던 대화가 어찌 양자 역학뿐이었겠는가? 과학계의 뒷말들, 아내에 대한 험담 혹은 최근에 만난 매력적인 여성에 대한 은밀한 고백, 최근 개봉한 영화 이야기 등이 오히려 수다의 주된 내용이 아니었을까? 교과서에서 보던 과학자 세 사람이 끊임없이 입을 재잘거리는 모습은 생각만 해도 유쾌하다.

2011년 여름, 빛보다 빠른 물질이 발견되었다는 충격적인 소식을 놓고서 과학자 몇몇이 모여서 수다를 떨었던 일로 시작한 '과학 수다'가 벌써 8년이 되었다. 영역을 넘나드는 다양한 과학 주제를 놓고서 과학자 여럿이 모여서 제약 없이 수다를 떨자는 최초의 아이디어는 정기 모임과 책 출판으로 이어졌다.

이명현·김상욱·강양구가 중심이 되어서 2012년 12월부터 2014년 3월까지 총 열다섯 번의 과학 수다가 진행되었다. 그 내용을 갈무리해서 2015년 6월에는 『과학 수다』 1·2권 두 권의 책으로도 묶였다. 책이 나오고 나서는 수다의 힘을 보여 주는 더욱더 흥미롭고 뜻깊었던 일도 있었다.

『과학 수다』 1·2권이 나오고 나서 세 사람은 특별한 이벤트를 기획했다. 전국 곳곳을 찾아다니며 정말로 과학 수다를 떨어 보기로 했다. 실제로 충청남도 홍성, 강원도 정선, 경상북도 영천 등의 도서관, 학교에서 세 사람은 평생 진짜 과학자를 한 번도 실제로 만난 적이 없었던 10대 청소년을 비롯한 여러분과 만나서 과학 수다를 떠는 즐거운 경험을 했다.

자연스럽게 다음 '과학 수다'를 어떻게 할지를 놓고서 여러 아이디어가 나온 것도 이즈음이었다. 여러 강연 기회가 넘치는 수도권 대도시와는 사정이 다른 곳에 사는 여러분의 눈길이 마음에 밟혔다. 그때 '과학 수다'를 팟캐스트로 옮겨서 새로운 실험을 해 보자는 아이디어가 나왔다. 결국 우리는 2017년 4월 팟캐스트 「과학 수다 시즌 2」를 세상에 선보였다.

세상을 떠들썩하게 했던 중력파 발견으로 시작한 「과학 수다 시즌 2」는 2017년 4월부터 2018년 2월까지 열두 명의 과학자와 함께 수다를 이어 갔다. 위상 물리학, 초유기체부터 CRISPR, 인공 지능, 심지어 선거의 과학까지 다양한 주제를 넘나들며 이어진 수다는 팟캐스트를 통해서 여러분을 만날 수 있었다.

애초 '과학 수다'를 기획하고 진행했을 때 참여자가 공유했던 과학의 '경이로움'과 배움의 '즐거움'을 팟캐스트를 통해서도 전하고자 고심 끝에 정한 주제였다. 다행히 우리 시대 최고의 과학자 여러분이 적극적으로 참여해 준 덕분에 당대 가장 주목받는 과학 기술의 이슈를 포착하면서도 성찰의 깊이도 담는 결과물이 나왔다.

이제 그 결과물을 다시 한번 갈무리하고 좀 더 정제된 형태로 정리한 새로운 『과학 수다』 3·4권을 여러분에게 선보인다. "어려운 과학 이야기를, 핵심적인 내용을 비켜 가지 않으면서도 친절하게 들려주었던"『과학 수다』 1·2권의 장점은 그대로 살리면서도 훨씬 더 다양한 지적 자극과 재미를 독자에게 주리라 확신한다.

돌이켜 보면, 「과학 수다 시즌 2」는 성사 자체가 기적 같은 일이었다. 「과학 수다 시즌 2」가 진행되는 과정에서 이명현은 전파 천문학자로서의 경력을 중단하고 서울 삼청동에 '과학 책방 갈다'를 열어서 새로운 과학 문화 공간을 창조하는 실험을 시작했다. 제2의 삶을 시작하는 새로운 실험을 「과학 수다 시즌 2」와 함께 한 것이다.

알다시피, 김상욱의 사정도 만만치 않았다. 「과학 수다 시즌 2」에서 갈고 닦은 수다 솜씨는 인기 예능 프로그램 「알아두면 쓸데없는 신비한 잡학사전 시즌 3」에서도 유감없이 발휘되었고, 순식간에 『과학 수다』 독자뿐만 아니라 전 국민이 사랑하는 과학자로 떠올랐다. 김상욱은 여기저기서 쏟아지는 관심과 바쁜 일정 속에서도 「과학 수다 시즌 2」에 대한 깊은 애정을 보여 주었다.

항상 얼굴 보는 처지에 쑥스럽지만, 이렇게 결코 쉽지 않은 상황에서도 「과학 수다 시즌 2」를 함께해 온 두 과학자에게 고마움을 전한다. 연구, 집필, 또 다양한 활동으로 두 과학자 못지않게 바쁜 김범준, 김종엽, 박권, 오정근, 오현미, 이현숙, 임항교, 송기원, 정재승, 최정규, 최준영, 황정아 열두 과학자의 노고는 아무리 칭송해도 지나침이 없다.

이 과학자들을 기꺼이 '과학 수다'의 장으로 이끈 동력은 무엇일까? 장담컨대, 자기 영역에 갇히지 않는 자유로운 소통이야말로 새로운 변화의 계기라는 사실을 알고 있었기 때문이 아닐까. 약 100년 전 아인슈타인, 보어, 조머펠트가 코펜하겐 시내에서 정신없이 함께했던 수다가 과학과 세상을 바꾸었듯이 지금의 '과학 수다'도 분명히 또 다른 변화를 이끌어 내리라 확신한다.

　마지막으로 쉽게 만든 콘텐츠를 가볍게 소비하는 시대에 8년째 '과학 수다' 프로젝트에 전폭적인 지원을 아끼지 않은 (주)사이언스북스의 여러분께 다른 과학자와 독자를 대표해서 감사 인사를 전하고 싶다. 그리고 여러 도움을 준 네이버 오디오클립에도 고마움을 표하고 싶다.

　이제 독자가 직접 '과학 수다'의 현장을 만날 차례다. 4년 전 『과학 수다』 1·2권을 내면서 장담했듯이, 이제 정말로 '수다'의 시대가 왔다. 우리의 '과학 수다'도 앞으로 계속될 것이다.

강양구 지식 큐레이터

연세 대학교 생물학과를 졸업했다. 2017년까지 《프레시안》 과학·환경 담당 기자로 황우석 사태 등을 보도했고, 앰네스티 언론상 등을 수상했다. 저서로 『수상한 질문, 위험한 생각들』, 『세 바퀴로 가는 과학 자전거 1, 2』, 『아톰의 시대에서 코난의 시대로』 등이 있다. 현재 팩트 체크 미디어 《뉴스톱》의 팩트체 커로 활동하면서, 지식 큐레이터로서 「YG와 JYP의 책걸상」을 진행하고 교통 방송 「색다른 시선, 이숙이입니다」, SBS 라디오 「정치쇼」 등에서 과학 뉴스를 소개하고 있다.

김범준 성균관 대학교 물리학과 교수

서울 대학교에서 물리학으로 학사, 석사, 박사 학위를 받았다. 스웨덴 우메오 대학교와 아주 대학교 물리학과 교수를 거쳐 현재 성균관 대학교 물리학과 교수로 재직하고 있다. 한국 복잡계 학회 회장을 역임했다. 저서로 『세상물정 의 물리학』, 『복잡계 워크샵』(공저)이 있으며, 『세상물정의 물리학』으로 제56 회 한국 출판 문화상 저술 교양 부문을 수상했다. 《한겨레》와 《조선일보》 등 에 칼럼을 연재했다.

김상욱 경희 대학교 물리학과 교수

카이스트에서 물리학으로 학사, 석사, 박사 학위를 받았다. 현재 경희 대학교 물리학과 교수로 재직 중이다. 도쿄 대학교, 인스부르크 대학교 방문 교수를 역임했다. 주로 양자 과학, 정보 물리를 연구하며 60여 편의 SCI 논문을 게재 했다. 저서로 『김상욱의 양자 공부』, 『떨림과 울림』, 『김상욱의 과학 공부』 등 이 있다. tvN 「알쓸신잡 시즌 3」등에 출연하며 과학을 매개로 대중과 소통하 는 과학자다.

김종엽 건양 대학교 병원 이비인후과 교수

전공은 이비인후과이나 현재는 의과 대학 정보 의학 교실 주임 교수로서 연구에 더 많은 시간을 할애하고 있다. 2009년 '깜신의 작은 진료소'라는 블로그를 개설한 것을 계기로 '깜신'이라는 닉네임으로 방송 및 집필 활동을 꾸준히 해 오고 있다. 저서로는 『의사아빠 깜신의 육아시크릿』, 『꽃중년 프로젝트』, 『코 사용설명서』(공저), 『꽃보다 군인』(공저), 『닥터스 블로그』(공저) 등이 있다. 유튜브 채널 「나는 의사다」에서 메인 MC로 출연하고 있으며, 건양 대학교 병원에서는 헬스케어 데이터 사이언스 센터 센터장으로 의료 정보 표준화와 의료 인공 지능 개발을 통한 정밀 의료 구현에 힘쓰고 있다.

박권 고등 과학원 물리학과 교수

서울 대학교 물리학과에서 학사 학위를, 미국 뉴욕 주립 대학교 스토니브룩 캠퍼스에서 물리학 석사 및 박사 학위를 받았다. 예일 대학교, 메릴랜드 주립 대학교 박사 후 연구원을 거쳐 2005년부터 고등 과학원 물리학과 교수로 재직 중이다. 주요 연구 분야로는 응집 물질 물리학 중에서 전자 간 상호 작용 효과가 큰 문제, 다체 문제가 있다. 과학 전문 웹진 《호라이즌(Horizon)》의 편집 위원이다.

송기원 연세 대학교 생화학과 교수

연세 대학교 생화학과에서 학사 학위를, 미국 코넬 대학교에서 생화학 및 분자 유전학 박사 학위를 받았다. 1996년부터 연세 대학교 생명 시스템 대학 생화학과 교수로 재직 중이다. 2018년부터 대통령 직속 국가 생명 윤리 심의 위원회 위원으로 활동 중이다. 저서로는 『송기원의 포스트 게놈 시대』, 『생명』, 『생명 과학, 신에게 도전하다』 등이, 옮긴 책으로는 『미래에서 온 편지』(공역), 『분자 세포 생물학』(공역) 등이 있다.

오정근 국가 수리 과학 연구소 선임 연구원

서강 대학교에서 물리학으로 학사, 석사, 박사 학위를 받았다. 현재 국가 수리 과학 연구소에서 블랙홀, 중력파 천문학, 중력파 검출기의 연구와 함께 중력파 검출 실험의 데이터 분석 연구를 수행하고 있다. 라이고 과학 협력단, 카그라 협력단 회원으로 활동하고 있다. 저서로 『중력파, 아인슈타인의 마지막 선물』, 『중력파 과학수사대 GSI』가 있으며, 『중력파, 아인슈타인의 마지막 선물』로 제57회 한국 출판 문화상을 수상했다.

오현미 서울 대학교 여성 연구소 객원 연구원

서울 대학교 사회학과에서 '진화론에 대한 페미니즘의 비판과 수용' 연구로 박사 학위를 받았다. 현재 서울 과학 기술 대학교에서 강사로 재직 중이며 서울 대학교 여성 연구소 객원 연구원으로 활동하고 있다. 페미니즘의 평등과 차이 문제, 페미니즘 담론 발전의 자원으로서 진화론을 탐색하는 진화론적 페미니즘에 관심을 갖고 있다. 저서로 『다윈과 함께』(공저), 『우리 시대 인문학 최전선』(공저) 등이 있다.

이명현 천문학자·과학 저술가

네덜란드 흐로닝언 대학교 천문학과에서 박사 학위를 받았다. '2009 세계 천문의 해' 한국 조직 위원회 문화 분과 위원장으로 활동했고 한국형 외계 지적 생명체 탐색(SETI KOREA) 프로젝트를 맡아서 진행했다. 현재 과학 저술가이자 과학 책방 갈다의 대표로 활동 중이다. 『빅히스토리 1: 세상은 어떻게 시작되었을까?』와 『이명현의 별 헤는 밤』, 『과학하고 앉아 있네 2: 이명현의 외계인과 UFO』를 저술했다.

이현숙 서울 대학교 생명 과학부 교수

이화 여자 대학교 생물학과에서 학사 학위를, 서울 대학교 생물학과에서 석사 학위를, 케임브리지 대학교 MRC-LMB에서 박사 학위를 받았다. 웰컴 트러스트 펠로우로 하버드 대학교 세포 생물학과 및 워싱턴 대학교 생화학과에서 박사 후 연수 과정을 거쳐 2004년부터 서울 대학교 생명 과학부 교수로 재직 중이다. 서울 대학교 기초 교육원 부원장, 서울 대학교 자연 과학 대학 기획 부학장 등을 역임했다. 정상 세포가 암세포가 되는 메커니즘을 연구하며 45여 편의 주 저자 논문을 발표했다. 아세아 오세아니아 생화학회 한국 대표이자 《FEBS 저널》의 편집 위원이다. 서울 대학교 자연 과학 대학 연구상과 마크로젠 여성 과학자상을 수상했다.

임항교 메릴랜드 노트르담 대학교 생물학과 교수

서울 대학교 생물학과에서 학사 및 석사 학위를 받고 2006년 미국 캔자스 대학교에서 곤충학 박사 학위를 받았다. 미네소타 대학교에서 잉어과 외래위해어종 퇴치를 위해 성 페로몬과 연관된 생리, 행동, 생태 특성 및 그 응용 방법을 연구했으며 세인트 토머스 대학교 생물학과 교수를 지내고 현재 메릴랜드 노트르담 대학교 생물학과 교수로 있다. 옮긴 책으로 『초유기체』가 있다.

정재승 카이스트 바이오및뇌공학과 교수

카이스트에서 물리학으로 학사, 석사, 박사 학위를 받았다. 예일 대학교 의과 대학 정신과 박사 후 연구원, 고려 대학교 물리학과 연구 교수, 컬럼비아 대학교 의과 대학 정신과 조교수를 거쳐 현재 카이스트 바이오및뇌공학과 교수로 재직하고 있다. 연구 분야는 의사 결정 신경 과학, 뇌-기계 인터페이스, 뇌 기반 인공 지능이다. 저서로 『열두 발자국』, 『물리학자는 영화에서 과학을 본다』, 『정재승의 과학 콘서트』, 『1.4킬로그램의 우주, 뇌』(공저) 등이 있다.

최정규 경북 대학교 경제 통상학부 교수

서울 대학교 경제학과에서 학사 및 석사 학위를, 미국 매사추세츠 주립 대학교에서 박사 학위를 받았다. 현재 경북 대학교 경제 통상학부 교수로 재직하면서 진화 게임 이론을 바탕으로 제도와 규범, 인간 행동을 미시적으로 접근하고 설명하는 연구를 진행하고 있다. 저서로는 『이타적 인간의 출현』, 『게임이론과 진화 다이내믹스』, 『지식의 통섭』(공저) 등이 있으며, 옮긴 책으로는 『다윈주의 좌파』, 『승자의 저주』(공역) 등이 있다.

최준영 국립 부산 과학관 선임 연구원

연세 대학교 천문 우주학과를 졸업하고, 충북 대학교 물리학과에서 '미시 중력 렌즈의 천체 물리학적 특성과 발견' 연구로 박사 학위를 받았으며 우리나라의 외계 행성 탐색 연구에 참여했다. 강원도 양구군 국토 정중앙 천문대의 초대 천문대장을 역임했으며 현재 국립 부산 과학관 선임 연구원으로 재직하고 있다. 2021년 부산에서 열리는 국제 천문 연맹 총회(IAUGA2021)의 조직 위원회 위원으로 활동 중이다. 저서로는 『외계생명체 탐사기』(공저)가 있다.

황정아 한국 천문 연구원 책임 연구원

카이스트에서 물리학으로 학사, 석사, 박사 학위를 받았다. 2007년부터 한국 천문 연구원 책임 연구원으로 재직 중이며, 과학 기술 연합 대학원 대학교(UST) 천문 우주 과학 캠퍼스 내표 교수를 맡고 있나. 국가 우주 위원회 위원이며 한국 과학 창의 재단 이사로 활동 중이다. 2013년 '올해의 멘토'로 미래 창조 과학부 장관 표창을 받았으며 2016년 '한국을 빛낼 젊은 과학자 30인'에 선정되었다. 저서로는 『우주 날씨를 말씀드리겠습니다』, 『과학자를 울린 과학책』(공저)이 있다.

네이버 오디오클립으로 만나는 '과학 수다'

「과학 수다 시즌 2」는 '네이버 오디오클립'을 통해 2017~2018년에 발행된 소리 콘텐츠이다. 강양구·김상욱·이명현의 진행으로 운영된 「과학 수다 시즌 2」는 과학 기술계의 최신 이슈를 놓고 해당 분야의 전문가를 게스트로 모셔서 함께 나눈 수다를 음성 콘텐츠 형태로 제작함으로써, 과학으로 웃고 떠들고 즐기는 과학자들의 뜨거운 현장을 고스란히 전하고자 했다. 2017년 3월 22일 파일럿 프로그램 「과학 수다 시즌 2: 0화 1편 "우리 과학자들이 '애정하는' 과학 고전은 무엇?"」을 시작으로 총 49편 분량으로 제작되어 16명의 과학자·과학 저술가·과학 기자가 매주 목요일 청취자들을 찾아갔다. 『과학 수다』 3·4권은 「과학 수다 시즌 2」를 다듬어 책으로 펴낸 것이다.

방송 목록

0화 왜 그 책을 고전이라 불렀을까

게스트: 손승우 | 방송일: 2017년 3월 22일, 3월 30일, 4월 6일

3편 "여성 과학자의 현실, 공정한 기회에 대하여"

5회 위상 물리학이라니?

게스트: 박권 | 방송일: 2017년 7월 6일, 7월 13일, 7월 20일

1편 "2016년 노벨 물리학상 '위상 물리학'의 세계에 과학 수다와 함께 도전하세요!"

2편 "위상 수학과 물리학의 신비한 만남"

3편 "2016년 노벨 물리학상의 비하인드 스토리"

6화 [초유기체 특집] 보라, 초유기체의 경이로운 세계를

게스트: 임항교 | 방송일: 2017년 7월 27일, 8월 3일, 8월 10일

1편 "진사회성 동물의 경이로운 세계"

2편 "초유기체와 멋진 신세계"

3편 "다윈도 고심한 이타성의 진화"

특별편 과학 수다가 만나러 갑니다 시즌 1: 홍동 밝맑도서관 편

방송일: 2017년 8월 17일, 8월 24일, 8월 31일

1편 "하나와 둘 사이에서" (이명현)

2편 "둘과 셋 사이에서" (김상욱)

3편 "하이테크와 올드테크 사이에서" (강양구)

7화 암은 AI 의사 왓슨에게 물어봐

게스트: 김종엽 | 방송일: 2017년 9월 8일, 9월 14일, 9월 21일

1편 "AI 의사 '왓슨'은 얼마일까?"

2편 "ASK TO WATSON! 왓슨에게 물어봐!"

3편 "인공 지능 도입! 의학계에 부는 변화의 바람"

8화 대통령을 위한 뇌과학

게스트: 정재승 | 방송일: 2017년 9월 28일, 10월 10일, 10월 12일

1편 "나는 네가 투표날 누구를 뽑을지 알고 있다?!"

2편 "투표에 숨어 있는 사랑의 뇌"

3편 "대의 민주주의의 위기, 해법은 뇌 과학에 있다"

9화 또 다른 지구를 찾아서

게스트: 최준영 | 방송일: 2017년 10월 19일, 10월 26일, 11월 2일

1편 "또 다른 지구를 찾아서"

2편 "외계 행성은 어떻게 찾을까? 관측 방법 전격 공개!"

3편 "지구와 유사한 외계 행성이 발견되다"

10화 진화론은 페미니즘의 적인가

게스트: 오현미 | 방송일: 2017년 11월 9일, 11월 16일, 11월 23일

1편 "진화론은 과연 페미니즘의 적인가?"

2편 "진화론과 페미니즘, 협력과 갈등의 변천사"

3편 "진화론적 페미니즘이 나타났다!"

11화 극저온 전자 현미경으로 구조 생물학을 다시 보다

게스트: 이현숙 | 방송일: 2017년 11월 30일, 12월 7일, 12월 14일

1편 "2017 노벨 화학상, 생체 구조를 보아라"

2편 "극저온 전자 현미경, 더 멀리 상상하고 더 많이 질문하다!"

3편 "암은 정복하지 못한다, 다만 다스릴 뿐이다"

특별편 과학 수다가 만나러 갑니다 시즌 1: 정선 고한 중학교·영천 임고 중학교 편

방송일: 2017년 12월 21일, 12월 28일, 2018년 1월 4일, 1월 11일

1편 "가리면 보인다" (고한 중학교 | 이명현)

2편 "다르면 보인다" (고한 중학교 | 강양구)

3편 "SHO" (임고 중힉교 | 김상욱)

4편 "H2O" (임고 중학교 | 강양구)

12화 경제가 진화를 만났을 때

　　　게스트: 최정규 | 방송일: 2018년 1월 18일, 1월 26일, 2월 1일

1편 "경제가 진화를 만났을 때"

2편 "경제학, 행동을 볼 때가 되었다!"

3편 "본성과 제도의 사이에서"

https://audioclip.naver.com/channels/174
옆의 QR 코드를 스캔하면 「과학 수다 시즌 2」를 '네이버 오디오클립'으로 들을 수 있다.

찾아보기

대통령을 위한 뇌과학

과학수다❸

신경 정치학에서 통계 물리학까지 인간에 대한 과학

1판 1쇄 찍음 2019년 5월 24일
1판 1쇄 펴냄 2019년 5월 31일

지은이 이명현, 김상욱, 강양구
펴낸이 박상준
펴낸곳 (주)사이언스북스

출판등록 1997. 3. 24.(제16-1444호)
(06027) 서울특별시 강남구 도산대로1길 62
대표전화 515-2000, 팩시밀리 515-2007
편집부 517-4263, 팩시밀리 514-2329
www.sciencebooks.co.kr

ISBN 979-11-89198-54-1 04400
     979-11-89198-56-5 (세트)